一流本科专业一流本科课程建设系列教材

高等院校安全工程类特色专业系列教材

安全评价原理及应用

主编　黄国忠　高学鸿

参编　张　磊　邓　青　欧盛南　李浩轩

机械工业出版社

本书采用理论与实际相结合的编写方法，分析了安全评价与应用的概念和内涵，系统地介绍了安全评价的研究范畴、研究现状和安全科学基本原理与方法，并结合不同行业的具体情况进行了应用分析。

本书分为 10 章。第 1 章为安全评价概述；第 2 章介绍了危险辨识与单元划分的相关内容，并且针对不同行业进行了分类总结；第 3~5 章介绍安全评价的主要方法；第 6 章介绍了安全评价报告的编制内容、过程和准则；第 7~10 章介绍了资源开发、金属冶炼、地下工程和化工等不同行业安全评价技术的应用。

本书内容丰富，具有一定的深度和广度，可作为安全工程及相关专业的本科生、研究生教材，也可供相关行业的研究人员学习参考，还可作为生产经营单位安全管理、安全评价和风险评估人员的业务培训教材。

图书在版编目（CIP）数据

安全评价原理及应用/黄国忠，高学鸿主编. —北京：机械工业出版社，2023.9

一流本科专业一流本科课程建设系列教材 高等院校安全工程类特色专业系列教材

ISBN 978-7-111-73969-2

Ⅰ.①安… Ⅱ.①黄… ②高… Ⅲ.①安全评价-高等学校-教材 Ⅳ.①X913

中国国家版本馆 CIP 数据核字（2023）第 187814 号

机械工业出版社（北京市百万庄大街 22 号 邮政编码 100037）
策划编辑：冷 彬　　　　　　责任编辑：冷 彬 舒 宜
责任校对：潘 蕊 李 婷　　　封面设计：张 静
责任印制：邓 博
北京盛通数码印刷有限公司印刷
2023 年 12 月第 1 版第 1 次印刷
184mm×260mm · 19.25 印张 · 415 千字
标准书号：ISBN 978-7-111-73969-2
定价：59.80 元

电话服务　　　　　　　　　　网络服务
客服电话：010-88361066　　　机 工 官 网：www.cmpbook.com
　　　　　010-88379833　　　机 工 官 博：weibo.com/cmp1952
　　　　　010-68326294　　　金 书 网：www.golden-book.com
封底无防伪标均为盗版　　　机工教育服务网：www.cmpedu.com

前　言

我国在《国民经济和社会发展第十四个五年规划和 2035 年远景目标纲要》中重点提出了"统筹发展和安全，建设更高水平的平安中国"的目标，本书以此为指导，重点介绍新时期新背景下的安全评价原理与应用的相关内容。为保障安全生产和预防事故的发生，安全评价作为事前的预测和评估工具，对系统在计划、设计、施工、验收、投产和运行等各阶段的安全性进行科学鉴定是极有必要的。同时，随着安全工程专业由原来隶属于矿业工程的二级学科提升为独立的安全科学与工程一级学科，传统意义上的矿山、化工、土木类安全评价已无法涵盖整个大安全学科领域，"安全评价"作为安全科学与工程类专业重要的专业课程，其教学内容及要求也相应地产生了变化。因此，本书编者本着符合国民经济和社会发展需要，拓宽安全科学与工程一级学科方向建设领域，以及满足当前高校教学实际需求的目的，以全新、科学的安全评价理论与方法为基础，结合现实安全评价应用案例，开创性地编写了这本具有前瞻性的教材。

本书在坚持基本理论与方法和应用实践技能相结合的原则基础上，分析了安全评价与应用的概念和内涵，系统地介绍了安全评价的研究范畴、研究现状和安全科学基本原理与方法，并结合不同的行业的具体情况进行了应用分析。

具体而言，本书的编写具有以下特色：

（1）在内容选取方面，本书摆脱了传统教材重理论轻实践的窘境，重点针对资源开发、金属冶炼、地下工程和化工行业等领域介绍安全评价技术的应用。

（2）在体系架构方面，有别于以往教材，本书结合总体国家安全观，以全链条、跨领域、跨行业、跨学科的"大安全"学科交叉融合理念架构全新的知识框架，体现了对传统安全评价体系的创新。

（3）在知识新颖度方面，本书着重介绍当前先进的安全评价技术与方法，并以较大篇幅介绍了这些技术与方法在不同行业领域的实际应用，在保证先进性的同时，突出了实践性及对学生能力的培养与提升。

本书的出版得到了北京科技大学教材重点建设基金（编号 JC2021ZD001）的资助，在此深表谢意！本书的最终成稿得益于可供编者参考借鉴的一些图书及科研论文等资料，在此，特向相关机构和文献作者表示由衷的感谢！

由于编者学识和水平有限，书中错误与疏漏之处在所难免，恳请广大读者批评指正。

编　者

目 录

1

第1章
安全评价概述

1.1 安全评价相关术语及定义与分类

1.1.1 相关术语

1. 安全和危险

安全分为狭义安全和广义安全。

狭义安全是指某一领域或者是系统中的安全，具有技术安全的含义，例如矿山安全、机械安全、生产安全等。

广义安全是以某一系统或者领域为主的技术安全扩展到生活安全与生存安全领域，形成了生产、生活、生存领域的大安全，是关系到全民全社会的安全。

通常，"安"是指不受威胁，没有危险，太平、稳定等，即"无危则安"；"全"指代完整、圆满，没有残缺，没有伤害，即"无缺则全"。全是因，安是果，由全而安。

中国安全生产科学研究院编著的《安全生产常用名词术语释义研究报告》，将安全定义为没有危险、不受威胁和不出事故的状态；从风险的角度，安全是指不可接受风险得到有效控制。

通常认为安全是一个无危险、无威胁、无伤害的状态。《大英百科全书》将安全定义为消除危险、威胁、伤害等活动。安全也指目标、模式等，实现安全状态、目标、模式用"安全工作""安全生产""安全管理"等词汇表示。总之，安全是不会发生损失或者伤害的状态。

安全的本质是避免事故的发生，消除导致人员伤亡、设备财产发生损失的条件。例如，在生产过程中，导致灾害性事故的原因有人的误判断、误操作、违章作业，设备缺陷，安全装置失效，防护器具故障，作业方法及作业环境不良等，所有这些又涉及设计、施工、操作、维修、储存、运输以及经营管理等许多方面。因此，必须从系统的角度观察、分析，并采取综合的措施和方法消除危险，才能达到安全的目的。

安全具有七种基本特征，分别为必然性、随机性、相对性、局部稳定性、经济性、复杂性以及社会性。

危险和安全是一对互为前提的术语。

危险是指导致人身伤害、设备或财产损失的状态。同样，安全工作中还涉及危险性的概念。危险性表示危险状态发生的可能性。系统危险性由系统中的危险因素决定，危险因素与危险之间具有因果关系。

2. 事故

事故是人们在实现自身目的的行动过程中，突然发生的、迫使其有目的的行动暂时或永远终止的一种意外事件。事故是指造成人员死亡、伤害、职业病、财产损失或其他损失的意外事件。

事件的发生可能造成事故，也可能并未造成任何损失。对于没有造成职业病、死亡、伤害、财产损失或其他损失的事件称为"未遂事件"或"未遂过失"或"近事故"（Near Misses）。因此，事件包括事故事件和未遂事件。

事故是由危险因素导致的。导致人员死亡、伤害、职业危害及各种财产损失的事件都属于事故。事故是管理失误、人的不安全行为和物的不安全状态及环境因素等造成的。

事故的基本特征包括因果性、偶然性、潜在性以及可预防性。

1）因果性。事故的因果性是指事故由多种相互联系的风险因素共同作用的结果，是某一现象作为另一现象发生根据的两种现象的关联性。

2）偶然性。事故在一定条件下可能发生，也可能不发生。它的发生包含着偶然因素，是一种随机事件。

3）潜在性。在时间的推移中，事故发生突然，是违反人的意愿的。时间，实质上存在于一切过程的始终，是一去不复返的。在人的全部活动和产业劳动所经过的时间内，安全隐患是潜在的，条件成熟就会显现为事故，事故决不会脱离时间而存在。

4）可预防性。生产中的灾害事故是可以预防的，预防的前提是预测。

3. 风险和风险率

风险是危险、危害事故发生的可能性与危险、危害事故所造成损失的严重程度的综合度量。

风险大小可以用风险率（R）来衡量。风险率等于事故发生的概率（P）与事故损失严重程度（S）的乘积：

$$R = PS \tag{1-1}$$

由于概率值难于取得，常用事故频率代替事故概率，这时式（1-1）可表示如下：

$$风险率 = \frac{事故次数}{单位时间} \times \frac{事故损失}{事故次数} = \frac{事故损失}{单位时间} \tag{1-2}$$

单位时间可以是系统的运行周期，也可以是一年或几年；事故损失可以表示为死亡人数、损失工作日数或经济损失等；风险率是两者之商，可以定量表示为百万工时事故死亡率、百万工时总事故率等，对于财产损失，可以表示为千人经济损失率等。

4. 危险源

危险源是指可能造成人员死亡、伤害、职业病、财产损失或其他损失的根源或状态。危险源是事故发生的根本原因。危险源可分为两类：第一类危险源是指系统中存在的可能发生意外释放的能量或危险物品；第二类危险源是指导致约束、限制能量或危险物品意外释放措施失效或破坏的各种不安全因素。主要包括人的失误、物的故障和环境因素。

重大危险源是长期或临时地生产、加工、搬运、使用和储存危险物质，且危险物质的数量等于或超过临界量的单元。

危险化学品重大危险源是长期或临时地生产、储存、使用和经营危险化学品，且危险化学品的数量等于或超过临界量的单元。

危险物质是指具有易导致火灾、爆炸或中毒危险的一种物质或若干种物质的混合物。

单元是指一个（套）装置、设施或场所，或属于同一个工厂且边缘距离小于 500m 的几个（套）装置、设施或场所。

临界量是指对于某种或某类危险物质规定的数量。若单元中的物质数量等于或超过该数量，则该单元为重大危险源。

单物质的临界量可以直接查阅《危险化学品重大危险源辨识》（GB 18218—2018）中的相关数据；生产单元、储存单元内存在的危险化学品为多品种时，按式（1-3）计算：

$$S = \frac{q_1}{Q_1} + \frac{q_2}{Q_2} + \cdots + \frac{q_n}{Q_n} \tag{1-3}$$

式中　　　　　　S——辨识指标；

q_1，q_2，$\cdots$，q_n——每种危险化学品的实际存在量（t）；

Q_1，Q_2，$\cdots$，Q_n——每种危险化学品相对应的临界量（t）。

若满足 $S \geqslant 1$，则定位为危险化学品重大危险源。

5. 系统和系统安全

系统是指由若干相互联系的、具有独立功能的要素，为了达到一定目标所构成的有机整体，而且这个系统本身是它所从属的一个更大系统的组成部分。对生产系统而言，系统的构成包括人员、物资、设备、资金、任务指标和信息等要素。

一般来讲，系统应具有如下四个属性：

（1）整体性　系统是由两个或两个以上的要素（元件或子系统）所组成，它们构成了一个具有统一性的整体——系统。各要素之间并不是简单地叠加组合，而是组合之后构成了一个具有特定功能的整体，换句话说，即使每个要素并不都很完善，但它们可以综合、统一成具有良好功能的系统。反之，即使每个要素都是良好的，但构成整体后并不具备某种良好的功能，也不能称为完善的系统。

（2）相关性　系统内各要素之间是相互联系、相互作用的，要素之间具有相互依赖的特定关系。例如，对于电子计算机系统来说，各种运算、存储、控制、输入、输出装置等各个硬件和操作系统、程序等软件都是要素或子系统，它们之间通过特定的关系有机地结合在一起，就形成了一个具有特定功能的计算机系统。

（3）目的性　所有系统都是为了实现一定的目标，没有目标就不能称为系统。不仅如此，设计、制造和使用系统，最后都是希望完成特定的功能，而且要达到最佳效果。

（4）环境适应性　任何一个系统都处在一定的外界环境中，系统必须适应外部环境条件的变化，而且在研究系统时，必须重视环境对系统的作用。

系统安全是指在系统寿命期间内，应用安全系统工程的原理和方法，识别系统中的危险源，定性或定量地表征它的危险性，并采取控制措施使危险性最小化，从而使系统在规定的性能、时间和成本范围内达到最佳的可接受安全程度。因此，在生产中为了确保系统安全，需要按安全系统工程的方法，对系统进行深入分析和评价，及时发现系统中存在的或潜在的各类危险和危害，提出应采取的解决方案和途径。

6. 安全控制系统

安全控制系统是由各种相互制约和影响的安全因素组成的、具有一定安全特征和功能的全体。主要包括安全物质，如工具设备、能源、危险物质、人员、组织机构、环境等，以及安全信息，如政策、法规、指令、情报、资料、数据和各种信息等。

从控制论的角度分析系统安全问题可以认识到：系统的不安全状态是系统内在结构、系统输入、环境干扰等因素综合作用的结果；系统的可控性是系统的固有特性，不可能通过改变外部输入来改变系统的可控性，因此，在系统设计时必须保证系统的安全可控性；在系统安全可控的前提下，通过采取适当的控制措施，可将系统控制在安全状态；安全控制系统中人是最重要的因素，因为人既是控制的施加者，又是安全保护的主要对象。

通过对比分析，可以发现安全控制系统具有以下特点：

1）安全控制系统具有一般技术系统的全部特征。

2）安全控制系统是其他生产、社会、经济系统的保障系统。

3）安全控制系统中包含人这一最活跃的因素，因此，人的目的性和人的控制作用时刻都会影响安全控制系统的运行。

4）安全控制系统受到的随机干扰非常显著，因而研究会更加复杂。

7. 安全系统工程

安全系统工程是采用系统工程的方法对生产中各环节的安全性或危险性进行定性或定量分析，再进行综合评价，并给以控制，使这个系统中发生的事故减少到最低限度，从而达到最佳安全状态。安全系统工程是安全科学中的重要组成部分，它主要研究事故发生的原因、规律，从而进行预测，将可能发生的事故消除，或对已经发生的事故找出原因吸取教训，避免同类事故的重复发生。

安全系统工程是指以系统论、控制论、信息论为原理来研究、解决生产过程中的安全问题，预防伤亡事故和经济损失的思想方法和工程技术。安全系统工程的研究范畴包括：安全系统辨识、系统安全分析、安全系统控制、安全系统评价、安全系统可靠性、安全系统决策和优化、安全信息系统和数据库、安全系统的仿真等。

安全系统工程领域研究、解决的主要问题是：如何控制和消除人员伤亡、职业病、设备或财产损失，最终实现在功能、时间、成本等规定的条件下，系统中人员和设备所受的伤害和损失最小。

8. 安全决策

长期以来，我国的安全管理工作尚未建立一套科学的决策程序，缺乏决策的咨询、评价和有效的检查及反馈系统，致使决策者做出错误的决策行为，造成惨痛的事故。这些教训迫使领导者必须审时度势、统观全局抓住时机做出决断，要做到这点单凭个人经验是不行的，必须要以充足的信息和科学的管理知识为基础，掌握和运用科学决策的理论和方法，制定出最佳方案，从而实现安全生产的目标。

决策，就是决定对策，也就是根据既定的目标和要求，从多个可能的方案中，分别进行科学的推理、论证和判断，并从中选择出最佳的方案。那么，安全决策就是根据生产经营活动中需要解决的特定安全问题，遵照安全标准和安全操作要求，对系统过去、现在发生的事故进行分析，运用预测技术手段，对系统未来事故变化规律做出合理判断，并对提出的多种合理的安全措施方案进行论证、评价、判断，从中选定最优方案予以实施的过程。

在事故发生过程中，按照人的认知顺序，决策可以分为三个阶段，即人对危险的感觉阶段、认识阶段及反应阶段。在这三个阶段中，若处理正确，便可以避免事故和损失；否则，将会造成事故和损失。

在安全管理决策中，由于决策目标的性质、决策的层次、要求和决策的目的不同，所以决策的类型也不同。例如：①全局性安全决策，主要包括安全方针、政策、体制、监督监察安全管理体系、法规和推进安全事业发展等方面重大问题的决策；②企业安全管理决策，主要是为健全、改善和加强企业的安全管理所进行的计划、组织、协调和控制方面的决策；③工程项目安全决策，是指具体工程项目在新建、扩建、改建的同时，对安全设施和措施所进行的安全论证、审核与分析评价方面的决策；④事故预防决策，是指为防止不稳定因素转化为事故而采取的保障安全的决策；⑤事故处理决策，是指事故发生后，在进行调查、分析、处理的基础上，提出改善及防止事故重复发生的决策。

9. 安全管理

安全管理（Safety Management）是为实现安全目标而进行的有关决策、计划、组织和控制等方面的活动。安全管理主要运用现代安全管理原理、方法和手段，分析和研究各种不安全因素，从技术上、组织上和管理上采取有力的措施，解决和消除各种不安全因素，防止事故的发生。

10. 安全管理决策层次

安全管理问题及其决策在企业建设生存期间内变化很大，因此安全决策的方法是很复杂的。如从计划建厂到关闭，一个企业的生存周期一般可分为设计、建造、试产、生产、维护和改造、解体和拆毁六个阶段。在生存周期每一阶段的安全决策不仅影响本阶段，也对其他阶段产生影响。在设计、建造和试产阶段，安全管理的主要任务在于选择、研制和实现安全标准以及安全标准所决定的安全指标。在生产、维护和拆毁阶段，安全管理的目的在于维持和尽可能改善安全的水准。

安全决策在组织层次上也有着根本的差别，可将单位内有关安全管理的决策区分为三个主要层次。

（1）执行层　在执行层，工人的行动直接影响工作场所危害物的存在及其控制。这一层次牵涉到对危害物的识别以及对危害物的消除、减少和控制方法的选择和执行。该层的自由度是很有限的，因此，反馈和纠正回路主要在于纠正偏差以及把实践和标准加以比较。

一旦原有标准不再适合，要在高一层的决策中做出反应。

（2）计划、组织和处理层　此层次要酝酿和形成那些在执行层次中实行的、针对所有安全危害物的行动。计划和组织层次制定的责任、处理方法和报告途径等都应在安全手册中描述。这一层次的工作包括把抽象的原则变成具体的任务分工和实施，它相当于许多质量系统的改进回路。

（3）构建和管理层　这一层次主要涉及安全管理的基本原则。当组织认为目前的计划和在组织水平上的基本方法能达到可接受的业绩时，则启动这一层次的工作。这一层次批评性地监督安全管理系统，并以此针对外部环境的变化持续进行改善或维持。

这三个层次是三种不同反馈的抽象物，它不是按车间、基层管理和上层管理这种等级来进行的，在每一层次的活动都可用不同的方式来实行。分配任务的方式、途径反映了不同企业各自的文化和工作方法。

11. 本质安全和功能安全

本质安全是指通过设计等手段使生产设备或生产系统本身具有安全性，即使在误操作或发生故障的情况下也不会造成事故的功能。具体包括：失误-安全功能（误操作不会导致事故发生或自动阻止误操作），故障-安全功能（设备、工艺发生故障时还能暂时正常工作或自动转变为安全状态）。实现本质安全取决于生产所用材料的基本特性、工艺操作条件以及与工艺密切联系的其他相关特性。

功能安全是系统整体安全性的组成部分，整体安全性依赖于系统或者设备在输入响应下的正常运行，功能安全是一种防止安全相关系统或设备的功能失效的安全设计和管理。安全相关系统是指执行必要的安全功能，以使被保护对象处于安全状态的系统，包括安全控制系统和安全防护系统，由无源安全、有源安全、程序安全系统和管理标准等组成。功能安全方法的特点是将安全相关系统的安全性转化为系统各要素、部件的风险控制指标，并用安全完整性级别（SIL）来衡量一个特定过程的安全性。

12. 安全科学与技术

安全是一门科学。安全科学是研究系统安全的本质及其规律的科学。具体地说，安全科学是研究事故与灾害的发生机理，应用现代科学知识和工程技术方法，研究、分析、评价、控制以及消除人类生活各个领域中的危险，防止灾害事故，避免损失，保障人类改造自然的成果和自身安全与健康的知识和技术体系。

安全也是一门技术。生产、生活和生存过程中存在着不安全或危险的因素，危害着人们的身体健康和生命安全，同时会造成生产、生活和生存被动或发生各种事故。为了预防或消除危害劳动者健康的有害因素和各类事故的发生，改善劳动条件，采取各种技术措施和组织措施，这些措施的综合称为安全技术。安全可称为技术，在于要消除各个不安全因素，保护劳动者的安全和健康，预防伤亡事故和灾害性事故的发生，必须从技术的层面去实施或考虑，或者说是以技术为主，提出具体的方法和手段，从而达到劳动保护的目的。

可以从自然辩证法中得到对安全科学与技术更加深刻的理解和说明。安全科学着重于安全的规律，发现、探索、认识其本质，从而掌握好安全，使之为人类服务；而安全技术更侧重于安全的应用，研究事故致因因素，从而转危为安。因此，安全技术丰富了安全科学，安全科学又指导和推动了安全技术的发展。

1.1.2　安全评价的定义与分类

安全评价是利用系统工程方法对拟建或已有工程、系统可能存在的危险性及其可能产生的后果进行综合评价和预测，并根据可能导致的事故风险的大小，提出相应的安全对策措施，以达到工程、系统安全的过程。

安全评价是落实《安全生产法》《安全生产许可证条例》《危险化学品生产企业安全生产许可证实施办法》等法律法规和规定要求的具体措施。安全评价的目的是查找、分析和预测工程、系统存在的危险、有害因素及危险、危害程度，提出合理可行的安全对策措施，指导危险源监控和事故预防，以达到最低事故率、最少损失和最优的安全投资效益。安全评价报告是安全评价工作的具体成果，高质量的安全评价工作对政府安全生产监督管理部门全面了解建设项目安全生产条件、生产经营单位的安全状况，对业主单位落实安全生产技术措施及提高安全生产管理水平，起到良好的促进作用。

安全评价也称为风险评价，是以实现工程、系统工程、系统安全为目标，应用安全系统工程的原理和方法，识别和分析在系统和工程中存在的危险、有害因素，判断工程、系统发生事故和职业性危害的可能性和严重程度，针对上述问题，提出相应的改进措施及建议，为工程、系统制定防范措施和管理决策提供科学依据。

安全评价应贯穿于工程、系统的设计、建设、运行和退役整个生命周期的各个阶段。任何生产系统在寿命周期内都有发生事故的可能，区别只在于事故发生的频率和可能的严重程度不同。因为在制造、试验、安装、生产和维修的过程中普遍存在着危险性。在进行生产过程中，出现操作失误或者设备设施故障从而导致事故的发生，造成人员伤亡以及财产设备设施的损坏。为了防止事故的发生，需要对事故有正确充足的认识，掌握危险性发展成为事故的规律，就是要分析事故发生的可能性以及严重程度的大小，进而能够正确衡量系统客观存在的风险大小。从而确定是否需要采取措施以及采取怎样的措施能够使危险性得到消除或抑制。但是采取的措施不仅要考虑技术上存在的问题，还需要考虑经济是否合理以及系统是否达到了社会所公认的安全指标。

安全评价按照不同的依据和分类方法，可分为以下几类：

1. 按照工程、系统生命周期分类

（1）安全预评价　安全预评价是在建设项目可行性研究阶段、工业园区规划阶段或生产经营活动组织实施之前，根据相关的基础资料，辨识与分析建设项目、工业园区、生产经营活动潜在的危险、有害因素，确定这些因素与安全生产法律法规、标准、行政规章、规范的符合性，预测发生事故的可能性及其严重程度，提出科学、合理、可行的安全对策措施建议，做出安全评价结论的活动。

安全预评价内容主要包括危险及有害因素识别、危险度评价和安全对策措施及建议。它是以拟建设项目为研究对象，根据建设项目可行性研究报告提供的生产工艺过程、使用和产出的物质、主要设备和操作条件等，研究系统固有的危险及有害因素，应用系统安全工程的方法，对系统的危险性和危害性进行定性、定量分析，确定系统的危险、有害因素及危险、危害程度。针对主要危险、有害因素及可能产生的危险、危害后果，提出消除、预防和降低的对策措施；评价采取措施后的系统是否能满足规定的安全要求，从而得出建设项目应如何设计、管理才能达到安全要求的结论。

（2）安全验收评价　安全验收评价是在建设项目竣工验收之前、试生产运行正常之后，通过对建设项目的设施、设备、装置实际运行状况及管理状况进行安全评价，查找该建设项目投产后存在的危险、有害因素，确定它的危险、危害程度，提出合理可行的安全对策措施及建议。

安全验收评价是运用系统安全工程原理和方法，在项目建成试生产正常运行后，在正式投产前进行的一种检查性安全评价。它通过对系统存在的危险和有害因素进行定性和定量的评价，判断系统在安全上的符合性和配套安全设施的有效性，从而做出评价结论并提出补救或补偿措施，以促进项目实现系统安全。安全验收评价是为安全验收进行的技术准备，最终形成的安全验收评价报告将作为建设单位向政府安全生产监督管理机构申请建设项目安全验收审批的依据。

（3）安全现状评价　安全现状评价是针对系统、工程的（某一个生产经营单位总体或局部的生产经营活动的）安全现状进行的安全评价，通过评价查找其存在的危险、有害因素，确定危险、危害程度，提出合理可行的安全对策措施及建议。

这种对在用生产装置、设备、设施、储存、运输及安全管理状况进行的全面综合安全评价，是根据政府有关法规的规定或是根据生产经营单位职业安全、健康、环境保护的管理要求进行的。

安全现状评价既适用于对一个生产经营单位或一个工业园区的评价，也适用于某一特定的生产方式、生产工艺、生产装置或作业场所的评价。

2. 按评价对象演变的过程、阶段分类

（1）预先评价 预先评价是系统计划或设计系统的一个重点。因为通过评价和预测所获得的信息，可在事前评价阶段加以修正，系统安全性（特别是系统的固有安全性能）和投资效益等在很大程度上取决于项目立项阶段。

（2）中间评价 中间评价是在系统研制过程中，用来判断是否有必要变更目标和为及时采取对策而进行管理的有效手段。

（3）运行评价 当系统开发完成投入使用时，便可对整个项目进行评价。评价的要点应抓住安全性的评价、安全技术的评价、安全经济的评价和社会的评价。该评价是在定量地掌握已经达到目的安全水平的同时，确认目标以外的安全效果的方法。

（4）跟踪评价 某个项目建设完成以后，在投入使用的过程中还要进行多年安全性调查，并评价对以后的安全工作有何贡献以及所涉及的效果，这种评价也可以称为"追加评价"。

3. 按评价性质分类

（1）系统固有危险性评价 这种评价主要是评价系统固有危险性的大小。所谓固有危险性是指由系统的规划、设计、制造（建设）、安装等原始因素决定的危险性，即系统投入运行前所存在的危险性。这种危险一般与系统投入运行前的科技水平、主管部门的经济状况和领导决策有关。对固有危险性评价主要考虑系统发生事故的可能性大小和事故损失的严重程度。根据固有危险性评价结果，可以对系统危险性划分等级，针对不同等级考虑应采取的不同对策，以达到社会认可的安全指标。

（2）系统安全管理状况评价 这种评价主要是从管理角度来评价系统的安全状况。安全管理是指技术安全管理、设备安全管理、环境安全管理、行政安全管理、安全教育管理等。通过这种广义管理，使系统安全性达到规定的要求，使固有危险性得到控制。这种评价方法一般采用以安全检查表为依据的加权平均计值法，或直接赋值法，它是目前我国企业安全性评价所采用的方法。通过系统安全管理状况评价，可以确定系统固有危险性的受控程度是否达到规定的要求，从而确定系统安全程度的高低。

（3）系统现实危险性评价 这种评价主要是评价通过系统安全管理尚未得到有效控制的系统固有危险性的大小，也就是对系统目前实际存在的暂不能被控制的危险性进行评价。通过这种评价可以确定各有关部门应该掌握的各类危险源的分布情况和动态安全信息，以便重点加强控制，也为监察、监督、管理、保险等部门开展工作提供重要依据。

4. 按评价结果的特征分类

（1）定性评价 定性评价主要是根据经验和主观判断能力对生产系统的工艺、设备、设施、环境、人员和管理等方面的状况进行定性的分析。

（2）定量评价　定量评价是基于大量的实验结果以及以往事故资料分析得到的一些指标和规律，对生产系统的工艺、设备、环境、人员和管理等方面的状况进行定量的分析，安全评价的结果是定量的指标。

5. 按工业管理内容分类

（1）工厂设计的安全性评审　工厂设计的安全性评审是指将新建工厂和应用新技术产生的不安全因素，通过评审，消除在计划、设计阶段。一些国家已将它用法律形式固定下来。在我国，《建设项目（工程）劳动安全卫生监察规定》（劳动部令〔1996〕第3号）中正式提出评审问题，并在全国范围内贯彻执行。

（2）安全管理的有效性评价　安全管理的有效性评价反映企业安全管理结构的效能，评价指标包括事故伤亡率、损失率，投资效益等。

（3）生产设备的安全可靠性评价　生产设备的安全可靠性评价是指对机器设备、装置和部件的故障和人机系统设计应用系统工程分析方法进行安全、可靠性评价。

（4）行为的安全性评价　行为的安全性评价是对人的不安全心理状态的发现和对人体操作可靠度的测定。

（5）作业环境和环境质量评价　作业环境和环境质量评价是指作业环境对人体健康危害的影响和工厂排放物对作业和生活环境的影响的评价。

（6）化学物质的物理化学危险性评价　化学物质的物理化学危险性评价是指对化学物质在生产、运输、储存过程中存在的物理化学危险性，或已发生的火灾、爆炸、中毒等安全性问题的评价。

6. 按评价内容分类

按评价内容分类，安全评价可以分为设计安全性评价、安全管理评价、生产设备安全可靠性评价、行为安全性评价、作业环境安全性评价和重大危险、有害因素危险性评价。

7. 按评价对象分类

按评价对象分类，安全评价可以分为劳动安全评价和劳动卫生评价。

8. 按评价的规模或范围分类

1）地区性风险评价。如英国坎维岛风险评价，企业风险评价，装置、设备风险评价。

2）行业（产业）评价。如航空航天、核工业、机械、化工、冶金、铁路、石油化工等行业（产业）安全评价。

3）静态、动态系统安全评价。如铁路或交通运输行业中的动态系统和静态系统的风险评价。

9. 按企业安全管理的角度分类

（1）新建、扩建、改建系统以及新工艺的预先评价　这种评价的主要目的是在新项目建设之前，预先辨识、分析系统可能存在的危险性，并针对主要危险提出预防或减少危险的措施，制定改进方案，使系统危险性在项目设计阶段就得以消除或控制。

（2）在役设备或运行系统的安全评价　根据系统运行记录和同类系统发生事故的情况以及系统管理、操作和维护状况，对照现行法规和技术标准，确定系统危险性大小，以便通过管理措施和技术措施提高系统的安全性。

（3）退役系统或有害废弃物的安全评价　退役系统或有害废弃物的安全评价主要是分析系统报废后带来的危险性和遗留问题对环境、生态、居民等的影响，提出妥善的安全对策。

（4）化学物质的安全评价　化学物质的安全评价主要是对化学物质的危险性，如火灾爆炸危险性、有害于人体健康和生态环境的危险性以及腐蚀危险性的评价。

（5）系统安全管理绩效评价　这种评价主要是依照国家安全生产法律法规和标准，从系统或企业的安全组织管理，安全规章制度，设备、设施安全管理，作业环境管理等方面来评价系统或企业的安全管理绩效。

1.2　安全评价的内容和过程

1.2.1　安全评价的内容

《安全评价通则》（AQ 8001—2007）将安全评价定义为：以实现安全为目的，应用安全系统工程原理和方法，辨识与分析工程、系统、生产经营活动中的危险、有害因素做出评价结论的活动。安全评价可针对一个特定的对象，也可针对一定区域范围。

部分专家、学者认为：安全评价是对系统发生事故的危险性进行定性或定量分析，评价系统发生危险的可能性及严重程度，以寻求最低的事故率、最少的损失和最优的安全投资效益。

上述两种表述虽然有所不同，但是本质内容和基本过程相同，即包括危险辨识、风险评价和风险控制三个过程。

（1）危险辨识

危险辨识是风险评价与风险控制的基础，它是指对所面临的和潜在的事故危险加以判断、归类和分析危险性质的过程。危险辨识目的是了解什么情况能发生、怎样发生和为什么能发生，辨识出要进行管理或评价的危险。

（2）风险评价

风险评价是指在危险辨识的基础上，对所收集的大量的详细资料加以分析，估计和预测事故发生的可能性或概率（频率）和事故造成损失的严重程度，确定它的危险性，并根据国家所规定的安全指标或公认的安全指标，衡量风险的水平，以便确定风险是否需要处理和处理的程度。

（3）风险控制

风险控制是指根据风险评价的结果，选择、制订和实施适当的风险控制计划来处理风险，并同既定的安全指标或目标相比较，判明所具有的安全水平，直到达到社会所允许的危险水平或规定的安全水平为止。它包括风险控制方案范围的确定、风险控制方案的评定、风险控制计划的安排和实施。

所以，安全评价通过危险辨识、风险评价和风险控制，客观地描述系统的危险程度，指导人们预先采取相应措施，来降低系统的危险性。

安全评价是一个运用安全系统工程的原理和方法，识别系统、工程中存在的风险、有害因素，评价其危险程度，以及提出控制措施的过程。这一过程中包括危险、有害因素的识别，危险和危害程度评价，危险控制措施制定和检验。危险、有害因素辨识的目的在于识别危险来源；危险和危害程度评价的目的在于确定和衡量来自危险源的危险性、危险程度；危险控制的目的是采取针对性控制措施，以及评价采取控制措施后仍然存在的危险性是否可以被接受。在实际的安全评价过程中，这些方面是不能截然分开、孤立进行的，而是相互交叉、相互重叠于整个评价工作中。

1.2.2 安全评价的程序

安全评价的程序主要包括前期准备，辨识与分析危险、有害因素，划分评价单元，定性、定量评价，提出安全对策及建议，做出安全评价结论，编制安全评价报告等，如图 1-1 所示。

1. 前期准备

明确被评价对象及范围，备齐有关安全评价所需设备、工具，收集国内外相关法律法规、标准、规章、规范等资料以及与评价对象有关的行业数据资料。

2. 辨识与分析危险、有害因素

根据评价对象的具体情况，辨识和分析危险、有害因素，确定其存在的部位、方式，以及发生作用的途径及变化规律。根据系统或工程的生产工艺、生产方式、生产系统和辅助系统、周边环境及气候条件等特点，识别和分析系统生产运行过程中的危险、有害因素。

3. 划分评价单元

划分评价单元可以简化评价工作，减少评价工作量，避免遗漏。可按照危险、有害因素的类别，按照装置和物质特征，按照工艺条件划分评价单元。评价单元划分应科学、合理，便于实施评价，相对独立并具有明显的特征界限。

4. 定性、定量评价

根据评价单元的特性，选择合理的评价方法，对评价对象发生事故的可能性及严重程度进行定性、定量评价，找出导致事故发生的致因因素、影响因素以及危险度，为制定安全对策措施提供科学的依据。

5. 提出安全对策及建议

依据危险、有害因素辨识结果与定性、定量评价结果，遵循针对性、技术可行性、经济合理性的原则，提出消除或减弱危险、危害的技术和管理对策及建议。安全对策及建议应具体翔实，具有可操作性。按照针对性和重要性的不同，安全对策及建议可分为应采纳和宜采纳两种类型。

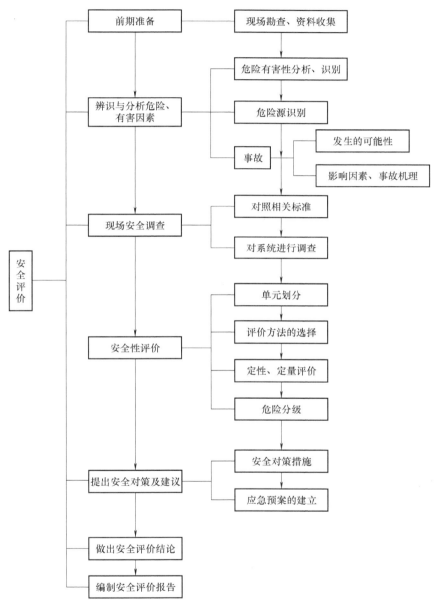

图 1-1 安全评价的程序

6. 做出安全评价结论

安全评价机构应根据客观、公正、真实的原则，严谨、明确地做出安全评价结论。安全评价结论的内容应包括高度概括评价结果，从风险管理角度给出评价对象在评价时与国家有关安全生产的法律法规、标准、规章、规范的符合性结论，给出事故发生的可能性和严重程度的预测性结论，以及采取安全对策措施后的安全状态等。

7. 编制安全评价报告

安全评价报告是安全评价过程的具体体现和概括性总结。安全评价报告是对评价对象实现安全运行的技术指导文件，对完善自身安全管理、应用安全技术等方面具有重要作用。安全评价报告作为第三方出具的技术性咨询文件，可供政府安全生产监管、监察部门、行业主管部门等相关单位对评价对象的安全行为进行法律法规、标准、行政规章、规范的符合性判别使用。

安全评价报告应全面、概括地反映安全评价过程的全部工作，文字应简洁、准确，提出的资料清楚、可靠，论点明确，利于阅读和审查。

1.3 安全评价的目的、意义、原理和原则

1.3.1 安全评价的目的

安全评价的目的是查找、分析和预测工程、系统中存在的危险、有害因素及可能导致的危险、后果和程度，提出合理可行的安全对策措施，指导危险源监控和事故预防，以达到最低事故率、最少损失和最优的安全投资效益。安全评价可实现以下四种目的。

1. 提高系统本质安全化程度

通过安全评价，对工程或系统的设计、建设、运行等过程中存在的事故和事故隐患进行系统分析，针对事故和事故隐患发生的可能原因事件和条件，提出消除危险的最佳技术措施方案，特别是从设计上采取相应措施，设置多重安全屏障，实现生产过程的本质安全化，做到即使发生误操作或设备故障时，系统存在的危险因素也不会导致重大事故发生。

2. 实现全过程安全控制

在系统设计前进行安全评价，可避免选用不安全的工艺流程和危险的原材料及不合适的设备、设施，避免安全设施不符合要求或存在缺陷，并提出降低或消除危险的有效方法。系统设计后进行安全评价，可查出设计中的缺陷和不足，尽早采取改进和预防措施。系统建成后进行安全评价，可了解系统的现实危险性，为进一步采取降低危险性的措施提供依据。

3. 建立系统安全的最优方案，为决策提供依据

通过安全评价，可确定系统存在的危险及其分布部位、数目，预测系统发生事故的概率及严重程度，进而提出应采取的安全对策措施等。决策者可以根据评价结果选择系统安全最优方案和进行管理决策。

4. 为实现安全技术、安全管理的标准化和科学化创造条件

通过对设备、设施或系统在生产过程中的安全性是否符合有关技术标准、规范相关规定

的评价，对照技术标准、规范找出存在的问题和不足，实现安全技术和安全管理的标准化、科学化。

安全评价在预防事故的发生，消除事故隐患，降低事故发生的可能性，保护人员安全和防止财产设备损失等方面起着重要的作用。安全评价是一门控制系统总损失的技术，评价过程提高了安全管理水平，体现了从被动到主动、从事后处理到事前预防、从经验到科学的安全管理方法，安全评价实现了以下作用：

（1）安全评价是安全生产过程控制的前置手段　《安全生产法》明确要求，生产经营单位新建、改建、扩建工程项目的安全设施必须与主体工程同时设计、同时施工、同时验收、同时投入生产和使用。实施安全评价就是要从系统安全的角度出发，超前分析，对可能产生的损失和伤害、影响范围、严重程度及应采取的对策措施等进行论证评估，判断工程项目实施中可能存在的各类风险，进而提醒和促进企业优化工程设计，完善预防措施，加强投产后的安全生产重点工作，提高系统的安全可靠程度。

（2）安全评价是规范企业安全管理的必要措施　通过安全评价可以增强企业风险管理的意识和抵御风险的能力。科学、系统地进行安全评价，对全面提高企业安全管理水平具有重要的指导和引导作用，可促进企业加快实现"三个转变"，即通过预先识别系统的危险性和危险程度，促使企业由事后处理向事前预测预防转变；通过实施综合性、全方位的安全评价，将不同层面、不同环节的安全问题告知企业，促使企业加强全员、全过程的安全管理，实现由单一管理向全面系统管理转变；通过对不同企业实施安全评价，可促使企业开阔视野，由片面性安全管理向更高目标安全管理转变。

（3）安全评价是各级安全生产监管监察机构依法进行行政、科学监管的技术依据　实施安全评价，可以直接发现企业存在的事故隐患，为政府部门依法行政提供可靠依据。凭借安全评价机构公正、客观、科学、准确的安全评价结论，政府安全监管监察机构可以更加准确地对安全生产的重点单位、重点环节进行有的放矢的重点执法，提高安全监管监察的时效性和针对性，做到关口前移、重心下移。特别是在贯彻实施《安全生产许可证条例》中，通过安全评价判定生产企业是否符合安全生产条件，为政府监管监察部门依法实施安全生产行政许可提供科学依据，为安全生产监管监察部门在较短的时间内对煤矿企业、非煤矿山企业、建筑施工企业和危险化学品、烟花爆竹、民用爆破器材企业顺利实施安全生产许可证制度创造有利条件。监管监察严格执法，评价机构依法评价，二者有机结合，工作互补，相互支持，共同提高。

1.3.2　安全评价的意义

安全评价的意义在于可以有效地预防事故的发生，减少人员伤亡和财产损失。安全评价从系统安全的角度出发，分析、论证和评估可能出现的损失和伤害以及其严重程度，从而提出相应的措施和建议。

1. 是安全管理的必要组成部分

"安全第一，预防为主"是我国的安全生产方针，安全评价是预测、预防事故的重要手段。通过安全评价可确认生产经营单位是否具备必要的安全生产条件。

2. 有助于政府安全监督管理部门对生产经营单位的安全生产实行宏观控制

安全预评价能提高工程设计的质量和系统的安全可靠程度；安全验收评价是根据国家有关技术标准、规范对设备、设施和系统进行的符合性评价，能提高安全达标水平；安全现状评价可客观地对生产经营单位的安全水平做出评价，使生产经营单位不仅了解可能存在的危险性，而且明确了改进的方向，同时为安全监督管理部门了解生产经营单位安全生产现状、实施宏观调控打下了基础。

3. 有助于安全投资的合理选择

安全评价不仅能确认系统的危险性，而且能进一步预测危险性发展为事故的可能性及事故造成损失的严重程度，并以说明系统危险可能造成负效益的大小，合理地选择控制措施，确定安全措施投资的多少，从而使安全投入和可能减少的负效益达到合理的平衡。

4. 有助于提高生产经营单位的安全管理水平

安全评价可以使生产经营单位的安全管理变事后处理为事先预测、预防。传统安全管理方法的特点是凭经验进行管理，多为事故发生后再进行处理。通过安全评价，可以预先识别系统的危险性，分析生产经营单位的安全状况，全面地评价统及各部分的危险程度和安全管理状况，促使生产经营单位达到规定的安全要求。安全评价可使生产经营单位安全管理变纵向单一管理为全面系统管理。安全评价使生产经营单位所有部门都能按照要求认真评价本系统的安全状况，将安全管理范围扩大到生产经营单位各个部门、各个环节，使生产经营单位的安全管理实现全员、全方位、全过程、全天候的系统化管理。

5. 有助于生产经营单位提高经济效益

安全预评价可减少项目建成后由于安全要求引起的调整和返工建设；安全验收评价可将潜在的事故隐患在设施开工运行前消除；安全现状评价可使生产经营单位了解可能存在的危险，并为安全管理提供依据。生产经营单位的安全生产水平的提高无疑可带来经济效益的提高，使生产经营单位真正实现安全生产和经济效益的同步增长。

1.3.3 安全评价的原理

由于安全评价应用的领域较广，评价的对象、环境、技术等方面都会有所不同，导致安全评价看似复杂，但是思维方式是一致的。将安全评价的思维方式依据的理论统称为安全评价原理。常用的安全评价原理有相关性原理、类推推理、惯性原理和量变到质变原理等。

1. 相关性原理

一个系统的属性、特征与事故和职业危害存在着因果的相关性，这是系统因果评价方法的理论基础。

（1）系统的基本特征　安全评价把研究的所有对象都视为系统。系统是指为实现一定的目标，由多种彼此有机联系的要素组成的整体。系统有大有小，千差万别，但所有的系统都具有以下基本特征。

1）目的性。任何系统都具有目的性，要实现一定的目标（功能）。

2）集合性。集合性是指一个系统是由若干个元素组成的一个有机联系的整体，或是由各层次的要素（子系统、单元、元素集）集合组成的一个有机联系的整体。

3）相关性。一个系统内部各要素（或元素）之间存在相互影响、相互作用、相互依赖的有机联系，通过综合协调，实现系统的整体功能。在相关关系中，二元关系是基本关系，其他复杂的相关关系是在二元关系基础上发展起来的。

4）阶层性。在大多数系统中，存在着多阶层性，各阶层通过彼此作用，互相影响、制约，形成一个系统整体。

5）整体性。系统的要素集、相关关系集、各阶层构成了系统的整体。

6）适应性。系统对外部环境的变化有着一定的适应性。

每个系统都有着自身的总目标，而构成系统的所有子系统、单元都为实现这一总目标而实现各自的分目标。如何使这些目标达到最佳，这就是系统工程要研究解决的问题。

（2）相关关系　系统的整体目标（功能）是由组成系统的各子系统、单元综合发挥作用的结果。因此，不仅系统与子系统，子系统与单元有着密切的关系，而且各子系统之间、各单元之间、各元素之间也都存在着密切的相关关系。所以，在评价过程中只有找出这种相关关系，并建立相关模型，才能正确地对系统的安全性做出评价。

系统的结构可用下列公式表达：

$$E = \max f(X, R, C) \tag{1-4}$$

式中　　　E——最优结合组合；

　　　　　X——系统组成的要素集，即组成系统的所有元素；

　　　　　R——系统组成要素的相关关系，即系统各元素之间的所有相关关系；

　　　　　C——系统组成的要素与其相关关系在各阶层上可能的分布形式；

　　$f(X, R, C)$——X, R, C 的结合效果函数。

对系统的要素集（X）、关系集（R）和层次分布形式（C）的分析，可阐明系统整体的性质。要使系统目标达到最佳程度，只有使上述三者达到最优结合，才能产生最优的结合效果 E。

对系统进行安全评价，就是要寻求 X，R 和 C 的最合理的结合形式，即寻求具有最优结合效果 E 的系统结构形式在对应系统目标集和环境因素约束集的条件，给出最安全的系统结合方式。例如，一个生产系统一般是由若干生产装置、物料、人员（X 集）集合组成的；工艺过程是在人、机、物料、作业环境结合过程（人控制的物理、化学过程）中进行的（R集）；生产设备的可靠性、人的行为的安全性、安全管理的有效性等因素层次上存在各种分布关系（*C*集）。安全评价的目的，就是寻求系统在最佳生产（运行）状态下的最安全的有机结合。

因此，在评价之前要研究与系统安全有关的系统组成要素，要素之间的相关关系，以及它们在系统各层次的分布情况。例如，要调查、研究构成工厂的所有要素（人、机、物料、环境等），明确它们之间存在的相互影响、相互作用、相互制约的关系和这些关系在系统的不同层次中的不同表现形式等。

要对系统做出准确的安全评价，必须对要素之间及要素与系统之间的相关形式和相关程度给出量的概念。这就需要明确哪个要素对系统有影响，是直接影响还是间接影响；哪个要素对系统影响大，大到什么程度，彼此是线性相关，还是指数相关等。要做到这一点，就要求在分析大量生产运行、事故统计资料的基础上，得出相关的数学模型，以便合理地进行安全评价。例如，用加权平均法进行生产经营单位安全评价，确定各子系统安全评价的权重系数，实际上就是确定生产经营单位整体与各子系统之间的相关系数。这种权重系数代表了各子系统的安全状况对生产经营单位整体安全状况的影响大小，也代表了各子系统的危险性在生产经营单位整体危险性中的比重。一般来说，权重系数都是通过对大量事故统计资料的分析，权衡事故发生的可能性大小和事故损失的严重程度而确定下来的。

（3）因果关系　因果关系是事物发展变化的规律。事物的原因和结果之间存在着类似函数一样的密切关系。若研究、分析各个系统之间的依存关系和影响程度，就可以探求它们的变化特征和规律，并可以预测它们的未来状态和发展变化趋势。

事故和导致事故发生的各种原因（危险因素）之间存在着相关关系，表现为依存关系和因果关系，危险因素是原因，事故是结果，事故的发生是由许多因素综合作用的结果。分析各因素的特征、变化规律，影响事故发生和事故后果的程度，以及从原因到结果的途径，揭示其内在联系和相关程度，才能在评价中得出正确的分析结论，采取恰当的对策措施。例如，可燃气体泄漏爆炸事故是由可燃气体泄漏、与空气混合达到爆炸极限和存在引燃能源3个因素综合作用的结果，而这3个因素又是设计失误、设备故障、安全装置失效、操作失误、环境不良、管理不当等一系列因素造成的，爆炸后果的严重程度又和可燃气体的性质（闪点、燃点、燃烧速度、燃烧热值等）、可燃性气体的爆炸量及空间密闭程度等因素有密切的关系，在评价中需要分析这些因素的因果关系和相互影响程度，并定量地加以评述。

事故的因果关系是：事故的发生有其原因因素，而且往往不是由单一原因因素造成的，而是由若干个原因因素耦合在一起，当出现符合事故发生的充分与必要条件时，事故就必然会暴发，多一个原因因素不必要，少一个原因因素事故就不会发生。而每一个原因因素又由若干个二次原因因素构成；依此类推，还有三次原因因素等。

消除一次、二次或三次等原因因素，破坏发生事故的充分与必要条件，事故就不会产生，这就是采取技术、管理、教育等方面的安全对策措施的理论依据。

2. 类推推理

（1）类推推理的概念　类推推理是人们经常使用的一种逻辑思维方法，常作为推出一种新知识的方法。它是根据两个或两类对象之间存在着某些相同或相似的属性，从一个已知对象具有某个属性来推出另一个对象具有此种属性的一种推理过程。它在人们认识世界和改造世界的活动中具有非常重要的作用，在安全生产、安全评价中同样有特殊的意义和重要的作用。

类推的基本模式为：若 A，B 表示两个不同对象，A 有属性 P_1，P_2，$\cdots$，P_m，P_n，B 有属性 P_1，P_2，$\cdots$，P_m，则对象 A 与 B 的推理可用图 1-2 表示。

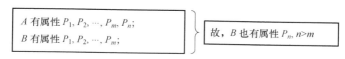

图 1-2　对象 A 与 B 的推理

类推也称为类比。类推推理（类比推理）的结论是显而易见的，在应用时要注意提高结论的可靠性，主要方法有：

1）要尽量多地列举两个或两类对象所共有或共缺的属性。

2）两个类比对象所共有或共缺的属性越接近本质，则推出的结论越可靠。

3）两个类比对象共有或共缺的对象与类推的属性之间具有本质和必然的联系，则推出结论的可靠性就高。

类推推理常常被人们用来类比同类装置或类似装置的职业安全的经验、教训，采取相应的对策措施防患于未然，实现安全生产。类推评价法是经常使用的一种安全评价方法。它不仅可以由一种现象推算另一种现象，还可以依据已掌握的实际统计资料，采用科学的估计方法来推算得到基本符合实际的所需资料，以弥补调查统计资料的不足，供分析研究用。

（2）类推方法种类　类推评价法的种类及应用领域取决于评价对象事件与先导事件之间联系的性质。若这种联系可用数字表示，则称为定量类推；如果这种联系关系只能定性处理，则称为定性类推。常用的类推方法有如下几种：

1）平衡推算法。平衡推算法是根据相互依存的平衡关系来推算所缺的有关指标的方法。例如，利用海因里希关于重伤、死亡、轻伤及无伤害事故比例 1∶29∶300 的规律，在已知重伤、死亡数据的情况下，可推算出轻伤和无伤害事故数据；利用事故的直接经济损失与间接经济损失的比例为 1∶4 的关系，从直接经济损失推算间接经济损失和事故总经济损失；利用爆炸破坏情况推算与爆炸中心某距离处的冲击波超压（Δp，单位为 MPa）或爆炸坑（漏斗）的大小，来推算爆炸物的 TNT 当量；这些都是平衡推算法的应用。

2）代替推算法。代替推算法是利用具有密切联系（或相似）的有关资料、数据，来代替所缺资料、数据的方法。例如，对新建装置的安全预评价，可使用与它类似的已有装置资料、数据进行评价；在职业卫生评价中，人们常常类比同类或类似装置的工业卫生检测数据进行评价。

3）因素推算法。因素推算法是根据指标之间的联系，从已知因素的数据推算有关未知指标数据的方法。例如，已知系统发生事故的概率 P 和事故损失严重程度 S，就可利用风险率 R 与 P、S 的关系来求得风险率 R：

$$R = PS \tag{1-5}$$

4）抽样推算法。抽样推算法是根据抽样或典型调查资料推算系统总体特征的方法。这种方法是数理统计分析中常用的方法，是以部分样本代表整个样本空间来对总体进行统计分析的一种方法。

5）比例推算法。比例推算法是根据社会经济现象的内在联系，用某一时期、地区、部门或单位的实际比例，推算另一类似时期、地区、部门或单位有关指标的方法。例如，控制图法的控制中心线的确定，是根据上一个统计期间的平均事故率来确定的；国外各行业安全指标通常可根据前几年的年度事故平均数值来确定的。

6）概率推算法。概率是指某一事件发生的可能性大小。事故的发生是一种随机事件。任何随机事件在一定条件下是否发生是没有规律的，但是它的发生概率是一个客观存在的定值。因此，根据有限的实际统计资料，采用概率论和数理统计方法可求出随机事件出现各种状态的概率。可以用概率值来预测未来系统发生事故可能性的大小，以此来衡量系统危险性的大小、安全程度的高低。美国原子能委员会《核电站风险报告》采用的方法基本上是概率推算法。

3. 惯性原理

任何事物在发展过程中，从过去到现在以及延伸至将来，都具有一定的延续性，这种延续性称为惯性。

利用惯性原理可以研究事物或一个评价系统的未来发展趋势。例如，从一个单位过去的安全生产状况、事故统计资料，可以找出安全生产及事故发展的变化趋势，以推测未来的安全状态。

利用惯性原理进行评价时应注意以下两点：

（1）惯性的大小　惯性越大，影响越大；反之，则影响越小。例如，一个生产经营单位如果疏于管理，违章作业、违章指挥、违反劳动纪律严重，事故就多，若任其发展，则会愈演愈烈，而且有加速的态势，惯性越来越大。对此，必须立即采取相应对策措施，破坏这种格局，即中止或使这种不良惯性改向，才能防止事故的发生。

（2）惯性的趋势　一个系统的惯性是这个系统内各个内部因素之间互相联系、互相影响、互相作用，按照一定的规律发展变化的状态趋势。因此，只有当系统是稳定的，受外部环境和内部因素影响产生的变化较小时，它的内在联系和基本特征才可能延续下去，该系统所表现的惯性发展结果才基本符合实际。但是，绝对稳定的系统是没有的，因为事物发展的惯性在受外力作用时，可使其加速或减速甚至改变方向。这样就需要对一个系统的评价进行修正，即在系统主要方面不变，而其他方面有所偏离时，就应根据偏离程度对所出现的偏离现象进行修正。

4. 量变到质变原理

任何一个事物在发展变化过程中都存在从量变到质变的规律。

同样，在一个系统中，许多有关安全的因素也都存在从量变到质变的过程。在评价一个系统的安全时，也都离不开从量变到质变的原理。例如，许多定量评价方法中，有关危险等级的划分无不应用量变到质变的原理。《道化学公司火灾、爆炸危险指数评价法》（第 7 版）中，关于按火灾、爆炸危险指数（F&EI）划分的危险等级，从 "1" 至 "≥159"，经过了 ≤60，61~96，97~127，128~158，≥159 的量变到质变的变化过程，即分别为 "最轻"级、"较轻"级、"中等"级、"很大"级、"非常大"级。而在评价结论中，"中等"级及以下的级别是 "可以接受的"（在提出对策措施时可不考虑），而 "很大"级、"非常大"级则是 "不能接受的"（应考虑对策措施）。

又如，《中华人民共和国噪声作业分级》（LD 80—1995）将噪声按噪声值［dB（A）］和接噪时间分别划分为 0 级、Ⅰ级、Ⅱ级、Ⅲ级和Ⅳ级；而且规定，噪声超过 115dB（A）的作业，不论接噪时间长短，均属Ⅳ级。爆炸时产生的冲击波超压 Δp（MPa）值达到 0.02~0.03 时，人体 "轻微损伤"；达到 0.03~0.05 时，人体 "听觉器官损伤或骨折"；达到 0.05~0.10 时，人体 "内脏严重损伤或死亡"；大于 0.10 时，则大部分人员死亡。再如，心脏停搏 4~6min 后，由于大脑严重缺氧而使脑细胞受到严重损害，甚至不能恢复，需要立即进行心肺复苏：心脏停搏 4min 内进行心肺复苏者，有 50% 可能被救活；4~6min 进行心肺复苏者，10% 可被救活；超过 6min 进行心肺复苏者，存活率只有 4%；超过 10min 进行心肺复苏者，存活的可能性更小。

因此，在安全评价时，考虑各种危险、有害因素对人体的危害，以及采用评价方法对危险因素进行等级划分时，均需要应用量变到质变的原理。

上述原理是人们经过长期研究和实践总结出来的。在实际评价工作中，应综合应用这些基本原理指导安全评价，并创造出各种评价方法，进一步在各个领域中加以运用。

掌握评价基本原理可以建立正确的思维方式，对于评价人员开拓思路、合理选择和灵活运用评价方法都是十分必要的。由于世界上没有一成不变的事物，评价对象的发展不是过去状态的简单延续，评价的事件也不会是类似事件的简单再现，相似不等于相同。因此，在评价过程中，还应对客观情况进行具体分析，以提高评价结果的准确程度。

1.3.4　安全评价的原则

安全评价是落实安全生产方针的重要技术保障，是安全生产监督管理的重要手段。安全评价工作不但具有较复杂的技术性，而且有很强的政策性。在安全评价工作中应遵循合法性、科学性、公正性和针对性的原则。

1. 合法性

安全评价工作中的一项任务是辨识与分析评价对象可能存在的危险、有害因素，确定它与安全生产法律法规、标准、行政规章、规范的符合性。政策、法规、标准是安全评价的依据。

安全评价机构和评价人员必须由国家安全生产监督管理部门予以资质核准和资格注册，只有取得资质的机构才能依法进行安全评价工作。承担安全评价工作的机构必须在国家安全生产监督管理部门的指导、监督下，严格执行国家及地方颁布的有关安全生产的方针、政策、法规和标准等。在具体评价过程中，应全面、仔细、深入地剖析评价项目或生产经营单位在执行产业政策、安全生产和劳动保护政策等方面存在的问题，并且主动接受国家安全生产监督管理部门的指导、监督和检查。

2. 科学性

安全评价涉及的学科范围广，影响因素复杂多变。安全预评价在实现项目的本质安全上有预测、预防性；安全验收评价在项目的可行性上具有较强的客观性；安全现状评价在整个项目上具有全面的现实性。为保证安全评价能准确地反映被评价项目的客观实际且保证结论正确，在开展安全评价的全过程中，必须依据科学的方法、程序，以严谨的科学态度全面、准确、客观地进行工作，提出科学的对策措施，做出科学的结论。

危险、有害因素产生危险、危害后果需要一定条件和触发因素，要根据内在的客观规律分析危险、有害因素的种类、程度、产生的原因以及出现危险、危害的条件和后果，才能为安全评价提供可靠的依据。现有的评价方法均有局限性。评价人员应全面、仔细、科学地分析各种评价方法的原理、特点、适用范围和使用条件，必要时，还应用多种评价方法进行评价，互为补充、互相验证，提高评价的准确性，避免局限和失真。评价时，切忌生搬硬套、主观臆断、以偏概全。

从收集资料、调查分析、筛选评价因子、测试取样、数据处理、模式计算和权重值的给定，直至提出对策措施、做出评价结论和建议，每个环节都必须严守科学态度，用科学的方法，依据可靠的数据，按科学的程序一丝不苟地完成各项工作，努力在最大限度上保证评价结论的正确性和对策措施的合理性、可行性、可靠性。

受一系列不确定因素的影响，安全评价在一定程度上存在误差。评价结果的准确与否直接影响到决策是否正确，安全设计是否完善，运行是否安全、可靠。因此，对评价结果进行验证是十分重要的。为不断提高安全评价的准确性，评价单位应有计划、有步骤地对同类装置、国内外的安全生产经验、相关事故案例和预防措施以及评价后的实际运行情况进行考察、分析、验证，利用建设项目建成后的现状评价进行验证，并运用统计方法对评价误差进行统计和分析，以便改进原有的评价方法和修正评价的参数，不断提高评价的准确性、科学性。

3. 公正性

评价结论是评价项目的决策依据、设计依据、能否安全运行的依据，也是国家安全生产监督管理部门进行安全生产监督管理的执法依据。因此，对于安全评价的每一项工作都要做到客观和公正。既要防止受评价人员主观因素的影响，又要排除外界因素的干扰，避免出现不合理、不公正的评价结论。

评价的公正性直接关系到被评价项目能否安全运行，国家财产和声誉是否会受到破坏和影响，被评价单位的财产是否受到损失，生产能否正常进行，周围单位及居民是否会受到影响，被评价单位职工乃至周围居民的安全和健康是否受到影响。因此，评价单位和评价人员必须严肃、认真、实事求是地进行公正的评价。安全评价有时会涉及一些部门、集团、个人的某些利益，因此，在评价时，必须以国家和劳动者的总体利益为重，要充分考虑劳动者在劳动过程中的安全与健康，要依据有关标准法规和经济技术的可行性提出明确的要求和建议。评价结论和建议不能模棱两可、含糊其辞。

4. 针对性

进行安全评价时，首先应针对被评价项目的实际情况和特征，收集有关资料，对系统进行全面分析；其次要对众多的危险、有害因素及单元进行筛选，针对主要的危险、有害因素及重要单元应进行重点评价，并辅以重大事故后果和典型案例进行分析、评价；由于各类评价方法都有特定的适用范围和使用条件，要有针对性地选用评价方法；最后要从实际的经济、技术条件出发，提出有针对性的、操作性强的对策措施，对被评价项目做出客观、公正的评价。

1.4　安全评价的发展

1. 安全评价的起源

安全评价是系统安全工程理论中的一个重要内容，它与系统安全理论和应用技术的发展相辅相成。安全评价为预防、预测事故的发生，事先采取措施以及减少事故的发生创造了条件。

安全评价起源于 20 世纪 30 年代，它是随着西方国家保险行业的发展而发展起来的。保险公司为客户承担一定的风险，需要向客户收取费用，至于收取费用的高低是由保险公司所承担的风险的大小所决定。因此，需要对风险进行衡量评估，确定风险程度，这一过程即为风险评价的过程。因此，安全评价也称为风险评估。

安全评价在欧美各国被称为"风险评估"或"风险评价"（Risk Assessment）。在日本，为了顺应人们的心理，改称为"安全评价"。在我国也多称为"安全评价"。

2. 安全评价国外发展过程

安全评价首先应用于美国军事行业，在 20 世纪 60 年代得到了大力发展。1962 年 4 月，美国公布了有关系统安全的说明书，对武器承包商提出了系统安全的要求，这是系统安全理论第一次得到实际的应用。1969 年，美国国防部批准颁布了最具有代表性的系统安全军事标准《系统安全大纲要点》（MIL-STD-822），对完成系统在安全方面的目标、计划和手段，包括设计、措施和评价，提出了具体要求和程序；之后，经过多次修改，该标准逐渐完善，对系统在整个生命周期中的安全要求、安全工作项目都做了具体规定，后被其他国家引进使用。此后，系统安全工程方法陆续推广到其他领域，不断发展，形成了现代系统安全工程的新的理论、方法体系。

系统安全工程的发展和应用为预测、预防事故的系统安全评价奠定了坚实的基础。安全评价在预防事故发生、减少人员伤害和设备设施损失方面具有积极的作用。这些正面的作用使得许多国家、企业单位等广泛应用安全评价，对系统进行事先、事后的评价分析，预测系统的安全性，避免产生不必要的损失。

1964 年，美国道化学公司根据化工生产的特点，首先开发出"火灾、爆炸危险指数评价法"。该评价方法以单位重要危险物质在标准状态下的火灾、爆炸释放出危险性潜在能量大小为基础，与此同时考虑了工艺过程中的危险性，计算单元火灾、爆炸危险指数，确定危险等级，并提出安全对策措施，使危险降低到人们可以接受的程度。1974 年，英国帝国化学公司（ICI）蒙德（Mond）部在道化学公司评价方法的基础上引进了毒性概念，并发展了某些补偿系数，提出了"蒙德火灾、爆炸、毒性指标评价法"。1974 年，美国原子能委员会在没有核电站事故先例的情况下，应用系统安全工程分析方法，提出了著名的《核电站风险报告》（WASH-1400），并被以后发生的核电站事故所证实。1976 年，日本劳动省颁布了"化工厂安全评价六阶段法"，该方法采用了一整套系统安全工程的综合分析和评价方法，使化工厂的安全性在规划、设计阶段就能得到充分的保障。之后，随着信息处理技术、数字化技术和事故预防技术的进步，危险辨识、事故后果模型、事故频率分析、综合危险定量分析等内容的商用化安全评价计算机软件相继问世，计算机技术的广泛应用又促进了安全评价向更高层次发展。

20 世纪 70 年代之后，整个世界范围多次发生严重的火灾、爆炸以及有毒物质泄漏等事故。事故造成的严重的人员伤亡和经济损失，使得各国政府重视生产安全，强化了安全管理，降低风险程度。日本《劳动安全卫生法》规定，由劳动基准监督署对建设项目实行事先审查和许可证制度；美国对重要工程项目的竣工、投产都要求进行安全评价；英国政府规定，凡未进行安全评价的新建项目不准开工；欧共体于 1982 年颁布《关于工业活动中重大危险源的指令》，欧共体成员国也陆续制定了相应的法律；国际劳工组织（ILO）也先后公布了《重大事故控制指南》（1988 年）、《重大工业事故预防实用规程》（1990 年）和《工作中安全使用化学品实用规程》（1992 年），其中对安全评价均提出了要求。2002 年，欧盟发布《未来化学品政策战略》白皮书，明确危险化学品的登记及风险评价，作为政府的强制性的指令。

随着现代科技的迅速发展，特别是数学方法和计算机科学技术的发展，以模糊数学为基础的安全评价方法得到了发展和应用，并拓展了原有的方法和应用范围，如模糊故障树分析、模糊概率法等。计算机专家系统、人工神经网络、计算机模拟技术也用于对生产系统进行实时、动态的安全评价。

3. 安全评价国内发展过程

在 20 世纪 60 年代，一些企业开始尝试将安全评价应用到安全管理过程中，到 20 世纪 80 年代初期，我国引进安全评价方法，并开始将这些方法应用于实际生产。我国机械、冶金、化工、航空、航天等行业的有关企业开始应用简单的安全分析、评价方法，如安全检查表（SCL）、事故树分析（FTA）、故障类型及影响分析（FMEA）、事件树分析（ETA）、预先危险性分析（PHA）、危险可操作性研究（HAZOP）、作业环境危险评价（LEC）等。在这一时期，我国自主研发的安全评价方法较少，将安全评价应用于企业安全管理的也相对较少，风险管理还没有被我国多数企业重视起来。20 世纪 80 年代到 20 世纪末，我国研发了一些具有自主知识产权的安全评价方法，例如机械工厂安全性评价标准，航空航天工业工厂安全评价规程，T80/60 安全检查表，重大火灾、爆炸、泄露危险指数法；一些企业开始在管理中使用安全评价的方法，并开始认识到风险管理在企业管理中的重要作用。

我国安全评价的现状可概括为以下三个方面：

1）安全评价是行政许可事项之一，相关法律法规逐步完善。在我国，以《中华人民共和国安全生产法》为核心的安全生产法律法规体系已经形成，这些法律法规中对安全评价提出了要求。

2）开发新的安全评价方法，并得到了广泛应用。我国一些科研单位和安全评价机构开展了安全评级方法的研究，并获得具有自主知识产权的安全评价方法。很多的安全评价方法得到了广泛的应用，如各地方安全生产监督管理部门开发的矿山评价检查表，被我国的多数矿山企业使用推广。

3）研发安全评价软件，提高安全评价的技术水平。国家在"八五""九五""十五"科技攻关项目中，都设立了安全评价方法和软件开发的有关研究内容，具有自主知识产权的重大火灾、爆炸、泄漏危险指数法评价软件，与重大危险源监控分级管理系统一起，已经应用于全国 10 多个省区，对数万个重大危险源进行了风险评价。我国开发的具有自主知识产权的个人风险评价和社会风险评价软件，可以计算出不同类型危险源的火灾、爆炸、泄漏事故的伤害范围和破坏范围，以及多危险源存在时的个人风险和社会风险，被广泛应用于城市安全规划、重大危险源安全规划以及危险化学品生产区安全规划。此外，我国的一些研究单位、安全评价机构和生产企业还开发了一些用于安全评价的数据库，如安全评价法律法规和标准数据库，安全评价方法数据库，安全评价基本参数数据库等。一些安全评价机构还开发了基于地理信息系统的安全评价软件，这些软件不仅可以模拟计算出火灾、爆炸、泄漏等人员的死亡、重伤、轻伤的伤害范围，以及建筑物、构筑物等破坏范围，还将评价结果直接显示在地理信息图上，增加了安全评价的技术含量，提高了安全评价的整体水平。

习　题

（1）事故的含义是什么？

（2）简述风险和风险度的含义。

（3）危险源的定义是什么？

（4）什么是安全评价？

（5）试简述安全评价的程序。

（6）安全评价的意义是什么？

（7）试论述安全评价原理。

第 2 章

危险辨识与单元划分

2.1 | 危险辨识

2.1.1 危险辨识的定义

定义危险辨识是指针对产品或系统，在它的生命周期各阶段采用适当的方法，识别可能导致人员伤亡、职业病、设备损坏、社会财富损失或工作环境破坏的潜在条件。

危险辨识是对产品、系统以及生产项目进行危险辨识，而每一个新产品、新项目、新系统都有自身的生命周期，因而危险辨识的过程贯穿了它们从概念设计到使用，直至报废的各个阶段。不同的阶段、不同的产品或系统的生产特点、工艺流程各不相同，产生的危险的类型各不相同，因而在危险辨识过程中应采用适当的方法。

有的专业书或文献将"危险辨识"称为"危险和有害因素辨识"或"危险和危害因素辨识"，它们强调危险是导致人员伤亡的条件，而"危害或有害因素"强调导致人员职业病的条件。

2.1.2 危险、有害因素概述

1. 危险、有害因素定义

危险因素是指能造成人身伤亡或造成物品突发性损坏的因素（强调社会性和突发作用），危害因素是指能影响人的身体健康、导致疾病或对物造成慢性损坏的因素（强调在一定时间内的累积作用）。两者的区分是为了区别客体对人体不利作用的特点和效果，有时对两者不加区分，统称危险、有害因素。

2. 危险、有害因素产生原因

所有的危险、有害因素尽管表现形式不同，但从本质上讲，造成事故的原因，都可归结为存在危险、有害物质、能量和危险有害物质、能量失去控制两方面因素的综合作用，并导致危险有害物质的泄漏、散发和能量的意外释放。因此，存在危险有害物质、能量和危险有害物质、能量失去控制是危险、有害因素转换为事故的根本原因。

危险、有害物质和能量失控主要体现在人的不安全行为、物的不安全状态和安全管理的缺陷等 3 个方面。

《企业职工伤亡事故分类》（GB 6441—1986）分别对人的不安全行为、物的不安全状态、安全管理的缺陷进行了相应的规定。

（1）人的不安全行为　将人的不安全行为分为操作失误、忽视安全、忽视警告，造成安全装置失效，使用不安全设备等 13 大类。

1）操作错误、忽视安全、忽视警告。

① 未经许可开动、关停、移动机器。

② 开动、关停机器时未给信号。

③ 开关未锁紧，造成意外转动、通电或泄漏等。

④ 忘记关闭设备。

⑤ 忽视警告标志、警告信号。

⑥ 操作错误（指按钮、阀门、扳手、把柄等的操作）。

⑦ 奔跑作业。

⑧ 供料或送料速度过快。

⑨ 机械超速运转。

⑩ 违章驾驶机动车。

⑪ 酒后作业。

⑫ 客货混载。

⑬ 冲压机作业时，手伸进冲压模。

⑭ 工件紧固不牢。

⑮ 用压缩空气吹铁屑。

⑯ 其他。

2）造成安全装置失效。

① 拆除了安全装置。

② 安全装置堵塞，失去了作用。

③ 调整的错误造成安全装置失效

④ 其他。

3）使用不安全设备。

① 临时使用不牢固的设施。

② 使用无安全装置的设备。

③ 其他。

4）手代替工具操作。

① 用手代替手动工具。

② 用手清除切屑。

③ 不用夹具固定、用手拿工件进行机加工。

5）物体（指成品、半成品、材料、工具、切屑和生产用品等）存放不当。

6）冒险进入危险场所。

① 冒险进入涵洞。

② 接近漏料处（无安全设施）。

③ 采伐、集材、运材、装车时，未离危险区。

④ 未经安全监察人员允许进入油罐或井中。

⑤ 未"敲帮问顶"就开始作业。

⑥ 冒进信号。

⑦ 调车场超速上下车。

⑧ 易燃易爆场合使用明火。

⑨ 私自搭乘矿车。

⑩ 在绞车道行走。

⑪ 未及时瞭望。

7）攀、坐不安全位置（如平台护栏、汽车挡板、起重机吊钩）。

8）在起吊物下作业、停留。

9）机器运转时加油、修理、检查、调整、焊接、清扫等工作。

10）有分散注意力行为。

11）在必须使用个人防护用品、用具的作业或场合中，忽视其使用。

① 未戴护目镜或面罩。

② 未戴防护手套。

③ 未穿安全鞋。

④ 未戴安全帽。

⑤ 未佩戴呼吸护具。

⑥ 未佩戴安全带。

⑦ 未戴工作帽。

⑧ 其他。

12）不安全装束。

① 在有旋转零部件的设备旁作业时穿过肥大的服装。

② 操纵带有旋转零部件的设备时戴手套。

③ 其他。

13）对易燃、易爆等危险物品处理错误。

（2）物的不安全状态　　将物的不安全状态分为防护、保险、信号等装置缺乏或有缺陷、设备、设施、工具、附件有缺陷，个人防护用品、用具缺少或有缺陷，以及生产（施工）场地环境不良等四大类。

1）防护、保险、信号等装置缺乏或有缺陷。

① 无防护。

a. 无防护罩。

b. 无安全保险装置。

c. 无报警装置。

d. 无安全标志。

e. 无护栏或护栏损坏。

f.（电气）未接地。

g. 绝缘不良。

h. 局部通风机无消声系统、噪声大。

i. 在危房内作业。

j. 未安装防止"跑车"的挡车器或挡车栏。

k. 其他。

② 防护不当。

a. 防护罩未在适当位置。

b. 防护装置调整不当。

c. 坑道掘进、隧道开凿支撑不当。

d. 防爆装置不当。

e. 采伐、集材作业安全距离不够。

f. 放炮作业隐蔽所有缺陷。

g. 电气装置带电部分裸露。

h. 其他。

2）设备、设施、工具、附件有缺陷。

① 设计不当，结构不合安全要求。

a. 通道门遮挡视线。

b. 制动装置有缺欠。

c. 安全间距不够。

d. 拦车网有缺欠。

e. 工件有锋利毛刺、毛边。

f. 设施上有锋利倒棱。

g. 其他。

② 强度不够。

a. 机械强度不够。

b. 绝缘强度不够。

c. 起吊重物的绳索不合安全要求。

d. 其他。

③ 设备在非正常状态下运行。

a. 设备带"病"运转。

b. 超负荷运转。

c. 其他。

④ 维修、调整不良。

a. 设备失修。

b. 地面不平。

c. 保养不当、设备失灵。

d. 其他。

3）个人防护用品、用具缺少或有缺陷：防护服、手套、护目镜及面罩、呼吸器官护具、听力护具、安全带、安全帽、安全鞋等缺少或有缺陷。

① 无个人防护用品、用具。

② 所用的防护用品、用具不符合安全要求。

4）生产（施工）场地环境不良。

① 照明光线不良。

a. 照度不足。

b. 作业场地烟雾（尘）弥漫视物不清。

c. 光线过强。

② 通风不良。

a. 无通风。

b. 通风系统效率低。

c. 风流短路。

d. 停电、停风时放炮作业。

e. 瓦斯排放未达到安全浓度时进行放炮作业。

f. 瓦斯超限。

g. 其他。

③ 作业场所狭窄。

④ 作业场地杂乱。

a. 工具、制品、材料堆放不安全。

b. 采伐时，未开"安全道"。

c. 迎门树、坐殿树、搭挂树未做处理。

d. 其他。

⑤ 交通线路的配置不安全。

⑥ 操作工序设计或配置不安全。

⑦ 地面滑。

a. 地面有油或其他液体。

b. 冰雪覆盖。

c. 地面有其他易滑物。

⑧ 储存方法不安全。

⑨ 环境温度、湿度不当。

（3）安全管理的缺陷　安全管理的缺陷可参考以下分类：

1）对物（含作业环境）性能控制的缺陷，如设计、监测和不符合处置要求方面的缺陷。

2）对人失误控制的缺陷，如教育、培训、指示、雇用选择、行为监测方面的缺陷。

3）工艺过程、作业程序的缺陷，如工艺、技术错误或不当，无作业程序或作业程序有错误。

4）用人单位的缺陷，如人事安排不合理、负荷超限、无必要的监督和联络、实施禁忌作业等。

5）对来自相关方（供应商、承包商等）的风险管理的缺陷，如合同签订、采购等活动中忽略了安全健康方面的要求。

6）违反安全人机工程原理，如使用的机器不适合人的生理或心理特点。此外，一些客观因素（如温度、湿度、风雨雪、照明、视野、噪声、振动、通风换气、色彩等）也会引起设备故障或人员失误，是导致危险、有害物质和能量失控的间接因素。

3. 危险、有害因素与事故

根据危险因素在事故发生、发展中的作用，以及从导致事故和伤害的角度，可以把危险因素划分为"固有"和"失效"两类危险因素。

（1）固有危险因素的含义　根据能量释放论，事故是能量或危险物质的意外释放，作用于人体的过量能量或干扰人体与外界能量交换的危险物质是造成人员伤害的直接原因。于是，把系统中存在的、可能发生意外释放而伤害人员和破坏财物的能量或危险物质称为"固有危险因素"。

能量与有害物质是危险、有害因素产生的根源，也是最根本的危险、有害因素。一般来说，系统具有的能量越大，存在的有害物质数量越多，潜在危险性和危害性就越大。只要进行生产活动，就需要相应的能量和物质（包括有害物质），因此危险、有害因素是客观存在的。

一切产生、供给能量的能源和能量的载体在一定条件下，都可能是危险、有害因素。例如，锅炉、压力容器或爆炸物爆炸时产生的冲击波和压力能，高处作业（或吊起的重物等）的势能，带电导体上的电能，行驶车辆（或各类机械运动部件、工件等）的动能，噪声的声能，激光的光能，高温作业和热反应工艺装置的热能以及各类辐射能等，在一定条件下都可能造成各类事故；静止的物体棱角、毛刺、地面等之所以能伤害人体，也是人体运动、摔倒时的动能、势能造成的。这些都是由于能量意外释放形成的危险因素。

有害物质在一定条件下能损伤人体的生理机能和正常代谢功能，破坏设备和物品的效能，也是危险、有害因素。例如，作业或储存场所中存在有毒物质、腐蚀性物质、有害粉尘、窒息性气体等有害物质，当它们直接或间接与人体、物体发生接触时，会导致人员的伤亡、职业病、财产损失或环境破坏等。

（2）失效危险因素的含义　在生产实践中，能量与危险物质在受控条件下，按照人们的意志在系统中流动、转换，进行生产。如果发生失控（没有控制、屏蔽措施或控制措施失效），就会发生能量与有害物质的意外释放和泄漏，造成人员伤亡和财产损失。因此，失控也是一类危险、有害因素，主要体现在故障（或缺陷）、人的失误和管理缺陷、环境因素等方面，并且这几个方面可相互影响。伤亡事故调查分析的结果表明，能量或危险物质失控都是由于人的不安全行为或物的不安全状态造成的。

在实际生产和生活中，必须让能量按照人们的意图在系统中流动、转换和做功，必须采取措施约束、限制能量，即必须控制危险因素。应该可靠地控制能量，防止能量意外地释放，防止事故的意外发生。实际上，绝对可靠的控制措施并不存在。在许多因素的复杂作用下，约束、限制能量的控制措施可能失效，能量屏蔽可能被破坏而导致事故的发生。所以，导致约束、限制能量措施失效或破坏的各种不安全因素称为"失效危险因素"，它们导致系统固有危险因素失去控制，包括硬件故障、人员失误或环境因素等。例如，在煤炭开采中，对于赋存能量的顶板采取一系列有效的措施进行控制，在巷道中采取木支护、金属支架、锚杆（网支护）等，在回采中采取单体液压支柱、液压支架等，这些都属于对能量控制的措施或"屏蔽"，一旦失效就成为危险因素。

（3）危险因素与事故的关系　一起灾害事故的发生是系统中"固有危险因素"和"失效危险因素"共同作用的结果（图 2-1）。

在事故的发生、发展过程中，固有危险源和失效危险源相辅相成、相互依存。固有危险源是灾害事故发生的前提，决定事故后果的严重程度；此外，失效危险因素出现的难易程度决定事故发生的可能性大小，失效危险源的出现是导致固有危险因素产生事故的必要条件。

2.1.3　危险、有害因素的分类

危险、有害因素的分类方法多种多样，这里主要介绍按导致事故和危害的直接原因进行分类的方法以及参照事故类别、职业病类别进行危险、有害因素分类的方法。

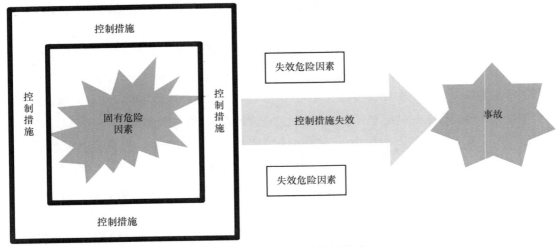

图 2-1　危险因素与事故的关系

1. 按导致事故原因分类

按导致事故原因分类的主要依据是《生产过程危险和有害因素分类与代码》，现行该国家标准是在 2009 年版基础上修订，于 2022 年 3 月 9 日公布，于 2022 年 10 月 1 日实施。依据该国家标准可对生产过程的危险和有害因素进行分类。以下先介绍该标准的基本情况。

1）术语和定义。对生产过程的危险和有害因素进行分类，主要应了解以下术语和定义：

生产过程（Process）：劳动者在生产领域从事生产活动的全过程。

危险和有害因素（Hazardous and Harmful Factors）：可对人造成伤亡、影响人的身体健康甚至导致疾病的因素。

人的因素（Personal Factors）：在生产活动中，来自人员自身或人为性质的危险和有害因素。

物的因素（Material Factors）：机械、设备、设施、材料等方面存在的危险和有害因素。

环境因素（Environment Factors）：生产作业环境中的危险和有害因素。

管理因素（Management Factors）：管理和管理责任缺失所导致的危险和有害因素。

2）代码结构。该标准中的代码为层次码，用 6 位数字表示，共分为 4 层，第 1、2 层分别用 1 位数字表示大类和中类，第 3、4 层分别用 2 位数字表示小类和细类。

3）大类设置。大类设置是指生产过程危险和有害因素的分类设置，该标准把生产过程危险和有害因素分为四类，即人的因素、物的因素、环境因素和管理因素。

下面介绍该标准对生产过程危险和有害因素按四大类设置的具体内容。

（1）人的因素

1）心理、生理性危险和有害因素。

① 负荷超限。

a. 体力负荷超限，包括劳动强度、劳动时间延长引起疲劳、劳损、伤害等的负荷超限。

b. 听力负荷超限。

c. 视力负荷超限。

d. 其他负荷超限。

② 健康状况异常，指伤、病期等。

③ 从事禁忌作业。

④ 心理异常。

a. 情绪异常。

b. 冒险心理。

c. 过度紧张。

d. 其他心理异常，包括泄愤心理。

⑤ 辨识功能缺陷。

a. 感知延迟。

b. 辨识错误。

c. 其他辨识功能缺陷。

⑥ 其他心理、生理性危险和有害因素。

2）行为性危险和有害因素。

① 指挥错误。

a. 指挥失误，包括生产过程中的各级管理人员的指挥。

b. 违章指挥。

c. 其他指挥错误。

② 操作错误。

a. 误操作。

b. 违章作业。

c. 其他操作错误。

③ 监护失误。

④ 其他行为性危险和有害因素，包括脱岗等违反劳动纪律行为。

（2）物的因素

1）物理性危险和有害因素。

① 设备、设施、工具、附件缺陷。

a. 强度不够。

b. 刚度不够。

c. 稳定性差，指抗倾覆、抗位移能力不够，包括重心过高、底座不稳定、支承不正确、坝体不稳定等。

d. 密封不良，指密封件、密封介质、设备辅件、加工精度、装配工艺等缺陷以及磨损、变形、气蚀等造成的密封不良。

e. 耐蚀性差。

f. 应力集中。

g. 外形缺陷，指设备、设施表面的尖角利棱和不应有的凹凸部分等。

h. 外露运动件，指人员易触及的运动件。

i. 操纵器缺陷，指结构、尺寸、形状、位置、操纵力不合理及操纵器失灵、损坏等。

j. 制动器缺陷。

k. 控制器缺陷。

l. 设计缺陷。

m. 传感器缺陷，指精度不够、灵敏度过高或过低。

n. 设备、设施、工具、附件其他缺陷。

② 防护缺陷。

a. 无防护。

b. 防护装置、设施缺陷，指防护装置、设施本身安全性、可靠性差，包括防护装置、设施、防护用品损坏、失效、失灵等。

c. 防护不当，指防护装置、设施和防护用品不符合要求、使用不当。不包括防护距离不够。

d. 支撑（支护）不当，包括矿井、隧道、建筑施工支护不符合要求。

e. 防护距离不够，指设备布置、机械、电气、防火、防爆等安全距离不够和卫生防护距离不够等。

f. 其他防护缺陷

③ 电危害。

a. 带电部位裸露，指人员易触及的裸露带电部位。

b. 漏电。

c. 静电和杂散电流。

d. 电火花。

e. 电弧。

f. 短路。

g. 其他电伤害。

④ 噪声。

a. 机械性噪声。

b. 电磁性噪声。

c. 流体动力性噪声。

d. 其他噪声。

⑤ 振动危害。

a. 机械性振动。

b. 电磁性振动。

c. 流体动力性振动。

d. 其他振动危害。

⑥ 电离辐射，包括 X 射线、γ 射线、α 粒子、β 粒子、中子、质子、高能电子束等。

⑦ 非电离辐射。

a. 紫外辐射。

b. 激光辐射。

c. 微波辐射。

d. 超高频辐射。

e. 高频电磁场。

f. 工频电场。

g. 其他非电离辐射。

⑧ 运动物伤害。

a. 抛射物。

b. 飞溅物。

c. 坠落物。

d. 反弹物。

e. 土、岩滑动，包括排土场滑坡、尾矿库滑坡、露天采场滑坡。

f. 料堆（垛）滑动。

g. 气流卷动。

h. 撞击。

i. 其他运动物危害。

⑨ 明火。

⑩ 高温物质。

a. 高温气体。

b. 高温液体。

c. 高温固体。

d. 其他高温物质。

⑪ 低温物质。

a. 低温气体。

b. 低温液体。

c. 低温固体。

d. 其他低温物质。

⑫ 信号缺陷。

a. 无信号设施，指应设信号设施处无信号，如无紧急撤离信号等。

b. 信号选用不当。

c. 信号位置不当。

d. 信号不清，指信号量不足，如响度、亮度、对比度、信号维持时间不够等。

e. 信号显示不准，包括信号显示错误、显示滞后或超前等。

f. 其他信号缺陷。

⑬ 标志标识缺陷。

a. 无标志标识。

b. 标志标识不清晰。

c. 标志标识不规范。

d. 标志标识选用不当。

e. 标志标识位置缺陷。

f. 标志标识设置顺序不规范，例如多个标志牌在一起设置时，应按警告、禁止、指令、提示类型的顺序。

g. 其他标志缺陷。

⑭ 有害光照，包括直射光、反射光、眩光、频闪效应等。

⑮ 信息系统缺陷。

a. 数据传输缺陷，例如是否加密。

b. 自供电装置电池寿命过短，例如标准工作时间过短，经常出现监测设备断电。

c. 防爆等级缺陷，例如 EXib 等级较低，不适合在涉及"两重点一重大"环境安装。

d. 等级保护缺陷，指防护不当导致信息错误、丢失、盗用。

e. 通信中断或延迟，指光纤或 GPRS/NB-IoT 等传输方式不同导致延迟严重。

f. 数据采集缺陷，指导致监测数据变化过于频繁或遗漏关键数据。

g. 网络环境缺陷，指保护过低，导致系统被破坏、数据丢失、盗用等。

⑯ 其他物理危险和有害因素。

2）化学性危险和有害因素，见 GB 13690—2009。

① 理化危险。

a. 爆炸物，见 GB 30000.2—2013。

b. 易燃气体，见 GB 30000.3—2013。

c. 易燃气溶胶，见 GB 30000.4—2013。

d. 氧化性气体，见 GB 30000.5—2013。

e. 压力下气体，见 GB 30000.6—2013。

f. 易燃液体，见 GB 30000.7—2013。

g. 易燃固体，见 GB 30000.8—2013。

h. 自反应物质或混合物，见 GB 30000.9—2013。

i. 自燃液体，见 GB 30000.10—2013。

j. 自燃固体，见 GB 30000.11—2013。

k. 自热物质和混合物，见 GB 30000.12—2013。

l. 遇水放出易燃气体的物质或混合物，见 GB 30000.13—2013。

m. 氧化性液体，见 GB 30000.14—2013。

n. 氧化性固体，见 GB 30000.15—2013。

o. 有机过氧化物，见 GB 30000.16—2013。

p. 金属腐蚀物，见 GB 30000.17—2013。

② 健康危险。

a. 急性毒性，见 GB 30000.18—2013。

b. 皮肤腐蚀/刺激，见 GB 30000.19—2013。

c. 严重眼损伤/眼刺激，见 GB 30000.20—2013。

d. 呼吸或皮肤过敏，见 GB 30000.21—2013。

e. 生殖细胞致突变性，见 GB 30000.22—2013。

f. 致癌性，见 GB 30000.23—2013。

g. 生殖毒性，见 GB 30000.24—2013。

h. 特异性靶器官系统毒性——一次接触，见 GB 30000.25—2013。

i. 特异性靶器官系统毒性——反复接触，见 GB 30000.26—2013。

j. 吸入危险，见 GB 30000.27—2013。

③ 其他化学性危险和有害因素。

3）生物性危险和有害因素。

① 致病微生物。

a. 细菌。

b. 病毒。

c. 真菌。

d. 其他致病微生物。

② 传染病媒介物。

③ 致害动物。

④ 致害植物。

⑤ 其他生物性危险和有害因素。

（3）环境因素　环境因素包括室内、室外、地上、地下（如隧道、矿井）、水上、水下等作业（施工）环境。

1) 室内作业场所环境不良。

① 室内地面滑，指室内地面、通道、楼梯被任何液体、熔融物质润湿，结冰或有其他易滑物等。

② 室内作业场所狭窄。

③ 室内作业场所杂乱。

④ 室内地面不平。

⑤ 室内梯架缺陷，包括楼梯、阶梯、电动梯和活动梯架，以及这些设施的扶手、扶栏和护栏、护网等。

⑥ 地面、墙和天花板上的开口缺陷，包括电梯井、修车坑、门窗开口、检修孔、孔洞、排水沟等。

⑦ 房屋基础下沉。

⑧ 室内安全通道缺陷，包括无安全通道、安全通道狭窄、不畅等。

⑨ 房屋安全出口缺陷，包括无安全出口、设置不合理等。

⑩ 采光照明不良，指照度不足或过强、烟尘弥漫影响照明等。

⑪ 作业场所空气不良，指自然通风差、无强制通风、风量不足或气流过大、缺氧、有害气体超限等，包括受限空间作业。

⑫ 室内温度、湿度、气压不适。

⑬ 室内给水、排水不良。

⑭ 室内涌水。

⑮ 其他室内作业场所环境不良。

2) 室外作业场地环境不良。

① 恶劣气候与环境，包括风、极端的温度、雷电、大雾、冰雹、暴雨雪、洪水、浪涌、泥石流、地震、海啸等。

② 作业场地和交通设施湿滑，包括铺设好的地面区域、阶梯、通道、道路、小路等被任何液体、熔融物质润湿，冰雪覆盖或有其他易滑物等。

③ 作业场地狭窄。

④ 作业场地杂乱。

⑤ 作业场地不平，包括不平坦的地面和路面，有铺设的、未铺设的、草地、小鹅卵石或碎石地面和路面。

⑥ 交通环境不良，包括道路、水路、轨道、航空。

a. 航道狭窄、有暗礁或险滩。

b. 其他道路、水路环境不良。

c. 道路急转陡坡、临水临崖。

⑦ 脚手架、阶梯和活动梯架缺陷，包括这些设施的扶手、扶栏和护栏、护网等。

⑧ 地面开口缺陷，包括升降梯井、修车坑、水沟、水渠、路面、排土场、尾矿库等。

⑨ 建（构）筑物和其他结构缺陷，包括建筑中或拆毁中的墙壁、桥梁、建筑物；筒仓、固定式粮仓、固定的槽罐和容器；屋顶、塔楼；排土场、尾矿库等。

⑩ 门和围栏缺陷，包括大门、栅栏、畜栏、铁丝网、电子围栏等。

⑪ 作业场地基础下沉。

⑫ 作业场地安全通道缺陷，包括无安全通道，安全通道狭窄、不畅等。

⑬ 作业场地安全出口缺陷，包括无安全出口、设置不合理等。

⑭ 作业场地光照不良，指光照不足或过强、烟尘弥漫影响光照等。

⑮ 作业场地空气不良，指自然通风差或气流过大、作业场地缺氧、有害气体超限等，包括受限空间作业。

⑯ 作业场地温度、湿度、气压不适。

⑰ 作业场地涌水。

⑱ 排水系统故障，例如排土场、尾矿库、隧道等。

⑲ 其他室外作业场地环境不良。

3）地下（含水下）作业环境不良，不包括以上室内室外作业环境已列出的有害因素。

① 隧道/矿井顶板或巷帮缺陷，例如矿井冒顶。

② 隧道/矿井作业面缺陷，例如矿井片帮。

③ 隧道/矿井底板缺陷。

④ 地下作业面空气不良，包括无风、风速超过规定的最大值或小于规定的最小值、氧气浓度低于规定值、有害气体浓度超限等，包括受限空间作业。

⑤ 地下火。

⑥ 冲击地压（岩爆），指井巷或工作面周围的岩体由于弹性变形能的瞬时释放而产生突然剧烈破坏的动力现象。

⑦ 地下水。

⑧ 水下作业供氧不当。

⑨ 其他地下作业环境不良。

4）其他作业环境不良。

① 强迫体位，指生产设备、设施的设计或作业位置符合人类工效学要求而易引起作业人员疲劳、劳损或事故的一种作业姿势。

② 综合性作业环境不良，指显示有两种以上作业环境致害因素且不能分清主次的情况。

③ 以上未包括的其他作业环境不良。

（4）管理因素

1）职业安全卫生管理机构设置和人员配备不健全。

2）职业安全卫生责任制制定不完善或未落实，包括平台经济等新业态。

3）职业安全卫生管理规章制度不完善或未落实。

① 建设项目"三同时"制度。

② 安全风险分级管控。

③ 事故隐患排查治理。

④ 培训教育制度。

⑤ 操作规程，包括作业指导书。

⑥ 其他职业安全卫生管理规章制度不健全，包括事故调查处理等制度不健全。

4）职业安全卫生投入不足。

5）应急管理缺陷。

① 应急资源调查不充分。

② 应急能力、风险评估不全面。

③ 事故应急预案缺陷，包括预案不健全、可操作性不强、无针对性。

④ 应急预案培训不到位。

⑤ 应急预案演练不规范。

⑥ 应急演练评估不到位。

⑦ 其他应急管理缺陷。

6）其他管理因素缺陷。

2. 按事故类别分类

《企业职工伤亡事故分类》（GB 6441—1986）是劳动安全管理的基础标准，适用于企业职工伤亡事故统计工作。它对起因物的定义为导致事故发生的物体、物质，称为起因物（表 2-1）；对致害物的定义为指直接引起伤害及中毒的物体或物质（表 2-2）；对伤害方式的定义为指致害物与人体发生接触的方式（表 2-3）。

表 2-1 起因物

分类号	起因物名称	分类号	起因物名称
3.01	锅炉	3.15	煤
3.02	压力容器	3.16	石油制品
3.03	电气设备	3.17	水
3.04	起重机械	3.18	可燃性气体
3.05	泵、发动机	3.19	金属矿物
3.06	企业车辆	3.20	非金属矿物
3.07	船舶	3.21	粉尘
3.08	动力传送机构	3.22	梯
3.09	放射性物质及设备	3.23	木材
3.10	非动力手工具	3.24	工作面（人站立面）
3.11	电动手工具	3.25	环境
3.12	其他机械	3.26	动物
3.13	建筑物及构筑物	3.27	其他
3.14	化学品		

表 2-2　致害物

大类分类号及 致害物名称	细类分类号及 致害物名称	大类分类号及 致害物名称	细类分类号及 致害物名称
4.01 煤、石油产品	4.01.1 煤 4.01.2 焦炭 4.01.3 沥青 4.01.4 其他	4.13 化学品	4.13.11 芳香烃化合物 4.13.12 砷化物 4.13.13 硫化物 4.13.14 二氧化碳 4.13.15 一氧化碳 4.13.16 含氰物 4.13.17 卤化物 4.13.18 金属化合物 4.13.19 其他
4.02 木材	4.02.1 树 4.02.2 原木 4.02.3 锯材 4.02.4 其他	4.14 机械	4.14.1 搅拌机 4.14.2 送料装置 4.14.3 农业机械 4.14.4 林业机械 4.14.5 铁路工程机械 4.14.6 铸造机械 4.14.7 锻造机械 4.14.8 焊接机械 4.14.9 粉碎机械 4.14.10 金属切削机床 4.14.11 公路建筑机械 4.14.12 矿山机械 4.14.13 冲压机 4.14.14 印刷机械 4.14.15 压辊机 4.14.16 筛选、分离机 4.14.17 纺织机械 4.14.18 木工刨床 4.14.19 木工锯机 4.14.20 其他木工机械 4.14.21 带式传送机 4.14.22 其他
4.03 水			
4.04 放射性物质			
4.05 电气设备	4.05.1 母线 4.05.2 配电箱 4.05.3 电气保护装置 4.05.4 电阻箱 4.05.5 蓄电池 4.05.6 照明设备 4.05.7 其他		
4.06 梯			
4.07 空气			
4.08 工作面（人站立面）			
4.09 矿石			
4.10 黏土、砂、石			
4.11 锅炉、压力容器	4.11.1 锅炉 4.11.2 压力容器 4.11.3 压力管道 4.11.4 安全阀 4.11.5 其他	4.15 金属件	4.15.1 钢丝绳 4.15.2 铸件 4.15.3 铁屑 4.15.4 齿轮 4.15.5 飞轮 4.15.6 螺栓 4.15.7 销 4.15.8 丝杠、光杠 4.15.9 绞轮 4.15.10 轴 4.15.11 其他
4.12 大气压力	4.12.1 高压（指潜水作业） 4.12.2 低压（指空气稀薄的高原地区）		
4.13 化学品	4.13.1 酸 4.13.2 碱 4.13.3 氢 4.13.4 氨 4.13.5 液氧 4.13.6 氯气 4.13.7 酒精 4.13.8 乙炔 4.13.9 火药 4.13.10 炸药		

（续）

大类分类号及致害物名称	细类分类号及致害物名称	大类分类号及致害物名称	细类分类号及致害物名称
4.16 起重机械	4.16.1 塔式起重机 4.16.2 龙门式起重机 4.16.3 梁式起重机 4.16.4 门座式起重机 4.16.5 浮游式起重机 4.16.6 甲板式起重机 4.16.7 桥式起重机 4.16.8 缆索式起重机 4.16.9 履带式起重机 4.16.10 叉车 4.16.11 电动葫芦 4.16.12 绞车 4.16.13 卷扬机 4.16.14 桅杆式起重机 4.16.15 壁上起重机	4.16 起重机械	4.16.16 铁路起重机 4.16.17 千斤顶 4.16.18 其他
		4.17 噪声	
		4.18 蒸气	
		4.19 手工具（非动力）	
		4.20 电动手工具	
		4.21 动物	
		4.22 企业车辆	
		4.23 船舶	

表 2-3 致害物与人体发生接触的方式

大类分类号及伤害方式	细类分类号及伤害方式	大类分类号及伤害方式	细类分类号及伤害方式
5.01 碰撞	5.01.1 人撞固定物体 5.01.2 运动物体撞人 5.01.3 互撞	5.08 火灾	
		5.09 辐射	
		5.10 爆炸	
5.02 撞击	5.02.1 落下物 5.02.2 飞来物	5.11 中毒	5.11.1 吸入有毒气体 5.11.2 皮肤吸收有毒物质 5.11.3 经口
5.03 坠落	5.03.1 由高处坠落平地 5.03.2 由平地坠入井、坑洞	5.12 触电	
5.04 跌倒		5.13 接触	5.13.1 高低温环境 5.13.2 高低温物体
5.05 坍塌		5.14 掩埋	
5.06 淹溺		5.15 倾覆	
5.07 灼烫			

参照《企业职工伤亡事故分类》（GB 6441—1986），综合考虑起因物、引起事故的诱导性原因、致害物、伤害方式等，将危险、有害因素分为20类。

（1）物体打击　物体打击是指物体在重力或其他外力的作用下产生运动，打击人体造成人身伤亡事故，不包括机械设备、车辆、起重机械、坍塌、爆炸引发的物体打击。也可以说物体打击是指失控物体的惯性力造成人身伤亡事故，如落物、滚石、锤击、碎裂、砸伤等造成的伤害。

（2）车辆伤害　车辆伤害是指机动车辆在行驶中引起的人体坠落和物体倒塌、下落、挤压等事故，不包括起重设备提升、牵引车辆和车辆停驶时发生的事故。这里的车辆伤害特指本企业机动车辆引起的机械伤害事故，如机动车在行驶中的挤、压、撞车或倾覆等事故，在行驶中上下车、搭乘电瓶车、矿车或放飞车引起的事故，以及车辆挂钩、跑车事故。

（3）机械伤害　机械伤害是指机械设备运动（静止）部件、工具、加工件直接与人体接触引起的夹击、碰撞、剪切、卷入、绞、碾、割、刺等伤害。也可以说机械伤害是指机械设备与工具引起的绞、碾、碰、割、戳、切等伤害，如工具或刀具飞出伤人，切削伤人，手或身体被卷入，手或其他部位被刀具碰伤、被转动的机具缠压住等，不包括车辆、起重机械引起的伤害。

（4）起重伤害　起重伤害是指各种起重作业（包括起重机安装、检修、试验）中发生的挤压、坠落（吊具、吊重）、物体打击。起重伤害也是指从事各种起重作业时引起的机械伤害事故，不包括触电、检修时制动失灵引起的伤害，上下驾驶室时引起的坠落。

（5）触电　触电是指电流流经人身，造成生理伤害的事故，包括雷击伤亡事故。

（6）淹溺　淹溺包括高处坠落淹溺，不包括矿山、井下、隧道、洞室透水淹溺。

（7）灼烫　灼烫是指火焰烧伤、高温物体烫伤、化学灼伤（酸、碱、盐、有机物引起的体内外灼伤）、物理灼伤（光、放射性物质引起的体内外灼伤），不包括电灼伤和火灾引起的烧伤。

（8）火灾　火灾是指造成人员伤亡的企业火灾事故，不包括非企业原因造成的火灾。

（9）高处坠落　高处坠落是指在高处作业中发生坠落造成的伤亡事故，包括脚手架、平台、陡壁施工等高于地面和坠落，也包括由地面坠入坑、洞、沟、升降口、漏斗等情况，不包括触电坠落事故。

（10）坍塌　坍塌是指建筑物、构筑物、堆置物等倒塌以及土石塌方引起的事故，也就是指物体在外力或重力作用下，超过自身的强度极限或因结构稳定性遭到破坏而造成的事故，适用于因设计或施工不合理而造成的倒塌，以及土方、岩石发生的塌陷事故。如建筑物倒塌、脚手架倒塌、堆置物倒塌，挖掘沟、坑、洞时土石塌方等情况，不适用于矿山冒顶片帮和爆炸、爆破引起的坍塌。

（11）冒顶片帮　隧道、洞室矿井工作面、巷道侧壁由于支持不当、压力过大造成的坍塌，称为片帮；拱部、顶板垮落为冒顶。两者常同时发生，简称冒顶片帮。

（12）透水　透水是指矿山、地下隧道、洞室开采或其他坑道作业时，意外水源带来的伤亡事故。

（13）放炮　放炮是指爆破作业中发生的伤亡事故。

（14）火药爆炸　火药爆炸是指火药、炸药及其制品在生产、加工、运输、储存中发生的爆炸事故。

（15）瓦斯爆炸　瓦斯爆炸是指可燃性气体瓦斯、煤尘与空气混合形成达到燃烧极限的混合物，接触火源时，引起的化学性爆炸事故。

（16）锅炉爆炸　锅炉爆炸是指锅炉发生的物理性爆炸事故。

（17）容器爆炸　容器（压力容器、气瓶的简称）是指比较容易发生事故，且事故危害性较大的承受压力载荷的密闭装置。容器爆炸是指压力容器破裂引起的气体爆炸，即物理性爆炸，包括容器内盛装的可燃性液化气在容器破裂后，立即蒸发，与周围的空气形成爆炸性气体混合物，遇到火源时形成的化学爆炸，也称容器的二次爆炸。

（18）其他爆炸　其他爆炸包括化学性爆炸（指可燃性气体、粉尘等与空气混合形成爆炸性混合物接触引爆能源时发生的爆炸事故）。

（19）中毒和窒息　人体接触有毒物质后发生中毒和窒息，包括中毒、缺氧（窒息、中毒性窒息）。例如，误食有毒食物或呼吸有毒气体引起的人体急性中毒事故；在废弃的坑道、横通道、暗井、涵洞、地下管道等不通风的地方工作，因为氧气缺乏有时会发生突然晕倒，甚至死亡的事故称为窒息。这里的概念不适用于病理变化导致的中毒和窒息事故，也不适用于慢性中毒和职业病导致的死亡。

（20）其他伤害　凡不属于上述伤害的事故均称为其他伤害。如摔、扭伤、跌伤、冻伤、野兽咬伤、钉子扎伤和非机动车碰撞、轧伤等。

3. 按职业健康分类

依据《职业病范围和职业病患者处理办法的规定》（卫防字〔1987〕第 82 号），危险、有害因素分为以下类别：

（1）尘肺　包括：矽肺、煤工尘肺、石墨尘肺、炭黑尘肺、石棉肺、滑石尘肺、水泥尘肺、云母尘肺、陶工尘肺、铝尘肺、电焊工尘肺、铸工尘肺，以及根据《职业性尘肺病的诊断》（GBZ 70—2015）和《职业性尘肺病的病理诊断》（GBZ 25—2014）可以诊断的其他尘肺。

（2）职业性放射性尘肺　包括：外照射急性放射病、外照射亚急性放射病、外照射慢性放射病、内照射放射病、放射性皮肤疾病、放射性肿瘤、放射性骨损伤、放射性甲状腺疾病、放射性性腺疾病、放射复合伤，以及根据《职业性放射性疾病诊断总则》（GBZ 112—2017）可以诊断的其他放射性损伤。

（3）职业中毒　包括：铅及其化合物中毒（不包括四乙基铅），汞及其化合物中毒，锰及其化合物中毒，镉及其化合物中毒，铍、铊及其化合物中毒，钡及其化合物中毒，钒及其化合物中毒，磷及其化合物中毒，砷及其化合物中毒，铀中毒，砷化氢中毒，氯气中毒，二氧化硫中毒，光气中毒，氨中毒，偏二甲基肼中毒，氮氧化合物中毒，一氧化碳中毒，二硫化碳中毒，硫化氢中毒，磷化氢（锌、铝）中毒，工业性氟病，氰及氰类化合物中毒，四乙基铅中毒，有机锡中毒，羰基镍中毒，苯中毒，甲苯中毒，二甲苯中毒，正己烷中毒，汽油中毒，一甲胺中毒，有机氟聚合物单体及其热裂解物中毒，二氯乙烷中毒，四氯化碳中毒，氯乙烯中毒，三氯乙烯中毒，氯丙烯中毒，氯丁二烯中毒，三硝基甲苯中毒，甲醇中毒，酚中毒，五氯酚（钠）中毒，甲醛中毒，硫酸二甲酯中毒等，以及根据《职业性中毒性肝病诊断标准》（GBZ 59—2010）可以诊断的职业性中毒性肝病，根据《职业性急性化学

物中毒的诊断　总则》（GBZ 71—2013）可以诊断的其他职业性急性中毒。

（4）物理因素所致职业病　包括：中暑、减压病、高原病、航空病、手臂振动病。

（5）生物因素所致职业病　包括：炭疽、森林脑炎、布氏杆菌病。

（6）职业性皮肤病　包括：接触性皮炎、光敏性皮炎、电光性皮炎、黑变病、痤疮、溃疡、化学性皮肤灼伤，以及根据《职业性皮肤病的诊断》（GBZ 18—2013）可以诊断的其他职业性皮肤病。

（7）职业性眼病　包括：化学性眼部灼伤、电光性眼炎、职业性白内障（含辐射性白内障、三硝基甲苯白内障）。

（8）职业性耳鼻喉口腔疾病　包括：噪声聋、铬鼻病、牙酸蚀病。

（9）职业性肿瘤　包括：石棉所致肺癌、间皮瘤、联苯胺所致膀胱癌、苯所致白血病、氯甲醚所致肺癌、砷所致肺癌（皮肤癌）、氯乙烯所致肝血管肉瘤、焦炉工人肺癌、铬酸盐制造业工人肺癌。

（10）其他职业病　包括：金属烟热、职业性哮喘、职业性变态反应性肺泡炎、棉尘病、煤矿井下工人滑囊炎。

2.1.4　危险、有害因素的辨识

1. 危险、有害因素辨识原则

（1）科学性　危险、有害因素的辨识是分辨、识别、分析确定系统内存在的危险，它是预测安全状态和事故发生途径的一种手段。这就要求进行危险、有害因素识别时必须有科学的安全理论指导，使之能真正揭示系统安全状况、危险、有害因素存在的部位和方式、事故发生的途径及其变化规律，并予以准确描述，以定性、定量的概念清楚地表示出来，用严密的、合乎逻辑的理论予以解释。

（2）系统性　危险、有害因素存在于生产活动的各个方面，因此要对系统进行全面、详细的剖析，研究系统与系统以及各子系统之间的相关和约束关系，分清主要危险、有害因素及其危险性。

（3）全面性　辨识危险、有害因素时不要发生遗漏，以免留下隐患。要从厂址、自然条件、储存运输、建（构）筑物、生产工艺、生产设备装置、特种设备、公用工程、安全管理系统、设施、制度等各个方面进行分析与识别。不仅要分析正常生产运行时操作中存在的危险、有害因素，还要分析识别开车、停车、检修、装置受到破坏及操作失误等情况下的危险、有害性。

（4）预测性　对于危险、有害因素，还要分析它的触发事件，即危险、有害因素出现的条件或设想的事故模式。

2. 危险、有害因素辨识的内容

危险、有害因素辨识的内容主要包括以下几个方面：

（1）总体布置及建筑物

1）厂址。从厂址的工程地质、地形地貌、水文、气象条件、周围环境、交通运输条件、自然灾害、消防支持等方面进行分析辨识。

2）总平面布置。功能分区，如生产、管理、辅助生产、生活区；防火间距和安全间距、风向、建筑物朝向；危险、有害物质设施，如氧气站、乙炔气站、压缩空气站、锅炉房、液化石油气站；危险品设施布置，如易燃、易爆、高温、有害物质、噪声、辐射。

3）道路及运输。道路包括施工便道、各施工作业区、作业面、作业点的贯通道路以及与外界联系的交通路线等；运输路线包括从运输、装卸、消防、疏散、人流、物流、平面交叉运输等方面进行分析辨识。

4）建筑物。从厂房的生产火灾危险性分类、耐火等级、结构、层数、占地面积、防火间距、安全疏散等方面进行分析辨识。

（2）安全措施主次的辨识

1）对设计阶段是否通过合理的设计进行考查，尽可能从根本上避免危险、有害因素的产生。例如，是否采用无害化工艺技术，以无害物质代替有害物质并实现过程自动化等。

2）当消除危险、有害因素有困难时，对是否采取了预防性技术措施来预防危险、有害事件的发生进行考察。例如，是否设置安全阀、防爆阀（膜）；是否有有效的泄压面积和可靠的防静电接地、防雷接地、保护接地、漏电保护装置等。

3）当无法消除危险或危险难以预防时，对是否采取了减少危险、有害事件发生的措施进行考察。例如，是否设置防火堤、涂防火涂料；是否敞开或半敞开式的厂房；防火间距、通风是否符合国家标准的要求；是否以低毒物质代替高毒物质；是否采取减振、消声和降温措施等。

4）当无法消除、预防和减少危险的发生时，对是否将人员与危险、有害因素隔离等进行考察。例如，是否实行遥控、设置隔离操作室、安装安全防护罩、配备劳动保护用品等。

5）当操作者失误或设备运行达到危险状态时，对是否能通过联锁装置来终止危险有害的发生进行考察。例如，考察是否设置锅炉极低水位时停炉联锁保护等。

6）在易发生故障或危险性较大的地方，对是否设置了醒目的安全色、安全标志和声光警示装置等进行考察，如厂内铁路或道路交叉口、危险品库、易燃易爆物质区等。

（3）作业环境的危险辨识　作业环境中的危险、有害因素主要有危险物质、生产性粉尘、工业噪声与振动、温度与湿度以及辐射等。

1）危险物质。生产中的原材料、半成品、中间产品、副产品以及储运中的物质以气态、液态或固态存在，它们在不同的状态下具有不同的物理、化学性质及危险、有害特性，因此，了解并掌握这些物质固有的危险特性是进行危险辨识、分析和评价的基础。

危险物质的辨识应从理化性质、稳定性、化学反应活性、燃烧及爆炸特性、毒性及健康危害等方面进行。

2）生产性粉尘。在有粉尘的作业环境中长时间工作并吸入粉尘，就会引起肺部组织纤维化、硬化，丧失呼吸功能，导致肺病（尘肺病）。粉尘还会引起刺激性疾病、急性中毒或癌症。当爆炸性粉尘在空气中达到一定浓度（爆炸下限浓度）时，遇火源会发生爆炸。

生产性粉尘主要在开采、破碎、粉碎、筛分、包装、配料、混合、搅拌、散粉装卸及输送除尘等生产过程中产生。在对它进行辨识时，应根据工艺、设备、物料、操作条件等，分析可能产生的粉尘种类和部位。用已经投产的同类生产厂、作业岗位的检测数据或模拟试验数据进行类比辨识。通过分析粉尘产生的原因、粉尘扩散的途径、作业时间、粉尘特性等来确定它的危害方式和危害范围。

3）工业噪声与振动。工业噪声能引起职业性耳聋或神经衰弱、心血管及消化系统疾病的高发，会使操作人员的操作失误率上升，严重时会导致事故发生。

工业噪声可以分为机械噪声、空气动力性噪声和电磁噪声 3 类。

噪声危害的辨识主要根据已经掌握的机械设备或作业场所的噪声确定噪声源、声级和频率。振动危害有整体振动危害和局部振动危害，可导致人的中枢神经、自主神经功能紊乱，血压升高，还会导致设备、部件损坏。

振动危害的辨识应先找出产生振动的设备，然后根据国家标准，参照类比资料确定振动的危害程度。

4）温度与湿度。温度与湿度的危险、有害主要表现为：高温、高湿环境影响劳动者的体温调节、水盐代谢、物质系统、消化系统、泌尿系统等。当热调节发生障碍时，轻者影响劳动能力，重者可引起别的病变，如中暑等。水盐代谢的失衡可导致血液浓缩、尿液浓缩、尿量减少，这样就增加了心脏和肾脏的负担，严重时引起循环衰竭和热痉挛。高温作业的工人，高血压发病率较高，而且随着工龄的增加而增加。高温还可以抑制中枢神经系统，使工人在操作过程中注意力分散，肌肉工作能力降低，有导致工伤事故的危险。高温可造成灼伤，低温可引起冻伤。

此外，温度急剧变化时，因热胀冷缩，造成材料变形或热应力过大，会导致材料被破坏；在低温下金属会发生晶型转变，甚至破裂；高温、高湿环境会加速材料的腐蚀；高温环境可使火灾危险性增大。

生产性热源主要有：工业炉窑（冶炼炉、焦炉、加热炉、锅炉等）、电热设备（电阻炉、工频炉等）、高温工件（如铸锻件）、高温液体（如导热油、热水）、高温气体（如蒸汽、热风、热烟气）等。

在进行温度、湿度危险、有害因素辨识时，应注意了解生产过程中的热源及它的发热量、有无表面绝热层、表面温度的高低、与操作者的接触距离等情况，还应了解是否采取了防灼伤、防暑、防冻措施，是否采取了通风（包括全面通风和局部通风）换气措施，是否有作业环境温度、湿度的自动调节控制措施等。

5）辐射。辐射主要分为电离辐射（如 α 粒子、β 粒子、γ 粒子和中子）和非电离辐射

（如紫外线、射频电磁波、微波）。电离辐射伤害由 α 粒子、β 粒子、γ 粒子和中子极高剂量的放射性作用造成。非电离辐射中的射频辐射危害主要表现为射频致热效应和非致热效应。

3. 危险、有害因素辨识方法

危险辨识的方法通常包括直观经验法和系统安全分析法，危险辨识过程中这两种方法时常结合使用。

（1）直观经验法　对于有可供参考的先例的，可以用直观经验法辨识。直观经验法包括对照分析法和类比推断法。

1）对照分析法。对照分析法即对照有关标准、法规、检查表或依靠分析人员的观察能力，借助其经验和判断能力，直观地对分析对象的危险因素进行分析。对照分析法具有简单、易行的优点，但由于它是借鉴以往的经验，因此容易受到分析人员的经验、知识和占有资料局限等方面的限制。

2）类比推断法。类比推断法是实践经验的积累和总结，它是利用相同或类似工程中作业条件的经验以及安全的统计来类比推断被评价对象的危险、有害因素。新建的工程可以考虑借鉴具有同类规模和装备水平的企业的经验来辨识危险、有害因素，结果具有较高的置信度。随着现代科技的发展和安全科学的进步，生产安全事故数据越来越少，因而大量的未遂事件（Near-miss）数据也可加以分析以识别危险所在。

（2）系统安全分析法　对复杂的系统进行分析时，应采用系统安全分析方法，常用的系统安全分析方法有：安全检查表分析法、预先危险分析法、作业危险性分析法、故障类型及影响分析法、危险可操作性研究、事故树分析方法、危险指数法、概率危险评价方法、故障假设分析法等。这些方法与安全评价方法有相同之处，将在本书后几章中分别介绍。

危险辨识是发现、识别系统中危险的工作。这是一件非常重要的工作，它是危险控制的基础，只有辨识了危险之后才能有的放矢地考虑如何采取措施控制危险。

以前，人们主要根据以往的事故经验进行危险因素的识别工作。例如，美国的海因里希建议通过与操作者交谈或到现场检查，以及查阅以往的事故记录等方式发现危险。由于危险是"潜在的"不安全因素，比较隐蔽，所以危险辨识是件非常困难的工作。在系统比较复杂的场合，危险辨识工作更加困难，需要许多知识和经验。这些必需的知识和经验主要包括：关于辨识对象系统的详细知识，诸如系统的构造、系统的性能、系统的运行条件、系统中能量、物质和信息的流动情况等；与系统设计、运行、维护等有关的知识、经验和各种标准、规范、规程等；关于辨识对象系统中的危险及其危害方面的知识。

4. 危险辨识时应注意的问题

在危险辨识工程中要始终坚持"横向到边、纵向到底、不留死角"的原则，尽可能包括"三个所有"，即所有人员、所有活动、所有设施，还要注意考虑可能出现各种事故类型。

（1）识别危险时要考虑典型危害类型

1）机械危险——加速、减速、活动零件、旋转零件、弹性零件、接近固定部件上的运动零件、角形部件、粗糙/光滑的表面、锐边、机械活动性、稳定性；机械可能造成人体砸伤、压伤、倒塌压埋伤、割伤、刺伤、擦伤、扭伤、冲击伤、切断伤等。

2）电气危险——带电部件、静电现象、短路、过载、电压、电弧、与高压带电部件无足够距离、在故障条件下变为带电零件等；设备设施安全装置缺乏或损坏造成的火灾、人员触电、设备损害等。

3）热危险——热辐射、火焰、具有高温或低温的物体或材料等。

4）噪声危险——作业过程、运动部件、气穴现象、气体高速泄漏、气体啸声等。

5）振动危险——机器/部件振动、机器移动、运动部件偏离轴心、刮擦表面、不平衡的旋转部件等。

6）辐射危险——低频率电磁辐射、无线频率电磁辐射、光学辐射（红外线、可见光和紫外线）等。

7）材料和物质产生的危险——易燃物、可燃物、爆炸物、粉尘、烟雾、悬浮物、氧化物、纤维等；各种有毒有害化学品的挥发、泄漏所造成的人员伤害、火灾等；生物病毒、有害细菌、真菌等造成的发病感染。

8）与人类工效学原则有关的危险——指示器和可视显示单元的位置设置不合适、控制装置的设计不合理、工作姿势不舒服和作业活动持续重复等；不适宜的作业方式、作息时间、作业环境等引起的人体过度疲劳危害。

9）与机器使用环境有关的危险——雨、雪、风、雾、温度、闪电、潮湿、粉尘、电磁干扰、污染等。

10）综合危险——重复的活动+费力+高温环境等。

（2）识别危险的三种时态和三种状态

1）三种时态。

① 过去——作业活动或设备等过去的安全控制状态及发生过的人体伤害事故。曾经发生过的事故给人们留下了惨痛的教训，每次事故发生后都会有相应的原因分析和预防对策提出。在进行危险辨识时，应积极通过安监部门、行业、企业等多种渠道查找以往的事故记录，明确引发事故的安全隐患，并将其列入危险行列，从而充分辨识危险。

② 现在——作业活动或设备等现在的安全控制状况。

③ 将来——作业活动发生变化，系统或设备等在发生改进、报废后将会产生的危险因素。

2）三种状态。

① 正常——作业活动或设备等按工作任务连续长时间进行工作的状态。

② 异常——作业活动或设备等周期性或临时性进行工作的状态，如设备的开启、停止、检修等状态。

③ 紧急情况——发生火灾、水灾、交通事故等状态。

纵观安监部门的人身伤亡事故统计报告发现，在非常规作业活动中发生的事故占有相当的比例。因此，关注非常规作业，辨识非常规作业中的危险源，并进行有效的风险控制，是避免事故发生的关键工作之一。

所谓非常规作业是指除正常工作状态外的异常或紧急作业，比较典型的有故障维修、定期保养等作业。它与常规生产作业的最大不同之处就是作业的不确定性和不连续性。例如，在故障维修过程中，应辨识出"有无防止设备误启动的锁止装置"这一危险源，以便采取措施避免维修人员伤亡事故的发生。

2.2 评价单元划分

2.2.1 评价单元的定义

评价单元就是在危险、有害因素辨识与分析的基础上，根据评价目标和评价方法的需要，将系统分成有限的、确定范围的评价单元。

一个作为评价对象的建设项目、装置（系统），一般是由相对独立、相互联系的若干部分（子系统、单元）组成的。各部分的功能、含有的物质、存在的危险和有害因素、危险性和危害性以及安全指标不尽相同。以整个系统作为评价对象实施评价时，一般按一定原则将评价对象分成若干个评价单元分别进行评价，再综合为整个系统的评价。将系统划分为不同类型的评价单元进行评价，不仅可以简化评价工作、减少评价工作量、避免遗漏，还能够得出各评价单元危险性（危害性）的比较概念，避免了以最危险单元的危险性（危害性）来表征整个系统的危险性（危害性），夸大整个系统的危险性（危害性）的可能，从而提高了评价的准确性，降低了采取对策措施所需的安全投入。

美国道化学公司在火灾、爆炸危险指数法评价中称"多数工厂是由多个单元组成，在计算该类工厂的火灾、爆炸危险指数时，只选择那些对工艺有影响的单元进行评价，这些单元可称为评价单元"。这里评价单元的定义与本书的定义实质上是一致的。

2.2.2 评价单元划分的原则和方法

划分评价单元是为评价目标和评价方法服务的。为了便于评价工作的进行，提高评价工作的准确性，评价单元一般以生产工艺、工艺装置、物料的特点和特征与危险、有害因素的类别、分布有机结合进行划分，还可以按评价的需要将一个评价单元划分为若干子评价单元或更细致的单元。由于至今尚无一个明确通用的"规则"来规范单元的划分方法，因此，不同的评价人员对同一个评价对象所划分的评价单元有所不同。由于评价目标不同，各种评价方法均有自身特点，只要达到评价的目的，评价单元划分并不要求绝对一致。

1. 划分原则

评价单元划分要坚持以下几点基本原则：

1）各评价单元的生产过程相对独立。

2）各评价单元在空间上相对独立。

3）各评价单元的范围相对固定。

4）各评价单元之间具有明显的界限。

这几项评价单元划分原则并不是孤立的，而是有内在联系的，划分评价单元时应综合考虑各方面的因素进行划分。

2. 划分方法

评价单元划分的方法如下：

（1）以危险、有害因素的类别为主划分评价单元　将具有共性危险、有害因素的场所和装置划为一个单元。按危险因素的类别各划分为一个单元，再按工艺、物料、作业特点（即按潜在危险、有害因素的不同）划分成子单元分别评价，或者进行安全评价时，可按有害因素（有害作业）的类别划分评价单元。例如，将噪声、辐射、粉尘、毒物、高温、低温、体力劳动强度危害的场所各划分为一个评价单元。

（2）以装置的特征划分评价单元

1）按装置工艺功能划分。例如，按原料储存区域、反应区域、产品蒸馏区域、吸收或洗涤区域、中间产品储存区域、产品储存区域、运输装卸区域、催化剂处理区域、副产品处理区域、废液处理区域、通入装置区的主要配管桥区及其他（过滤、干燥、固体处理、气体压缩等）区域划分。

2）按设备布置的相对独立性划分。以安全距离、防火墙、防火堤、隔离带等与（其他）装置隔开的区域或装置部分可作为一个评价单元。储存区域内通常以一个或共同防火堤（防火墙、防火建筑物）内的储罐、储存空间作为一个评价单元。

3）按装置工艺条件划分评价单元。按操作温度、压力范围的不同，划分为不同的评价单元；按开车、加料、卸料、正常运转、添加剂、检修等不同作业条件划分评价单元。

（3）以物质的特征划分评价单元　例如，按储存、处理危险物质的潜在化学能、毒性和危险物质的数量划分评价单元。一个存储区域内（如危险品库）储存不同危险物质，为了能够正确识别它们的相对危险性，可做不同单元处理。为避免夸大评价单元的危险性，评价单元的可燃、易燃、易爆等危险物质应有最低限量。

（4）以事故后果范围划分评价单元　将发生事故能导致停产、波及范围大、造成巨大损失和伤害的关键设备作为一个评价单元，将危险、有害因素大且资金密度大的区域作为一个评价单元，将危险、有害因素特别大的区域、装置作为一个评价单元，将具有类似危险性潜能的单元合并为一个大评价单元。

（5）依据评价方法的有关具体规定划分　ICI 公司蒙德火灾、爆炸、毒性指数法需结合物质系数以及操作过程、环境或装置采取措施前后的火灾、爆炸、毒性和整体危险性指数等划分评价单元；故障假设分析方法则按问题分门别类，如按照电气安全、消防、人员安全等问题分类划分评价单元；模糊综合评价法需要从不同角度（或不同层面）划分评价单元，再根据每个单元中多个制约因素对事物做综合评价，建立各评价集。

综上所述，划分评价单元应注意在进行危险、有害因素识别、安全评价工作之前，应设计一套合适的工作表格，按照一定的方法来划分企业的作业活动，保证危险、有害因素识别工作的全面性。此外，在划分作业活动单元时，一般不会单一采用某一种方法。但应注意，在同一划分层次上，一般不使用第二种划分方法。因为如果这样做，很难保证危险、有害因素识别的全面性。

2.2.3 评价单元划分举例

（1）金属非金属矿山（地下开采）评价单元划分 金属非金属矿山（地下开采）评价单元一般按矿山生产系统和工艺过程进行划分，包括总平面布置单元、矿山开拓单元、提升和运输单元、采掘单元、通风防尘单元、矿山电气单元、防排水与防灭火单元、排土场单元和其他单元等。

（2）煤矿（地下开采）评价单元划分 煤矿（地下开采）评价单元按矿山生产系统和工艺过程进行划分，大致为总平面布置单元、矿井开拓单元、提升和运输单元、采掘单元、矿井通风单元、矿井防瓦斯单元、矿井防尘防爆单元、防灭火单元、矿井电气单元、防排水单元、排土场单元和其他单元等。

（3）露天矿山评价单元划分 露天矿山评价单元按照生产系统和工艺过程进行划分，包括总平面布置单元、露天矿开拓单元、运输单元、采剥单元、防尘单元、矿山电气单元、防排水与防灭火单元、排土场单元和其他单元等。

（4）尾矿库评价单元划分 尾矿库单元一般宜根据尾矿库生产系统进行划分，包括库址选择单元、尾矿坝单元、防洪系统单元、安全监测设施单元和其他单元等。

2.3 | 资源开发生产系统危险辨识

资源开发是对地下矿物、土地、动植物、水力、旅游等资源通过规划和物化劳动以利用或提高其利用价值，实现新的利用，后者也称资源再开发或二次开发。地球上可供人类利用的资源主要指矿产资源。矿山生产是一个综合性的技术行业，涉及地质、采矿、通风、运输、安全、机电和电气、爆破、环境保护及企业管理等多方面内容，因受自然地理条件等因素的影响，矿山开采活动的空间和场所处在不断变化的过程中，工作环境和安全状况非常复杂，有的甚至十分恶劣，安全生产受到很大威胁。在矿山生产过程中，人类会遇到而且必须克服许多来自自然界的不安全因素。一旦忽略了对不安全因素的控制，或者控制不力，则自然力的反作用不仅妨碍矿山生产的正常进行，而且可能伤害到人类自身。结合煤炭行业生产实践中最常见的事故类别、伤害方式、事故概率统计等相关资料，遵循科学性、系统性、全面性的危险有害因素辨识原则，采用煤炭行业常见事故类比推断法对其进行危险、有害因素的辨识。

2.3.1　顶板事故

顶板事故是指冒顶坍塌、片帮、煤炮、冲击地区、顶板掉矸、露天滑坡及边坡垮塌。在井下采煤生产活动中，顶板事故是最常见的煤矿生产安全事故之一，由顶板事故引发的人员伤亡事故约占煤矿伤亡事故量的 40%。井下采掘生产破坏了原岩的初始平衡状态，导致岩体内局部应力集中，当重新分布的应力超过岩体或岩体构造的强度时，将会导致岩体失稳，采场和围岩巷道会在地应力作用下发生变形或破坏。如果预防不当，管理措施不到位，将会造成事故。采空区、采煤工作面和掘进巷道受岩石压力的影响，都可能引发顶板事故。

1. 顶板事故发生的客观原因

1）矿山压力的作用。采场上覆岩层在开采影响下变形、移动产生矿山压力，这种压力通过煤层顶板直接传递到工作面支架上，表现为采煤工作面上、下出口附近矿山压力呈现尤其剧烈，采煤工作面中部顶板下沉速度快、压力大，初期来压和周期来压时整个工作面压力显现异常剧烈。若没有掌握情况或措施不利，都会发生冒顶事故。掘进工作面迎头附近顶板来压、支护不及时也易出现冒顶事故。例如，2002 年 7 月 21 日南屯矿 7319 掘进迎头发生的冒顶事故就属于此种情况：一名工人在迎头挖最后一架梁的柱窝时，顶板来压，将已架好的三架棚梁推倒，前探梁和棚梁砸伤工人，造成死亡。

2）地质构造的影响。工作面在回采过程中经常会遇到各种小型地质构造，如断层、褶曲、裂隙、陷落柱、冲刷带等。其中，最常见和对回采工作影响最大的是断层。这些都能改变工作面的正常压力状况，如果对这些情况不了解，就可能发生冒顶。例如，2002 年 10 月 9 日在济宁二号煤矿 3301 高档普采面发生的顶板事故：两位工人在工作面中部断层处工作时，顶板来压，将木垛、支柱推倒，发生冒顶，工人被埋，造成死亡。此外，各个煤层的顶板情况不同，有的有伪顶，有的无伪顶，还有的无直接顶而只有基本顶。如果对顶板性质掌握不清楚，也易发生冒顶，造成人员伤亡事故。

2. 顶板事故发生的主观原因

1）思想麻痹，疏忽大意，检查方法不妥，检查不周。从冒顶事故发生的时间来看，一般多发生于爆破后 1~2h 的这段时间内。这是由于顶板受到爆破波的冲击和振动，顶板应力释放尚未达到平衡，与母体分离的岩体在应力释放过程中继续活动而冒落。作业人员思想麻痹，疏忽大意，爆破后短时间内就进入工作面；作业前怕麻烦，不认真检查，不进行"敲帮问顶"，或因检测手段不齐全，被"无裂缝"的假象所蒙蔽，进入工作面不处理松石就开始作业，这些都会造成顶板事故。

2）管理不严，违章操作。指挥者，特别是基层的区（坑）长、值班长、队长对所管辖的范围，安全要求不严，管理不善，发现隐患时"重生产，轻安全"，不及时加以处理；遇到险情时，安全措施不力，存在侥幸心理，派人或自己带头冒险蛮干，违章作业；作业人员纪律松弛，匆忙上阵，赶进度，期望提前下班，应付工作，为赶工而进行不规范操作等。

3）操作技术不熟练，处理方法不当。操作人员对顶板松石的形成、发展及变化认识不足，对顶板的稳固程度不能做出正确的判断；缺乏实际操作经验和处理技能，使得选择站立的位置和处理方法不当，结果在处理松石时出现撬左落右、撬前落后、撬小落大等情况而导致事故发生。

4）采矿设计欠佳，施工管理不善。采煤工作面的结构参数选择不妥，回采顺序不尽合理。例如，采煤工作面设计过长，采出速度慢，回采强度低，会造成顶板暴露面积过大，延长顶板暴露时间；对于充填采空区的顶板处理工艺，假如采充失调，采空区不及时充填，空顶面积大，矿岩的应力集中区最先打开一个缺口，沿着断层、岩脉等构造薄弱带发生岩层移动，形成地压活动，也会加剧顶板冒落。

从历年的统计分析数据看，在采掘工作面发生的冒顶事故中，大约有2/3是技术操作不正确、工作质量不好等人为因素造成的。

3. 支护因素

1）支护工作不及时。采煤机的跟机支护不及时；移动输送机的机头机尾时，撤出支架，没及时支护；爆破移输送机等碰倒和崩倒支护后，没及时进行支护。

2）支护质量不好。顶板留有顶煤，或支柱支在浮煤或浮岩上，使支柱的初撑力严重降低。

3）支柱密度不够。支柱密度不够，抵抗不住顶板岩层的压力，往往会引起冒顶，甚至会引起工作面的大面积冒顶事故，因此应特别注意架设足够数量的支柱。此外，假顶铺设不好、回柱放顶不彻底、再生顶板质量差、工作面未进行正规循环作业等，都是引起冒顶事故的直接原因。

2.3.2 瓦斯事故

矿井瓦斯是煤矿生产过程中，从煤、岩内涌出的各种气体的总称。矿井瓦斯具有燃烧性、爆炸性。瓦斯与空气混合达到一定浓度后，遇火能燃烧或爆炸，对矿井威胁很大。矿井瓦斯危害的主要形式有瓦斯窒息、瓦斯燃烧和瓦斯爆炸。

1. 瓦斯窒息

矿井瓦斯涌出量较大时，如果通风系统管理不完善，正在整修的巷道发生风流反向，使采空区高浓度瓦斯涌入巷道；工作人员误入未及时封闭的巷道，或由于停风导致瓦斯积聚而未采取措施撤出人员等情况，都可能导致瓦斯窒息的发生。

2. 瓦斯燃烧

煤层瓦斯含量高，生产过程瓦斯涌出量大，如果通风量不能将瓦斯及时稀释、带走，将在局部地点形成高浓度瓦斯积聚，一旦靠近火源，可能发生瓦斯燃烧，并可能酿成火灾，或引起瓦斯煤尘爆炸等一系列灾难性事故。

容易发生瓦斯燃烧的情况主要有如下几点：

1）煤层瓦斯没有采取增加煤层透气性的技术措施。

2）在煤巷掘进工作面，掏槽爆落的煤堆仍在释放瓦斯，煤堆表面形成一层高浓度瓦斯区，遇到电火花或放炮残药火花引起瓦斯燃烧。

3）采煤工作面局部瓦斯积聚，如上隅角等地点，因放炮火焰、摩擦火花、电气火花等引起瓦斯燃烧。

3. 瓦斯爆炸

瓦斯爆炸发生的条件是瓦斯浓度达到爆炸界限（5%~16%），出现引爆火源和足够的氧气（氧气浓度在12%以上）。井下的明火、爆炸火焰、电气火花、静电火花、摩擦火花等都可能成为引爆火源，而在煤矿生产过程中是难以杜绝这些火花产生的。因此，在井下瓦斯超限和局部瓦斯的积聚达到爆炸界限时，接近火源都有可能发生瓦斯爆炸，甚至导致瓦斯煤尘爆炸。

2.3.3 矿井水害

在矿井建设和生产过程中，各种类型的地下水（包括由地面经过岩层裂隙和透水岩层）进入采掘工作面的过程称为矿井涌水。井下开采势必会破坏地下水系统的原有平衡状态，导致煤矿井巷的涌水。当矿井涌水超过正常排水能力时，就会发生水灾。造成矿井水灾危害的主要原因如下：

1）采掘过程中没有探水或探水工艺不合理。

2）采掘过程中突然遇到含水的地质构造。

3）爆破时揭露水体。

4）钻孔时揭露水体。

5）地压活动揭露水体。

6）排水设施、设备设计、施工不合理。

7）采掘过程开采防水煤柱、含水断层煤柱。

8）没有及时发现突水征兆。

9）发现突水征兆没有及时探水或采取防水措施。

10）发现突水征兆后采取了不合适的探水、防水措施。

11）采掘过程没有采取合理的疏水、导水措施，使采空区、废弃巷道积水。

12）地面水体和采掘巷道工作面意外连通。

13）降雨量突然加大，地面防水措施不到位，发生淹井事故。

以上这些危险、有害因素的存在与出现有可能造成矿井水灾，使人员和财产遭受损失。

2.3.4 矿井火灾

矿山火灾按发生地点，可分为地面火灾和井下火灾。地面火灾是指矿井工业广场内的厂房、仓库、储煤场、矸石场等发生的火灾。井下火灾除发生在井下的火灾外，还包括发生在地面井口附近、但火焰或烟雾能蔓延到井下的地面火灾。地面火灾如果不及时扑灭，可能蔓延到井下，或它产生的烟气随同风流进入井下，造成井下火灾或威胁井下安全。

火灾危害的主要原因如下：

（1）外因

1）存在明火。井下工作人员吸烟，带火种（如火柴、打火机等）下井，进行电焊、氧焊、喷灯焊，使用电炉、灯泡取暖等违章作业。

2）出现明火。主要是由于电气设备性能不良、管理不善，如电钻、电动机、变压器开关、插销、接线三通、电铃、打电器、电缆等出现损坏、过负荷、短路等，引起电火花，继而引燃可燃物。

3）有炮火。由于不按放炮规定和放炮说明书放炮，如放明炮、糊炮以及动力电源放炮、不装水炮泥、倒掉药卷中的消烟粉、炮眼深度不够等都会出现炮火，引燃可燃物而发火。

4）瓦斯、煤尘爆炸引起火灾。

5）机械摩擦及物体碰撞产生火花引燃可燃物，进而引起火灾，如常见的皮带与托轮或滚筒间的摩擦生热，采煤机截割夹石或顶板产生火花，以及运输机被阻塞制动而摩擦起火等。

6）地面火引入井下引起的火灾。

（2）内因

1）有易自燃的煤炭存在。

2）有含氧量较高的空气流过。

3）风速适当，煤氧化生成的热量能不断积聚。

上述三个必备条件同时存在且保持一定时间，才会发生内因火灾。

另外，采空区管理不善，浮煤多、温度高，煤壁裸露时间长，没有及时封闭等，也是发生自燃的外部因素。

井下一旦发生火灾，会产生瓦斯爆炸、煤尘爆炸等严重后果，以及产生大量的一氧化碳气体，导致井下人员中毒窒息。

2.3.5 矿尘危害

矿尘是矿井生产建设中产生的细小矿物尘粒的统称，主要有煤尘、岩尘等。按成因可分为原生矿尘和次生矿尘。前者是煤岩层受地质构造运动或矿山压力的作用而产生的，与地质构造的复杂程度密切相关；后者是在生产建设过程中，因破碎、振动、冲击或煤岩摩擦而产生。随着矿井生产机械化程度的提高，矿尘的生成量和分散度都将显著增加，危害也就更为严重。因此，矿尘也是煤矿生产中的主要危险、有害因素。

矿尘危害产生的主要原因如下：

1）矿山生产过程中的各个环节，如凿岩、爆破、装运、破碎等，都会产生大量的矿尘（煤尘），可导致煤尘爆炸。

2）凿岩作业中如果不采取湿式凿岩，将产生大量的岩尘，而且凿岩工作地点分散、时间长、产生细尘多，因此它是井下主要的产尘点。据统计，采掘作业过程中的产尘量约占矿尘总量的80%。

3）爆破工作产生大量岩尘，并伴有大量的炮烟，若无有效的洒水降尘、煤层注水及通风排尘措施，将引起煤尘爆炸等重大事故发生。

4）岩石及煤的装运过程也是产尘的主要原因之一。

5）煤炭地面加工、运输过程中产生大量的煤尘。

2.3.6 矿山各生产系统危险辨识

矿山各生产系统危险辨识见表2-4。

表 2-4 矿山各生产系统危险辨识

系统	危险因素	系统	危险因素
采掘系统	安全出口缺陷	提升系统	断绳
	采空区		信号错误
	地表塌陷区		无安全保护装置
	采场不符要求		操作失误
	掘进不符要求		无过卷装置
	井巷不符要求		罐道梁损坏
	照明不符要求		突然停电
通风系统	无机械通风		防坠装置损坏
	通风设施不全		制动装置损坏
	通风构筑物损坏	运输系统	水平巷道小
	设计不合理		触电
	突然检修		矿车掉道
	停电检修停机		机械故障
			撞击

（续）

系统	危险因素	系统	危险因素
供风系统	设备基础不牢	供配电系统	电气设备检修
	选址不合理		线路绝缘老化
	安全装置		雷击
	风管破裂		设计安装不合理
	储气罐超温		变配电房检修
	无水开机		电气设备检修
	电压不稳定		无防护装置
排水系统	水仓容积偏小		无电气保护装置
	排水能力不足	炸药库	库房不符要求
	设备损坏		避雷设施
	泵房设计缺陷		炸药库管理缺陷
	突然停电		炸药运输
	透水		照明不符合要求
	地表水倒灌		

2.4 金属冶炼生产系统危险辨识

冶金是指从矿物中提取金属或金属化合物，用各种加工方法将金属制成具有一定性能的金属材料的过程和工艺。现代工业中，习惯把金属分为黑色金属和有色金属两大类，黑色金属包括铁、铬、锰三种，其余的金属都属于有色金属。金属冶炼过程具有配套专业多、设备大型化、操作复杂，既具有高动能、高势能、高热能所带来的重大危险因素，又具有有毒有害、易燃易爆等危险因素的特点。高温、有毒、有害、易燃、易爆气体，煤气燃烧、爆炸，铁、钢水喷溅，粉尘与高温烟气，起重与车辆伤害等是金属冶炼过程中的主要危险、有害因素。

2.4.1 高温作业

冶金的方法可以分为火法冶金、湿法冶金和电冶金三大类。无论是从金属冶炼种类还是产量，金属冶炼方法以火法冶炼为主。火法冶炼是利用高温从矿石中提取金属及其化合物的过程，具有高热能的特点。冶金工厂中的冶金、轧钢、烧结、焦化等生产过程都散发大量热量，导致车间具有气温高、辐射热强度大、湿度低等特点，当人体新陈代谢所需的散热量受到外界因素影响时，容易引起中暑现象。此外，高温炉体、熔融金属和熔渣等都具有高温、高辐射热特点，当发生误接触或靠近距离过近时，会导致灼伤、烫伤等。在高温车间作业，防止高温对人体危害最根本方法是采取综合性措施，包括改进生产工艺流程、合理分配布置热源、隔热、局部通风降温、调整工时、提供清凉饮料等，目前通过采取上述综合性措施，在重点冶金工厂中已基本消灭高温作业中暑事故。

2.4.2　铁液、钢液喷溅

在钢铁冶炼过程中，铁液和钢液是高温熔融液体，一旦发生喷溅，容易导致生产安全事故。高炉炼铁是一个渣铁持续生成、铁液周期性从出铁口排出的过程，因出铁口直径较小且炉内存在一定压力，正常出铁作业时铁液流速稳定在 4~6 m/s。异常发生时可能发生铁液喷溅，主要原因如下：

1）高炉渣铁排放期间，出铁口维护不好，导致出铁口崩塌或出铁口堵塞，容易造成铁液大量喷溅，烫伤人员。

2）如果发生高炉炉缸烧穿事故，炉内铁液从烧穿位置流出，在炉内压力的作用下，形成一定程度的喷溅。此外，若炉基附近地面存在易燃物或积水，铁液流过就会引发火灾或遇水爆炸。

炼钢过程是以铁液、废钢、铁合金为主要原料，不借助外加能源，靠铁液本身的物理热和铁液组分间化学反应产生热量而在转炉中完成的。发生喷溅的主要原因如下：

1）熔池中熔渣过多、熔渣流动性不好以及熔池沸腾差的情况下，发生碳氧反应，产生大量一氧化碳气体，因气体不能顺利排出，促使熔池内部产生巨大压力，瞬间形成大喷溅或大爆炸。

2）低温操作时，熔池尚未形成一定性能的碱性渣就急于加入氧化剂。未反应的氧化剂漂浮在熔渣中，当熔池温度上升或吹氧时，突然发生急剧的碳氧反应，产生大量气体，因气体不能顺利排出促使熔池内部产生巨大压力，瞬间形成大喷溅或大爆炸。

3）由于熔池温度过高或上下温差大，当炉子倾动或吹氧时，促使熔池形成对流作用，引发激烈反应，导致大喷溅或大爆炸。

4）当出钢完成后，炉内残留钢渣，此时兑入的铁液中含有大量的碳，与氧化性较强的钢渣接触，在高温条件下剧烈的碳氧反应会产生爆炸，从而造成兑入铁液的大量喷溅及爆炸。

2.4.3　金属转运危险辨识

冶金工厂内涉及的运输任务有 80% 由铁路承担，汽车运输约占 10%，带式、辊道运输所占比重较小。厂内运输的主要特点是：品种多、运距短、运量大，装卸次数多，调车作业频繁，上下班人流密集等。运输的对象主要包括矿石、焦炭等原燃料，液态熔融钢液、铁液、炉渣等高温产品，以及最终成型的钢铁成品等。对于液态金属而言，工厂中用来盛装高温熔融金属的容器，包括铁液罐、渣罐、钢包、中间包、有色企业铜液包、铝液包等，在转运过程中可能发生泄漏、喷溅、倾翻、坠落、甚至遇水爆炸等事故，造成人员烧伤、烧死或高温窒息。因此，金属转运过程也是金属冶炼过程中可能发生事故的环节。

应急管理部依据《工贸行业重大生产安全事故隐患判定标准》（安监总管四〔2017〕129号），为遏制冶金企业重特大事故，梳理出钢铁企业安全生产执法检查重点（俗称"钢八条"），其中与熔融金属转运相关的条目包括：

1）炼钢厂在吊运铁液、钢液或液渣时，未使用固定式龙门钩的铸造起重机；炼铁厂铸铁车间吊运铁液、液渣起重机不符合冶金起重机的相关要求。

2）吊运铁液、钢液与液渣起重机龙门钩横梁焊缝、耳轴销和吊钩、钢丝绳及其端头固定零件，未进行定期检查，发现问题未及时整改。

3）操作室、会议室、交接班室、活动室、休息室、更衣室等场所设置在铁液、钢液与液渣吊运影响的范围内。

一旦上述要求没有达到，可能发生钢包脱落，罐体坠落倾覆等，对范围内的人员造成物体打击、灼烫伤事故等，导致严重后果。

2.4.4 煤气作业危险辨识

高炉煤气、转炉煤气和焦炉煤气是炼铁、炼钢和炼焦生产过程中的副产品，每生产 1t 生铁可产生 $2100 \sim 2200 m^3$ 高炉煤气，每炼 1t 钢可产生 $50 \sim 70 m^3$ 转炉煤气，每炼 1t 焦炭可产生 $300 \sim 320 m^3$ 焦炉煤气。此外，发生炉煤气、天然气等都是冶金工厂的重要气体燃料。中度、着火、爆炸是煤气的三大特征，冶金工厂煤气作业容易引起上述事故，通常称为煤气三大事故。

发生煤气事故的主要原因如下：

1）缺乏煤气安全知识，如在发生事故后未戴防毒面具进行抢救，导致事故扩大，或在有煤气的区域作业而不戴防毒面具。

2）煤气设备泄漏煤气。

3）设备有隐患，如水封有效高度不够，放散管高度不够，处理煤气的风机不防爆等。

4）处理煤气不彻底，没有牢固地切断煤气来源，如不堵盲板，而单靠开闭器切断煤气来源。

5）上级变电所或自控电气设备出故障突然停电。

6）操作技术不熟练，误操作，或者不懂操作技术。

7）处理煤气完毕后，煤气设备内的沉淀物，如焦油、萘等自燃或遇火燃烧爆炸。

8）抽堵盲板没有接地线，作业处蒸汽管道没保温（或保温层脱落），盲板、吊具与管道摩擦等。

2.4.5 生产工艺危险辨识

目前世界上钢铁工业仍以传统的"烧结—球团—焦化—炼铁—炼钢—轧钢"长流程为

主，各个工序无论从工艺生产技术、工厂分布空间等方面都可以划分成不同的独立评价单元进行风险评价。在冶金工业中，炼铁厂是伤亡事故较多的单位，根据炼铁系统几个主要生产过程进行危险辨识，提出伤亡事故发生的原因和主要预防措施是非常必要的。

1. 原料系统安全

高炉炼铁的过程就是将铁矿石还原成金属铁的过程，原料存储在料仓中，经皮带运输至高炉炉顶，通过布料装置装入高炉内部。在原料系统中，伤亡事故主要产生在以下几个环节：

1）带式运输系统缺乏安全装置。对于操作人员经常走动的通道，在机旁没有设置栏杆、安全绳索与紧急事故开关等，有些转动轴、滚筒等外露部分无防护罩，带式运输机缺乏过桥。

2）料仓设计的坡度不符合要求，选用的闸门不灵活或年久失修，造成堵料，当人工清理堵料时，容易发生崩料、挤压事故。

3）矿槽周围没有栏杆，槽上没有格栅或格栅年久失修等。

4）人员长期暴露在粉尘环境中。

2. 高炉本体安全

1）高炉内衬耐材、填料、泥浆等，应符合设计要求，不得低于国家标准有关规定，避免炉缸烧穿事故引发人员伤亡和财产损失。

2）风口平台应有一定的坡度，并考虑排水要求，宽度满足生产和检修需要，上面铺设耐火材料。

3）路基周围应保持清洁干燥，无积水和废料堆积。

4）风口、水套、进出水管等应牢固、严密，避免漏水、漏煤气。

5）高炉应安装环绕炉身的检修平台，平台之间宜设置两个走梯，走梯不应设在铁口上方。

6）高炉炉体冷却系统，应按长寿、安全的要求设计，保障足够冷却强度，不易漏水。

7）为防止停水时断电，高炉应有事故供水设施。

8）热电偶分布合理，应对炉底和炉缸侧壁进行自动连续测温，结果在中控室显示。

3. 高炉生产操作安全

1）高炉停、开炉及计划检修期间，应有煤气专业防护人员监护，应组成领导小组制定详细的开停炉方案和安全技术措施。

2）出渣、铁时，保持容器、出铁口等区域干燥，避免渣铁喷溅或爆炸事故发生。

3）休、复风时重点防止煤气爆炸事故发生。应与燃气、氧气、鼓风、热风和喷吹等各单位联系沟通，严格遵守《炼铁安全规程》（AQ 2002—2018）的相关要求。

4. 高炉检修时安全

1）高炉检修时，炉内并不熄火，充满炽热的焦炭，虽然停止鼓风，但由于炉身下部及风口附近仍有空气进入炉内，与高温焦炭接触后产生一氧化碳，当累积到一定水平仍会危及检修人员安全。

2）高炉检修是高空多层作业，40%的伤亡事故是高空坠落，因此防止坠落是高炉检修安全工作的重点之一。

3）高炉检修时，炉内料面降低，炉顶温度越来越高，为保护炉顶设备，需要降低温度。打水以后，炉内产生大量水蒸气，煤气中氢含量增加，爆炸的危险因素增大。

除上述各环节涉及的危险、有害因素外，冶金过程中还涉及粉尘、噪声、有限空间等危险、有害因素，同样需要在实际生产过程中格外注意。

2.5 地下工程施工及运营危险辨识

随着我国经济的迅速发展，已出现各种类型的地下工程，如矿山、地铁、隧道等工程，这些工程对于国民经济和社会的发展起到了重要作用。地下工程的类型是多样的，按用途可分为：矿井工程、地下交通工程、地下人防工程、地下储存工程、地下商业工程、地下国防工程等。地下工程既有有利的一面，也有不利的一面，如地下工程中的环境是完全的人工环境，地下水、洪水、漏水等容易进入，存在一定的危险、有害因素。以下从地下工程施工和运营两个方面进行危险辨识。

2.5.1 地下工程施工危险辨识

地下工程施工的生产安全事故主要包括：经济损失、工期损失、人员伤亡、社会影响损失和生态环境损失。地下工程建设周期长、多项目同时施工、施工技术形式多样和工程水文地质环境复杂多变等诸多不可预见因素，具有生产安全事故易发和多发的特点。从地下工程施工生产安全事故的发生机理中可以看出工程风险是由致险因子（工程施工技术、设备运行、施工操作等）在孕险环境（工程建设的工程地质和水文地质复杂，工程建设决策、管理和组织方案复杂）中孕育，进而导致工程风险发生，工程风险作用于承险体造成风险损失，最终引发施工生产安全事故。下面以明挖法深基坑施工和浅埋暗挖法施工为例进行危险辨识。

1. 明挖法深基坑施工危险辨识

（1）围护桩（墙）施工阶段

1）施工道路。在施工过程中，路面开挖未及时设置护栏、路面开挖乱推土不及时清理、路面施工不设置超高、限速标志、路面施工夜间没有明显照明警示灯等情况，容易导致在施工道路处存在施工安全隐患。

2）大型机械。当大型机械进场时，项目部吊装专项施工方案或大型机械装拆专项方案须完成审批，吊装令等管理流程缺失易造成安全隐患。在机械施工过程中，指挥人员指挥信号不清或者存在错误、施工机械操作不规范。例如，起重臂旋转半径范围内有人员作业和停留、起重机载运人员、起重机斜拉斜吊物体、起重机起吊地下埋设或凝固重物、起重机停机时物体未降到地面、起重臂变幅过程中换挡、载荷状态下下降起重臂、未按规定带载行走和上下坡、行驶时底盘转台上载人或载物，将会导致施工存在重大风险。

3）成孔（槽）施工。在成孔（槽）施工过程中，水泥搅拌池边或泥浆池边如果未设置防护措施，存在施工人员失足跌落的风险。浇混凝土时，未在孔口加板和防护栏，存在施工现场人或物坠入桩孔的安全隐患。同时，泥浆液位、泥浆参数控制不当也容易导致孔壁塌孔。

4）吊装施工。在吊装施工过程中，较为典型的风险源主要有：出现多机抬吊的情况，在邻近架空线路的区域或者在邻近建筑物的区域进行吊装作业，SMW 工法中 H 型钢起拔作业。

5）围护结构。围护结构存在施工缺陷，则容易导致产生施工安全隐患。例如，地下连续墙垂直度超标、接缝错裂、夹泥，SMW 工法桩桩间有空隙，排桩后帷幕渗水，将会导致基坑开挖阶段渗漏、涌土、喷砂。

（2）降水施工阶段

1）降水井施工。在降水井施工阶段的风险源主要为：在降水井冲孔前未确认地下障碍和空中管线、在埋设井点管时未按操作规程作业、起拔井点管时无在场技术人员指挥、施工人员用电不规范、技术人员未向作业人员交底等。

2）承压水控制。承压水控制也是降水施工阶段的重要风险源。降水施工时，对承压水位控制不到位、承压水降水失效，将会引起坑外地面沉降、管线移位，甚至引起坑底管涌。

（3）土方开挖及支撑施工阶段

1）土方开挖与放坡。土方开挖过程中，如果存在分层高度、分块、开挖深度、地面超载等不满足设计要求的情况，将导致周边环境、地下管线变形过大，影响使用安全、管线失效，容易导致工程安全隐患。边坡留设若不满足设计要求，将可能造成土体滑移。同时，若挖土过程中土体产生裂缝而未采取措施，将可能造成土体滑坡。挖土动工前未申请挖土令，是重大的风险源。在挖土施工过程中，在支护桩头周边挖土动作过大、地下管线和地下障碍物未探明或既有管线 1m 范围以内机械挖土，也是严重的安全隐患。

2）基坑临边防护。在基坑临边防护方面，典型的施工风险源为：未设置防护设施、防护设施不牢固或者不按标准搭设防护设置；防护设施设置后未验收合格就使用或验收结果不合格后未按要求整改；设置防护设施的材料不符合质量要求；防护设施设置后未经同意随意拆除；防护设施虽经同意，但工作完毕后未立即复位；基槽过路围栏及基坑上下通道设置不规范等。

3）支撑施工。支撑施工过程中，若支撑分段浇筑施工不能满足设计要求，造成围护变形过大；底模选材及设置不当；混凝土垫层未达到要求强度时就开始上部施工等情况，都是重大的施工风险源。

4）基坑监测。基坑监测方面的重大施工风险源为：监测部位及监测频率不满足要求；测点保护不到位；支护设施已变形，却未及时采取预警措施等。

5）塔式起重机基础。塔式起重机基础方面较为典型的安全隐患为：塔式起重机基础的设计方案不完备；塔式起重机基础承载力不足，焊接效果不佳，连接处螺栓不能满足设计要求，基础处所使用的混凝土强度不足等。

（4）地下结构回筑阶段

1）大底板施工。大底板施工时，钢筋支架设置不当将会导致工程安全隐患。

2）拆除工程（支撑拆除和分隔墙拆除）。在拆除支撑与分隔墙时，典型的工程风险源包括：在拆除作业时，周边不设置警戒线；支撑机械拆除分块吊装；施工过程中违反安全操作规程；爆破作业时，周边围护不严密；爆破器材管理不严谨；施工前未设置安全立足点；施工作业前，技术人员未向施工人员进行安全交底等。

3）防水处理。防水处理不当，导致结构渗漏，将会影响后期建筑运营，是重大风险源。

2. 浅埋暗挖法施工危险辨识

在浅埋暗挖法地下工程施工过程中，由于施工对土体的扰动不可忽路，施工风险不可避免。造成风险的主要原因有主观误差和系统固有风险因素。主观误差是指人为导致的风险因素，主要有前期勘探不足、设计经验缺失、施工经验不足（施工方式不当、支护不满足要求、群洞效应）、施工组织及管理不当（初期支护施工不及时、钢架结构连接不规范）等方面带来的风险。系统固有的风险因素包括因施工方式自身特点所致的风险（围岩压力的释放）和施工环境所带来的复杂多变的风险（恶劣的水文地质条件、密布的建筑管线）。

（1）自然环境风险　复杂多变的自然环境是地下工程最主要的风险源，主要包括以下几个方面：

1）地质风险，包括围岩的物理性质变化、抗震不利地段、良性地震断裂带、溶洞、溶腔、膨胀土等特殊土、未探明的障碍物等。

2）水文风险，包括未探明的暗河、湖等补给水源，流砂、突水、突泥等突发情况。

3）恶劣气候、地震、泥石流、山体滑坡等自然灾害。

（2）技术及设备风险　在浅埋暗挖法工程施工中，施工方案的合理性及施工装备水平等对施工安全都有直接的影响，风险主要包括：

1）施工方法选择不当，引起施工事故。

2）施工设备装备备件短缺，施工设备维修不当，引起安全风险。

3）施工设备对于工程的适用性不足等。

（3）施工作业风险　浅埋暗挖法施工工艺较为复杂，在多个环节容易造成施工风险，主要包括地层改良加固、超前支护施工、通道开挖支护施工等阶段存在的风险，具体如下：

1）注浆孔设置不合理，注浆范围及结构强度均不能达到设计要求。

2）注浆压力设置不合理导致注浆均匀度不够，出现逸浆、土层变形大等现象。

3）浆液配比不当导致地层改良效果不佳，土体强度达不到设计要求。

4）注浆引起的地表局部大变形。

5）注浆深度与范围设置不合理，地层改良效果不明显。

6）超前支护钢管搭设角度及精度存在偏差。

7）超前支护钢管搭设区域设置不合理。

8）超前支护钢管注浆施工时对周围地层扰动过大。

9）钢管注浆咬合度不佳（若设置咬合管棚）。

10）开挖过程中出现地层大变形甚至塌方事故。

11）隧道变形引起衬砌结构的破坏和衬砌变形超限。

12）降水、防水不当导致洞室漏水、涌水或流泥等事故。

13）整体结构与支护结构产生差异沉降导致建筑结构开裂、超限。

14）施工引起的地表沉降过大，影响周边建筑及道路安全。

（4）周边环境风险　在城市人流量大、建筑物密布的区域使用浅埋暗挖法时，一般存在较大的施工风险。在浅埋暗挖法施工过程中，风险主要来自开挖造成的对周边建筑物的扰动和破坏，具体表现如下：

1）施工引起邻近建筑物沉降。

2）邻近建筑物倒塌、开裂、倾斜。

3）影响邻近建筑物的正常使用功能。

4）邻近建筑物损坏导致财产损失。

5）管线不易迁移，造成施工难度增加。

6）水管爆裂，形成渗水，进而影响隧道结构及围岩的稳定性。

7）邻近建筑物损坏引发民事纠纷等。

（5）作业环境风险　在浅埋暗挖法施工过程中，作业人员需要在半封闭环境中工作，作业危险性高，主要风险包括：

1）开挖时地层中释放出的有害气体，对隧道内的施工作业人员造成身体伤害。

2）可燃气体、瓦斯引起火灾或者爆炸事故，造成人员伤亡。

3）洞内照明不充分，容易发生生产安全事故。

（6）管理风险　管理风险主要是由工程各方的管理水平差异及沟通合作关系所导致的，主要包括：

1）施工现场各方通信不畅。

2）施工现场安全措施落实不到位。

3）原材料、成品和半成品材料供应的风险因素。

2.5.2 地下工程运营危险辨识

地下工程处于天然介质的环境中，在运营中会出现渗漏水（水害）、衬砌裂损、冻害、衬砌腐蚀、震害和洞内空气污染等病害，还有火灾威胁。这些病害和危害对地下工程的安全、舒适、正常运营有重要影响和威胁。我国地域辽阔，各地自然条件差异大，工程地质及水文地质条件复杂多变，既有地下工程又受修建时期的设计与施工的技术条件限制，如20世纪50—60年代的地下工程多采用抗渗性较差的一般模筑混凝土衬砌或砌石衬砌，因此，往往出现下列现象：防水和排水设备不完善；对局部软弱围岩地质、有膨胀特性围岩地质和对衬砌有侵蚀性的环境水等调查研究不足，未能采用加强的衬砌结构或防治措施不力；一些地段地下工程衬砌施工质量有缺陷等。这些现象造成了许多既有地下工程产生漏水、衬砌腐蚀、衬砌裂损、冻害、洞内空气污染等危害。

1. 水害

水害的成因是修建地下结构破坏了山体原始的水系统平衡，地下结构成为所穿过山体附近地下水集聚的通道。当围岩与含水地层连通，而衬砌的防水及排水设施、方法不完善时，就必然要发生水害。可以将隧道水害归结为以下两方面原因。

（1）隧道穿过含水的地层

1）砂类土和漂卵石类土含水地层。

2）节理、裂隙发育，含裂隙水的岩层。

3）石灰岩、白云岩等可溶性地层，当有充水的溶槽、溶洞或暗河等与隧道相连通时。

4）浅埋地段，地表水可沿覆盖层的裂隙、孔洞渗透到隧道内。

（2）衬砌防水及排水设施不完善

1）原建衬砌防水、排水设施不全。

2）混凝土衬砌施工质量差，蜂窝、孔隙、裂缝多，自身防水能力差。

3）防水层（内贴式、外贴式或中间夹层）施工质量不良或材质耐久性差，经使用数年后失效。

4）混凝土的工作缝、伸缩缝、沉降缝等未做好防水处理。

5）衬砌变形后，产生的裂缝渗透水。

6）既有排水设施（如衬砌背后的暗沟、盲沟，无衬砌的辅助坑道、排水孔、暗槽等）年久失修、阻塞。

地下工程建设的过程可分为勘测与设计、施工、验收等阶段，在每个阶段或材料供应等关键环节出现问题，都可能引发水害。例如，施工中经常出现的附加防水层接缝处理不好导致漏水，防水材料品质不过关导致防水失效，防水材料与基面黏结不良或不适应等。

2. 冻害

冻害是寒冷地区和严寒地区的地下结构内水流和围岩积水冻结，引起拱部挂冰、边墙结冰、洞内网线设备挂冰、围岩冻胀、衬砌胀裂、隧底冰锥、水沟冰塞、线路冻害等影响到安全运营和建筑物的正常使用的各种危害。寒冷地区指最冷月平均气温为 −15 ∼ −5℃ 地区，严寒地区指最冷月平均气温低于 −15℃ 的地区。冻害会导致衬砌冻胀开裂，甚至疏松剥落，造成衬砌结构失稳破坏，降低衬砌结构的安全可靠性，严重影响运输的安全和正常运行。冻害的成因如下：

（1）寒冷气温的作用 冻害与所在地区气温（低于 0℃ 或正负交替）直接相关，气温变化冻融交替是主因。

（2）季节冻结圈的形成 季节性冻害隧道中，衬砌周围冬季冻结、夏季融化范围的围岩，沿衬砌周围最大冻结深度连成的圈称为季节冻结圈，当衬砌周围超挖尺寸不等，超挖回填用料不当及回填密度不够产生积水，形成冻结圈。修建在多年冻土中的地下工程，衬砌周围夏季融化范围的围岩称为融化圈。

在严寒冬季，较长的隧道两端各有一段会形成冻结圈，称为季节冻结段。中部的一段为不冻结段，不会形成季节冻结圈。隧道两端冻结段长度不一定相等。同一座隧道内，季节冻结段的长度恒小于洞内季节负温度段的长度。隧道的排水设备如埋在冻结圈内，冬季易发生冰塞。在冻结圈范围内的岩土，由于受强烈频繁的冻融破坏，风化破碎程度与日俱增，也是冻害成因之一。

（3）围岩的岩性对冻胀的影响 在季节冻结圈内，如果是非冻胀性土，不会发生冻胀性病害。因此，如果季节冻结圈内是冻胀性土，更换为非冻胀性土是有效的整治措施。

（4）设计和施工的影响 在设计和施工时，对防冻问题没有考虑或考虑不周，造成衬砌防水能力不足、洞内排水设施埋深不够、治水措施不当、施工有缺陷，都会造成和加重运营阶段的冻害。

3. 衬砌裂损

衬砌是承受地层压力、防止围岩变形塌落的工程主体建筑物。地层压力的大小主要取决于工程地质、水文地质条件和围岩的物理力学特性，同时与施工方法、支护衬砌是否及时和工程质量的好坏等因素有关。作用在支护衬砌上的地层压力主要有形变压力、松动压力，在膨胀性地层有膨胀压力，在有冻害影响的地层中存在冻胀性压力。由于形变压力、松动压力作用，地层沿地下结构纵向分布及力学形态的不均匀作用，温度和收缩应力作用，围岩膨胀性或冻胀性压力作用，腐蚀性介质作用，施工中人为因素、运营车辆的循环荷载作用等，使衬砌结构物产生裂缝和变形，影响正常使用，统称为衬砌裂损。衬砌裂损是地下工程病害的主要形式，衬砌裂损破坏了地下结构的稳定性，降低了衬砌结构的安全可靠性，衬砌裂损具体有以下类型：

（1）衬砌开裂　根据裂缝走向及与地下工程纵向长度方向的相互关系，衬砌裂缝可分为纵向裂缝、环向裂缝和斜向裂缝3种。环向工作缝裂纹，一般对于衬砌结构正常承载影响不大；拱部和边墙的纵向及斜向裂纹，破坏结构的整体性，危害较大。

（2）衬砌变形　混凝土衬砌发生收敛变形，造成净空不够，或侵占预留加固的空间，个别的混凝土衬砌侵入 $30\sim40mm$，因此需定期进行界限测量，作为加固的依据。

（3）衬砌腐蚀破坏　我国西南地区不少铁路隧道混凝土衬砌被酸性地下水腐蚀。这些地区的地下水中的硫酸根含量高达 $6000mg/L$，因而造成混凝土衬砌和道床被腐蚀成豆腐渣状，强度降低30%，这种混凝土衬砌的处理和加固难度较大。

（4）衬砌背后空洞　衬砌与围岩之间没有回填密实，出现脱空，空洞直径为 $0.3\sim1.5m$ 不等，一般加固方法较难处理。

（5）仰拱破碎，道床下沉，翻浆冒泥　直接影响行车安全，加固修衬又受行车时间限制，因此施工时必须及时处理。

4. 衬砌腐蚀

有些地区富含腐蚀性介质。衬砌背后的腐蚀性环境水，容易沿衬砌的毛细孔、工作缝、变形缝及其他孔洞渗流到衬砌内侧，成为渗漏水，对衬砌混凝土和砌石、灰缝产生物理性或化学性的侵蚀作用，造成衬砌腐蚀。

衬砌腐蚀分为物理性侵蚀和化学性腐蚀两类。衬砌腐蚀的主要影响因素有：衬砌圬工的质量和水泥的品种、渗流到衬砌内部的环境水含侵蚀性介质的种类和浓度、环境的温度和湿度等自然条件。衬砌腐蚀使混凝土变疏松，强度下降，降低衬砌的承载能力，还会腐蚀钢轨及扣件，导致使用寿命缩短，危及行车安全。为确保地下建筑物的安全使用，应积极对衬砌腐蚀进行防治，研究分析产生腐蚀的原因及作用机理，指导腐蚀的预防和整治。

（1）衬砌物理性腐蚀　衬砌受到物理性侵蚀的种类主要有：冻融交替冻胀性裂损，干湿交替盐类结晶性胀裂损坏两种。

1）冻融交替冻胀性裂损。

① 产生条件。在寒冷和严寒地区衬砌混凝土充水部位。

② 侵蚀机理。普通混凝土是一种非均质的多孔性材料，它的毛细孔、施工孔隙和工作缝等易被环境水渗透。充水的混凝土衬砌部位受到冻融交替冻胀破坏作用，产生和发展冻胀性裂损病害，造成混凝土裂损。

2）干湿交替盐类结晶性胀裂损坏。

① 产生条件。地下结构周围有含石膏、芒硝和岩盐的环境水。

② 侵蚀机理。渗透到混凝土衬砌表面毛细孔和其他缝隙的盐类溶液，在干湿交替条件下，由于低温蒸发浓缩析出白毛状或梭柱状结晶，产生胀压作用，促使混凝土由表及里，逐层破裂疏松脱落。常见在边墙脚高 $1m$，混凝土沟壁、起拱线接缝和拱部等处裂缝呈条带状，局部渗水处成蜂窝状腐蚀成孔洞、露石、骨料分离、疏松，用手可掏渣。干湿交替盐类结晶

性胀裂损坏会造成混凝土或不密实的砂石衬砌和灰缝起白斑、长白毛，逐层疏松剥落。沿渗水的裂缝和局部麻面处呈条带状和蜂窝状，腐蚀成凹槽和孔洞，深为 $10 \sim 25cm$。

（2）衬砌化学性腐蚀　衬砌混凝土腐蚀是一个很复杂的过程。综合国内外目前的研究成果，根据主要物质因素和腐蚀破坏机理，分为硫酸盐侵蚀、镁盐侵蚀、溶出性侵蚀（软水侵蚀）、碳酸性侵蚀和一般酸性侵蚀 5 种。

1）硫酸盐侵蚀：主要原因是水中的 SO_4^{2-} 浓度过高。

2）镁盐侵蚀：主要原因是水中含有 $MgSO_4$、$MgCl_2$，镁盐与水泥石中的 $Ca(OH)_2$ 发生反应。

3）溶出性侵蚀（软水侵蚀）：主要原因是水中 HCO_3^- 含量过少，在渗透水的作用下，混凝土中的 $Ca(OH)_2$ 随水陆续流失，使得溶液中的 Ca^{2+} 浓度降低。当 Ca^{2+} 浓度低于 $1.3g/L$ 时，混凝土中的晶体 $Ca(OH)_2$ 将溶入水中流失，C_3S 和 C_3A 中的 Ca^{2+} 也陆续分解溶于水中，使混凝土结构变得松散，强度逐渐降低。

4）碳酸盐侵蚀：主要原因是水中的 CO_2 含量过高，超过了与 $Ca(HCO_3)_2$ 平衡所需的 CO_2 数量。

5）一般酸性侵蚀：主要原因是水中含有大量的 H^+，各种酸与 $Ca(OH)_2$ 作用后，生成相应的钙盐。

2.5.3　地下工程危险辨识举例——地铁工程

1. 地铁工程施工期危险、有害因素

地铁工程施工期危险、有害因素分析见表 2-5。

表 2-5　地铁工程施工期危险、有害因素分析

危险因素	危害后果
1. 土石方工程 ① 乱挖乱填不做支撑防护 ② 乱弃乱排 ③ 洞内施工围岩突变、崩塌、异常涌水	1. 边坡坍塌造成人身伤亡、机具掩埋事故；填方不密实引起下沉失稳、线路破坏、列车颠覆、人身伤亡、设备破坏；明挖回填不紧密，导致地面沉陷、地表侵入，影响地下结构工程受损、渗漏 2. 乱弃土石方造成环境污染，作业场所排水不畅；基坑（槽）泡水致使边坡坍塌；不设沉淀池引起泥浆、砂石漫流，排入市政管道堵塞渠道、污染水质、污染环境 3. 造成作业中断，地面环境恶化，作业人员、机具等伤亡、损毁
2. 建筑工程（含设备安装） ① 机械设备失检、失灵 ② 电气设备过载、漏电 ③ 场地各区不设安全标志或设置不当	1. 导致机具控制失灵、吊件坠落、塔架倒塌等事故，造成机毁人亡 2. 导致设备损坏、起火、触电，造成人身伤亡，以及污染的危害 3. 威胁安全，引起场区内运输通道混乱，导致事故发生
3. 易燃易爆物品储存混装、过量，监守不严引致失落	导致火灾、爆炸，造成违反治安条例及可能造成设备毁坏、人身伤亡

（续）

危险因素	危害后果
4. 没有照明、排水设施，矿山区间隧道通风不良	导致作业环境差，影响作业人员工作和健康，出现人员缺氧
5. 施工作业带边界不清，无栅栏挡板、保安灯、闪光灯等	造成车辆乱行、非施工人员进入现场影响施工，现场混乱，遭受破坏
6. 施工机械噪声、振动过大	妨碍对话，影响声音信号联络，从而妨碍作业安全；使作业人员不适，甚至噪声致聋
7. 施工人员携带火种、打火机等可引起火灾的物品进入洞内	引起爆炸，火灾；导致人员缺氧，从而妨碍作业安全
8. 地层含有机质淤泥，或地下水过度抽水等引定有害气体，缺氧	引起爆炸、缺氧，造成人身伤亡
9. 建筑材料含有有毒及放射元素，有害气体挥发	导致人身中毒，有害气体潜伏导致职业病
10. 洞内作业产生粉尘，内燃机排出废气和烟雾	长期吸入引发肺尘埃沉着病、缺氧症

2. 地铁运营期危险、有害因素

（1）地铁供电系统危险、有害因素

1）地铁变电所及配电室危险、有害因素。

① 造成触电的主要因素：变电所及配电室发生触电伤害的概率远远高于其他伤害，这是由作业性质决定的。变电所及配电室引起触电事故的主要原因，除了设备缺陷、设计不周等技术因素外，大部分是由违章作业、违章操作引起的。

② 电气火灾的危险分析：引起电气火灾的原因主要有短路、过载、接触不良、散热不良、照明、电热器具安置或使用不当和灯泡过于靠近易燃物等。

2）地铁牵引供电系统危险有害因素。

牵引供电系统发生故障，将直接影响列车运行，可能出现的情况与列车故障中的列车无法运行状态类似，使列车堵塞在区间或车站之中。地铁牵引供电系统中可能存在的危险包括：人身触电事故、高处坠落危险、真空断路器故障、电流互感器故障、避雷器故障、变压器故障。

3）地铁杂散电流的危险、有害因素。

在地铁线路中只要地下的金属管线流过杂散电流，在电流流过的地方，就会造成腐蚀，这就会给地铁以外的金属管道、金属结构造成电蚀危害。

（2）地铁车辆系统危险、有害因素　地铁车辆在运营时可能存在的危险有害因素有：列车失控，轨道损伤或断裂，列车脱轨，由于地铁车门的安全标志不清造成的机械伤人，由于地铁列车内的座椅等材料的选择不当发生火灾，地铁列车在运行过程中产生的噪声和地铁列车内的高压电气设备的安全防护措施不当可能引起人员伤亡。

（3）地铁通风、排烟系统危险有害因素　地铁由于通风系统故障可能引起的危险有：①若隧道的通风量过小，则无法避免热量的积累，这是造成地铁通风情况逐年恶化的根本原因；②在通风系统管理上的缺陷，会妨碍通风系统的正常工作。例如，有的风亭用作仓库或风亭进出口外侧加盖商店及自行车管理室，把原可作为风道的行人出入口长期封闭起来。

（4）地铁给水排水系统危险、有害因素　地铁工程的给水排水系统在施工及运行期间可能存在的危险有害因素：

1）地铁中的排水系统设置不完善，污水乱排以及污水、垃圾排入地铁隧道等会影响地铁内环境卫生。

2）给水排水管道的防腐、绝缘效果不佳，发生渗漏现象等。

3）隧道内排水系统不完善，隧道防水设计等级过低，导致涝灾或地表水侵入。

4）地面车站的地坪高度低于洪水设防要求。

5）地铁给水排水管道及设备有被杂散电流腐蚀的危险。

6）由于设计、施工、材料等方面的原因，混凝土结构本身往往会产生各种裂缝或因密实度不够而导致地下水漏入或渗入。

（5）地铁通信、信号系统危险、有害因素　地铁通信应适应地铁运输效率，保证行车安全，提高现代化管理水平和传递语音、数据、图像和文字等各种信息的需要，做到系统可靠、功能合理、设备成熟、技术先进、经济实用。若通信系统的电源发生故障或通信设备本身发生故障等问题时，就不能保证各种行车信息及控制信息不间断地可靠传输，从而引发事故。

地铁信号系统应由行车指挥和列车运行控制设备组成，并应设必要的故障监测和报警设备。地铁信号系统的不完善或地铁信号系统设备故障，就不能保证列车和乘客的安全，从而引发重大事故。

（6）公用工程及辅助设施危险、有害因素

1）地铁站台、站厅设施可能存在的危险有害因素有以下几点：①车站地面材料不防滑或防滑效果不明显；②车站内列车运行噪声、站内广播音量超标等噪声危害；③地下车站站厅乘客疏散区、站台及疏散通道内及与地铁相连开发的地下商业等公共场所存在发生火灾的危险，且可能发生连锁火灾；④地下车站站厅乘客疏散区、站台及疏散通道内有妨碍疏散的设施或堆放物品，不利于事故救援，造成人员拥挤；⑤车站内的建筑装修材料选用不当，会发生火灾，且产生有毒烟气；⑥人为因素、意外明火引起火灾事故；⑦地下车站安全出口的设置不当，会造成人员拥挤，引发意外事故；⑧地下车站出入口的地面标高低于室外地面时，可能会使地铁积水；⑨台风对部分城市地铁工程中的高架桥构成一定的破坏性。

2）地铁在运营过程中的屏蔽门可能存在的危险有害因素：①若地铁车门的安全标志不清，易造成机械伤人事故，同时在事故发生后，不利于事故救援、人员疏散；②若地铁采用三轨受电方式，站台仍存在电位层，站台边 2m 宽度范围内需做绝缘层。屏蔽门（安全门）与轨道连接，使屏蔽门（安全门）与轨道等电位。因此在地铁屏蔽门处由于绝缘和接地的问题，可能发生人员触电事故。

（7）地铁运营相关危险化学品危险因素

1）携带违禁危化品：部分乘客无视地铁运营安全管理的要求，擅自携带易燃、易爆、有毒危险物品乘车，给地铁和广大乘客的安全造成了潜在危害。乘坐地铁携带化学危险品常遇到以下一些情况：①无视警告，心存侥幸；②外来人员携带危险品多；③早晚运行时间是管理的薄弱环节。

2）人为故意破坏：由于地铁的客流量大，空间封闭，疏散困难，少数恐怖分子或对社会不满的人，为造成轰动的效应，有时选择在地铁内进行人为破坏。

（8）地铁相关自然灾害危险性分析　地铁在施工及运营期间可能发生台风、洪涝水淹、地震等自然灾害，这些灾害不但对地铁项目造成影响，而且会引发次生灾害，造成更大的危险。

2.6 化工行业生产系统危险辨识

在化工企业管理中，危险辨识主要是识别导致事故发生的危险物质、危险能量以及不符合操作标准的行为。危险辨识对化工企业工作人员能够起到很好的安全保障作用。

2.6.1 化工行业生产过程的安全特点

（1）个体的不安全因素　从本质上来说，个体是化工生产过程中的执行者，制定安全管理体制，设立安全规范条例，在实际生产中起到了导向的作用。对于具体问题，要根据实际情况尽快更正，但是在个体操作的过程中也难免发生失误，要准备好后补方案，加强对工作人员的定期培训，尽可能避免危险事件的发生。

（2）材料的危险性　化工材料的危险系数极高，例如，氯酸钾、重铬酸铵、久置的钠和钾、硝酸铵都属于易爆物质；易燃的气体和液体为 H_2、CO、CH_4、水煤气、乙醇、汽油等；常见的自燃物品有白磷、硝化棉、钙粉、硅化镁等。还有许多分类，如氧化剂、剧毒品、遇湿易燃物品、三级放射性物品、腐蚀品等。对这些危险品来说，不仅要考虑单个物质自身的性质，还要考虑物质之间会不会发生化学反应。

（3）化工生产工艺的复杂性　生产设备的高温、高压属性使得化工生产的危险程度比较高。当生产方案出现改动之后随之而来的就是机器的重新配置与设定。和其他行业相比，化工行业生产的专业属性更为明显，所以从事此项工作的人员要有着丰富的知识储备量和较高的从业能力。

2.6.2　化工行业危险辨识

化工行业的危险辨识主要分为化工材料、生产设备、化工管道和生产工艺四个方面。

1. 化工材料

在化工工艺设计过程中，工作人员会接触到各种各样的化学原料，其中不乏氯乙烯等易燃易爆材料和甲醇、硫酸等具有毒性、腐蚀性的材料。为了保证人员自身安全以及化工工艺设计工作的顺利进行，应加强对各类化工原料物理性质和化学性质的掌握，了解不同材料的避光、冷藏等保存方法，并进行数据的统一记录和保存，从而规避化工工作中的风险，实现对化工材料危险性的辨识。《危险化学品重大危险源辨识》（GB 18218—2018）将危险源分为：爆炸品、易燃气体、毒性气体、易燃液体、易于自燃的物质、遇水放出易燃气体的物质、氧化性物质有机过氧化物和毒性物质（国标分类法）。以危险性很高的炼化企业为例，这类企业生产所需原材料中主要危险物质见表 2-6。

表 2-6　炼化企业生产所需原材料中主要危险物质

序号	名称	序号	名称	序号	名称
1	氯	11	二氧化碳	21	三氯化磷
2	氨	12	一氧化碳	22	硝基苯
3	液化石油气	13	甲醇	23	苯乙烯
4	硫化氢	14	丙烯腈	24	一氯甲烷
5	甲烷、天然气	15	环氧乙炔	25	1，3-丁二烯
6	原油	16	乙炔	26	硫酸二甲酯
7	汽油	17	氟化氢	27	氰化钠
8	氢气	18	氯乙烯	28	丙烯
9	苯	19	甲苯	29	苯胺
10	碳酰氯	20	氰化氢	30	甲醚

2. 生产设备

作为原料进行化学反应的主要场所，化工生产设备的危险系数在整个化工工艺设计工作中是最高的。对化工生产设备的危险辨识，应将重点放在认知化学工艺的原理、熟练设备的操作方法上，工作人员一旦操作疏忽或缺乏相应的认知水平，使得化学反应压力超过了设备承载力的阈值，即会发生容器开裂甚至爆炸，同时化学物质外泄，造成一系列的生产安全事故。

化工半成品、成品，或者是原材料都需要予以储存，做好储存工作，可避免发生某些不必要的危险，以降低危险发生概率，提高化工工艺过程的安全性与可靠性。反之，若一旦储存方式出现偏差或是错误，使得化工工艺过程的安全性未能得到保障，就很容易造成危险事故，如泄漏与火灾等。此外，对于化学反应来说，通常都是在某种装置内实施的，反应装置应与材料实际特性相吻合，这样才能确保生产装置符合相关技术标准，若反应装置出现问题，也很容易引发生产安全事故，所以应予以重视。

3. 化工管道

在化工生产中，气态、液态的化工材料需要经由管道进行运输，由于化学材料的性质具有危险性和不稳定性，输送过程中会对管道造成腐蚀，或者产生压力和静电。如果管道的材质未达到防腐要求，或管道类型不能满足压缩气体材料和静电材料的运输工作要求，渐渐就会出现管道跑气、泄漏、液体喷溅甚至超压爆炸等情况。所以，要明确了解输送材料和管道材质的具体数据，以防止管道事故的发生。进行管道标识时，要根据管道介质进行详细的分析，标识中的运输元素应使用专用的运输管道。在运输管道外部贴上标志，加强运输管道的使用安全，规定管道标识字体尺寸和管道流向箭头标识方向，根据现行的国家标准进行管道运输的管理。

4. 生产工艺

化工生产工艺有着很强的复杂性，对生产工艺过程来说，所涉及的危险化学品也很多，稍有不慎，就会造成危险的产生。所以，为确保化工生产工艺过程的安全性，应对其危险进行辨识，找寻到危险的根源之处，进而提出合理有效的风险管控措施，抑制危险因素，实现整个化工生产过程的安全性。化工生产的形式多种多样，一种化工产品可有多种工艺制法，一种化学原料经过不同的工艺路线也会形成不同的最终产品。因此，工作人员如果没有深层次地了解各种生产工艺的流程和特性，就无法选择出安全系数最高、制作工艺最合理的工艺路线。同时，工作人员如果没有掌握生产工艺的具体流程，在设计生产中没有严格执行化学材料的配比或未精确把控相关温度、时间，很容易导致爆炸、毒气泄漏等危险的发生。此外，工作人员还要掌握危险事故的控制和解决机制，以保证对事故发生的控制程度，避免事态扩大造成恶劣影响。

化工工艺过程危险具备一定隐蔽性，许多危险因素都难以及时、准确地被发现。这些危险因素所具备的隐蔽性为化工工艺过程危险辨识工作带来不小的难度。在化工工艺过程危险辨识中，还应对管道输送所存在的危险因素予以考虑，尤其对于易燃物料的输送来说，则更应加以关注。因此，在输送过程中，应对管道实际状况及性能予以考虑，保障其具备较强的防爆、防腐蚀性能，最大限度上避免有害物质出现渗漏；除此之外，还应重视管道拐角处与连接之处的情况，这两个位置极易出现渗漏问题。所以，应多加关注管道的综合状况，进而对管道输送过程中的安全性予以保证。

习　　题

（1）叙述危险、有害因素的定义及区别。

（2）如何理解危险、有害因素与事故的关系？

（3）危险辨识的方法有哪些？

（4）简述危险辨识时应注意的问题。

（5）安全评价单元划分的原则是什么？

（6）试列举矿山生产系统中危险、有害因素的种类。

（7）试对地铁工程进行危险辨识。

第3章

常用定性安全评价方法

定性安全评价方法主要是根据经验和直观判断能力对生产系统的工艺、设备、设施、环境、人员和管理等方面的状况进行定性的分析，安全评价的结果是一些定性的指标，如是否达到了某项安全指标、事故类别和导致事故发生的因素等。属于定性安全评价方法的有安全检查方法、安全检查表法、预先危险性分析法、危险与可操作性研究分析法、故障假设分析法、故障类型和影响分析法、作业条件危险性评价法（格雷厄姆-金尼法或LEC法）等。

定性安全评价方法的特点是容易理解、便于掌握、评价过程简单。目前定性安全评价方法在国内外企业安全管理工作中被广泛使用。但定性安全评价方法往往依靠经验，带有一定的局限性，安全评价结果有时因参加评价人员的经验和经历等有相当的差异，同时由于安全评价结果不能给出量化的危险度，所以不同类型对象的安全评价结果缺乏可比性。

3.1 安全检查方法

安全检查方法可以说是第一个安全评价方法，它有时也称为工艺安全审查或设计审查、损失预防审查。它可以用于建设项目的任何阶段。对现有装置（在役装置）进行评价时，传统的安全检查主要包括巡视检查、正规日常检查或安全检查。如果工艺尚处于设计阶段，设计项目小组可以对一套设计图进行审查。

安全检查是对工程、系统的设计、装置条件、实际操作、维修等进行详细检查以识别所存在危险性。

安全检查的目的如下：

1) 使操作人员保持对工艺危险的警觉性。

2) 对需要修订的操作规程进行审查。

3) 对那些设备和工艺变化可能带来的任何危险性进行识别。

4) 评价安全系统和控制的设计依据。

5) 对现有危险性的新技术应用进行审查。

6）审查维护和安全检查是否充分。

3.1.1 安全检查所需资料

进行安全检查时需要以下资料：

1）相关的法规和标准。

2）以前的类似的安全分析报告。

3）详细工艺和装置说明，带控制点的工艺流程图（P&IDS）和工艺流程图（PID）。

4）开、停车及操作、维修、应急规程。

5）事故报告和未遂事故报告。

6）以往工艺维修记录（例如，关键装置检查、安全阀检验、压力容器检测等）。

7）工艺物料性质、毒性及反应活性等资料。

进行安全检查的评价人员必须熟知安全标准和规程，还要具备电气、建筑、压力容器、工艺物料及其化学性质和其他重要特定方面的专业经验。

3.1.2 安全检查方法的步骤

安全检查包括三个部分：检查的准备、实施检查、汇总结果。

1. 检查的准备

安全检查首先确定所要检查的系统及将要参加的评价人员。安全检查组的组成应包括工艺技术人员和操作人员，使工艺区和各项操作都能得到检查。检查小组的人员应来自不同的部门，这有利于促进理解和交流。在准备检查的会议上，应完成下列工作：

1）收集装置的详细说明材料（如平面布置图、带控制点工艺流程图）和规程（操作、维修、应急处理和响应规程）。

2）查阅已知的危害和检查组成员的工艺操作经历。

3）收集所有的现行的规范、标准和公司规章制度。

4）排出与工艺安全操作有关的人员会谈计划。

5）查询现有的操作人员伤亡报告、事故/意外报告、设备装置验收材料、安全阀试验报告、安全/卫生健康监护报告等。

6）安排一次和工厂管理人员或有关管理人员的专访。

2. 实施检查

对于室外部分的检查，应在检查之前列出计划，以便在天气变化时重新排定检查。

如果对现有装置进行检查，检查表按设备的排列顺序依次进行，逐项进行具体的检查。检查小组应仔细查阅现有装置图、操作规程、维修和应急预案等资料，向操作人员了解情况并进行讨论。大多数事故的发生是由生产过程中操作人员违章造成的，因此必须了解操作人员是否遵守制定的工艺操作规程。

检查还应包括检修活动的安排，例如，日常的设备检修（动火证、容器进入许可证、动力电气设备的锁定或检验），观察了解操作人员对操作规程的熟悉程度和遵守情况，可以发现事故的隐患。

检查过程中可以组织模拟演练，在演练中要求所有人员实时操作，并把处理险情的程序记录下来，作为现场检查的收获。同时，检查小组可以与操作人员一起讨论如何完善有关的应急处理规程。

设备检查主要靠目视或用仪器诊断评价，同时对设备记录情况进行检查。危险性较高的设备都应有记录。

在安全检查过程中，要重点检查关键设备和安全联锁装置，定期检验自动控制或应急停车系统，以检查是否按要求执行控制。方便时，在计划装置停车时安排一部分安全检查工作，可以帮助检查人员确定在正常操作条件下，检验现有关联装置的性能。不方便时，检查人员只能依靠各自的功能检查部件实施检查。另外，旁路的安全操作控制也是重要的检查项目。

应对消防和安全设施进行检查，以便保证这些设施处于正常状态。操作人员经培训应能正确使用这些设施。消防设施的能力也应包括在此项检查之中，例如，消防水枪能否喷射至建筑物顶层；若有喷淋设施、干粉、灭火泡沫压缩系统，是否对它们进行定期检验；应急用空气呼吸装备的正确佩戴和使用能否经常演练；是否对应急方案的完善性进行检查，对方案进行演练。

3. 汇总结果

完成检查后，写出包含具体建议措施的检查报告。在报告中，检查小组通常列出建议措施的正当理由，小组将对设备装置或系统的检查情况汇总，列出建议措施与对策。

3.1.3 安全检查方法的特点与适应性

安全检查对潜在危险问题和采取的建议措施进行了定性描述，检查的结果内容中一般包括：

1）偏离设计的工艺条件所引起的安全问题。

2）偏离规定的操作规程所引起的安全问题。

3）新发现的安全问题。

安全检查方法的目的是辨识可能导致事故、引起伤害、引起重要财产损失或对公共环境产生重大影响的装置条件或操作规程。一般安全检查人员主要包括与装置有关的人员，即操作人员、维修人员、工程师、管理人员、安全员等，具体视工厂的组织情况而定。

安全检查目的是提高整体的安全操作度，而不是干扰正常操作或对发现的问题进行处罚。完成安全检查后，评价人员应对亟待改进的地方提出具体的措施、建议。安全检查方法常用于工艺的预开车的安全审查。

3.1.4　安全检查方法应用示例

【示例】　安全检查方法在生产 APD 工艺的应用

图 3-1 为生产磷酸氢二铵（APD）工艺流程图。磷酸溶液和液氨通过流量控制阀 A 和 B 加入搅拌釜中，氨和磷酸反应生成磷酸氢二铵。APD 从反应釜中通过底阀 C 放入一个敞口的磷酸氢二铵储罐内。储罐上有放料阀 D，将反应器出料放入单元之外。

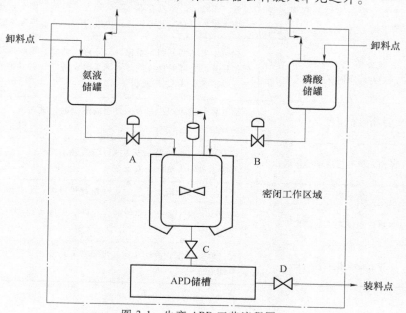

图 3-1　生产 APD 工艺流程图

如果向反应釜投入过量磷酸（与氨投料速度比较而言），则不合格产品会增加，但反应本身是安全的；如果，氨和磷酸投料流速同时增加，则反应热解释放速度加快，按照设计，反应釜就有可能承受不住随之增高的温度和压力；如果向反应釜中投入过量液氨（与磷酸投料速度比较而言），未反应的氨就会被带入 APD 储槽，随后，氨可能会释放到作业场区，引起人员中毒。因此，在作业场区应适当装设氨检测设备和报警器。

参照工艺流程图和操作规程，设计安全检查的项目及内容见表 3-1。

表 3-1　生产 APD 工艺的安全检查

检查项目	检查内容	检查结果
物质	所有原材料是否始终符合原规定的规范要求	否，氨溶液中的氨浓度已增加，不需要频繁采购，去反应釜的流量已适应更高的氨溶液浓度
	物料的每个单据是否都核算	是，在此之前，原材料供应商提供的货源一直很可靠，在卸料前，罐车的标志已检查过，但是没有对物料取样或分析物料的浓度
	操作人员是否使用物料安全数据卡（MSDS）	是，在操作现场和安全办公室每天 24h 放置，随时可用
	灭火器及安全器材是否放置正确，维护得当	否，灭火器和安全器材放置没有变化，但是工艺单元增设了内部墙，因为新墙的原因，工艺单元内有些地方无法放置灭火器，保持现有装置处于良好状态，定期进行检测和测验

（续）

检查项目	检查内容	检查结果
设备	是否所有的设备按检查表项目进行了检查	是，维修小组按照工厂检查表标准对工艺单元区域的设备进行了检查。但是，据故障树数据和维修部门反映，酸处理设备的检查可能太频繁
	安全阀是否按规定制度进行了检查	是，检查规定已经得到遵守
	是否对安全系统和联锁装置定期进行了测试	是，与检查规范没有不一致的地方。但是，安全系统和联锁的维修和检查工作是在工艺操作过程中进行的，这不符合规定
	维修保养材料（如用零部件）是否能及时保证	能。本着节约原则，维持着低库存。然而，预防性维护保养材料和低值易耗品是随时保证的。除了重大设备以外的其他所有设备都可由当地供应商在 4h 之内提供
规程	是否有操作规程	有。现行操作规程是 6 个月之前制定的，某些地方做了一些微小的变动
	操作人员是否遵守操作规程	否，最近改动的操作步骤执行较缓慢。操作人员认为变动个别条款没有考虑操作人员的个人安全
	新工人是否进行正规培训	是，有详细的培训计划、定期检查和测试，所有新工人都接受培训
	交接班交流联系的情况	有 39min 操作者交换班时间，允许下一班从前一班处了解到目前工艺情况
	是否有安全作业许可证	有，但有些作业活动并不一定要求工艺停止运行（如测试或维修安全系统部件）

3.2 安全检查表法

为了查找工程、系统中各种设备设施、物料、工件、操作、管理和组织措施中的危险、有害因素，事先把检查对象加以分解，将大系统分割成若干小的子系统，以提问或打分的形式，将检查项目列表逐项检查，避免遗漏，这种表称为安全检查表。安全检查表实际上是在进行安全检查时所做的项目清单和备忘录。

安全检查表法目的是分析利用检查条款按照相关的标准、规范等对已知的危险类别、设计缺陷以及与一般工艺设备、操作、管理有关的潜在危险性和有害性进行判别检查。

3.2.1 安全检查表的编制步骤及所需资料

1. 编制安全检查表所需要的资料

1）有关标准、规程、规范及规定。

2）国内外事故案例。

3）系统安全分析事例。

4）研究的成果等有关资料。

5）本单位的工作经验，即本单位长期从事相关生产所形成的安全管理经验和生产管理经验，以及基于实际情况所做出的对事故预防有效的安全技术措施。

2. 安全检查表的编制步骤

（1）熟悉系统　熟悉系统的结构、功能、工艺设备、操作要求、管理方式、已实施的安全措施等。

（2）收集资料　收集所需相关的标准、规程、规范和案例等，以此作为编制安全检查表的依据。

（3）划分单元　根据功能或结构将系统划分为子系统或单元，随后逐个分析各子系统或单元的危险、有害因素。

（4）编制安全检查表　针对分析出的危险、有害因素，依据相关的标准规程和事故案例来确定安全检查表的检查要点、内容和为达到安全指标所采取的措施。

安全检查表编制程序图如图 3-2 所示。

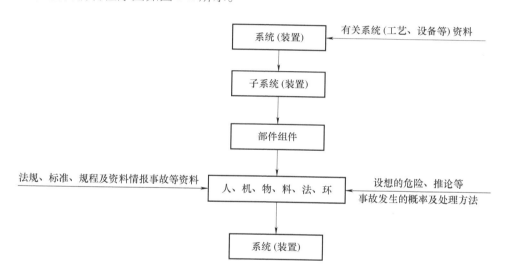

图 3-2　安全检查表编制程序图

3.2.2　安全检查表的种类

安全检查表的类型可以根据其使用周期、使用范围等划分。根据使用周期的不同，安全检查表可以划分为不定期安全检查表和定期安全检查表。根据使用范围的不同，安全检查表可以划分为以下五种：

（1）设计审查用安全检查表　设计审查用安全检查表主要供设计人员在设计工作中应用，同时供安全人员进行设计审查时应用。

（2）厂（矿）级安全检查表　厂（矿）级安全检查表既可供全厂（矿）性安全检查时应用，又可供安监部门日常巡回检查时应用，还可供上级有关部门巡回检查应用。

（3）车间（工区）用安全检查表　车间（工区）用安全检查表供各车间（工区）定期

安全检查或预防性安全检查工作中应用。该表的内容应涵盖本车间（工区）防止事故发生的各有关方面，主要集中在防止人身及机械设备的事故方面。

（4）班组及岗位用安全检查表　班组及岗位用安全检查表可供班组、岗位（一般一个班组从事同一岗位）进行自查、互查或安全教育用。该表的内容主要集中在防止人身事故及误操作引起的事故方面，应根据所在岗位的工艺与设备的防灾控制要点来确定，要求内容具体，易于检查。

（5）专业性安全检查表　专业性安全检查表主要用于专业性的安全检查或特种设备的安全检查。例如，煤矿企业可编制用于对采矿、掘进、运输等系统进行检查或对主提升机、主排水泵等重要设备进行检查用的专业性安全检查表；化工企业可编制用于对火灾、爆炸、有毒气体泄漏事故等进行检查的专业性安全检查表。专业性安全检查表应突出重点，不必面面俱到，具有专业性强、技术要求高的特点。

3.2.3　安全检查表的内容和格式

1. 安全检查表的基本内容

最简单的安全检查表包含4个栏目：

1）序号。

2）检查项目。

3）检查结果（提问型检查表包含"是""否"栏）。

4）备注（写明要求，措施或注意事项等）。

为了增强检查效果，还可以继续增设栏目，将安全检查表进一步细化。如将各项规章、制度、规定列出；增加被检查者应改进的行为和应做的措施；增加检查者及检查时间，以便分清责任；还可对各个检查项目的轻重程度进行标记，或者对各项目的危险程度进行量化打分等。

2. 安全检查表的格式

为了编制一张标准的检查表，评价人员应确定检查表的标准设计或操作规范，然后依据缺陷和不同差别来编制一系列检查表。

根据具体情况的不同，安全检查表可以简单地分为检查结果的定性化检查表、半定量化检查表，或定量化检查表（但要注意，安全检查表只能做定性分析，不能定量，也就是说它不能提供危险度的分级）。

（1）定性化检查表　安全检查表应列举需查明的所有导致事故的不安全因素，通常采用提问方式，并以"是"或"否"来回答，"是"表示符合要求；"否"表示还存在问题，有待于进一步改进。回答"是"的符号为"√"，表示否的符号为"×"。在每个提问后面也可以设有改进措施栏，每个检查表均需要注明检查时间、检查者、直接责任人，以便分清责任。

为了使提出的问题有所依据，可以收集有关此项问题的规章制度、规范标准，在有关条款后面注明名称和引用标准规范所在章节（表3-2）。

表 3-2　提问型安全检查表

序号	检查项目和内容	检查结果		标准依据	备注
		是	否		

（2）半定量化检查表　半定量化检查表采用检查表判分分级系统，该检查表的判分系统采用的是三级判分系列：0—1—2—3，0—1—3—5，0—1—5—7，其中，评判"0"的为不能接受的条款，低于标准较多的判分为"1"；稍低于标准的条件判分为略低于最大值的分数；符合标准条件的判分为最大的分数（见表3-3）。

判给分数是一种以检查人员的知识和经验为基础的判断意见，检查表中分成不同的检查单元进行检查。为了得到更为有效的检查结果，用所得总分数除以各类别的最大总分数，以便衡量各单元的安全程度。

用总的判分除以所检查种类的数目，表示所检查的有效项目的平均百分数。

表 3-3　半定量化检查表

序号	检查项目和内容	检查结果		备注
		可判分数	判给分数	
	检查条款	0—1—2—3（低度危险） 0—1—3—5（中度危险） 0—1—5—7（高度危险）		
		总的满分	总的判分	
		百分比=总分数/各类别的最大总分数=判分/满分		

注：选取 0—1—2—3 时，条款属于低危险程度，对条款的要求为"允许稍有选择，在条件许可的条件下首先应该这样做"；选取 0—1—3—5 时，条款属于中等危险程度，对条款的要求为"严格，在正常的情况下均应这样做"；选取 0—1—5—7 时，条款属于高危险程度，对于条款的要求为"很严格，非这样做不可"。

（3）定量化检查表　根据安全检查表检查结果及各分系统或子系统的权重系数，按照检查表的计算方法，首先计算出各子系统或分系统的评价分数值，再计算出各评价系统的评价得分，最后计算出评价系统（装置）的评价得分，确定系统（装置）的安全评价等级。

1）划分系统。

① 以装置作为总系统，例如将评价系统划分为生产运行、储存运输、公用动力、生产辅助、厂区与作业环境、职业卫生、检测和综合安全管理等若干个系统，其中，综合安全管理系统对其余 7 个系统起制约和控制作用。

② 每个系统又依次分为若干分系统和子系统，对最后一层各子系统（或分系统）根据不同的评价对象制定出相应的安全检查表。

2）评分方法。

① 采用安全检查表赋值法，按检查内容和要求逐项赋值，每一张检查表的总分以100分计。

② 不同层次的系统、分系统、子系统给予权重系数，同一层次各系统权重系数之和等于1。

③ 评价时从安全检查表开始，按实际得分逐层向前推算，根据子系统的分数值和权重系数计算上一层分系统的分数值，最后得到系统的评价得分。系统满分应为100分。

3）安全检查表检查的实施办法。每张检查表归纳了子系统（或分系统）内应检查的内容和要求，并制定评分标准和应得分。

依照制定的安全检查表中各项检查的内容及要求，采取现场检查或查资料、记录、档案或抽考有关人员等方法，对评价对象进行检查。对不符合要求的项目，根据"评分标准"给予扣分，扣完为止，不计负分。

根据检查表检查的实得分，按系统划分图逐层向前推算，计算出评价系统的最终得分，并根据分数值划分安全等级，最后，汇总安全检查中发现的隐患，提出相应的整改措施。

4）安全评价结果计算方法。

① 系统或分系统评价分数值计算。

$$M_i = \sum_{j=1}^{n} k_{ij} m_{ij} \tag{3-1}$$

式中　M_i——分系统或子系统分数值；

　　k_{ij}——分系统或子系统的权重系数；

　　m_{ij}——分系统或子系统的评价分数值；

　　n——分系统或子系统的数目。

② 缺项计算。

用检查表检查如出现缺项的情况，检查结果由实得分与应得分之比乘以100得到，即：

$$m_i = \frac{\sum_{j=1}^{n} k_{ij} m_{ij}}{\sum_{j=1}^{n} k_{ij}} \times 100 \tag{3-2}$$

式中　m_i——安全检查表评价得分；

　　m_{ij}——安全检查表实得分；

　　k_{ij}——安全检查表除去缺项应得分。

③ 装置最终评价结果计算。

$$A = \frac{g}{100} \sum_{i=1}^{7} K_i M_i \tag{3-3}$$

式中　A——装置最终评价分数值；

g——综合安全管理分系统分数值；

K_i——各系统权重系数；

M_i——各系统评价分数值。

装置评价满分应为 100 分。

5）系统（装置）安全等级划分。根据评价系统最终的评价分数值，按表 3-4 确定系统（装置）的安全等级。

表 3-4　系统（装置）安全等级划分

安全等级	系统安全评价分值范围
特级安全级	$A \geqslant 95$
安全级	$80 \leqslant A < 95$
临界安全级	$50 \leqslant A < 80$
危险级	$A < 50$

3.2.4　安全检查表方法特点和适应性

安全检查表的优点如下：

1）能根据预定的目的要求进行检查，突出重点、避免遗漏，便于发现和查明各种危险及隐患，克服盲目性，提高安全质量。

2）可针对不同行业编制各种安全检查表，使安全检查和事故分析标准化、规范化。

3）可作为安全检查人员履行职责的凭据，有利于落实安全生产责任制，有利于安全人员提高现场安全检查水平。

4）安全检查表关系到每位工人的切身利益，它能将安全工作推向群众，做到人人关系安全生产、个个参加安全管理，达到"群查群治"的目的。

5）安全检查表采用问答的方式，可以使人印象深刻，起到安全教育的作用。

安全检查表的缺点如下：

1）不能进行定量评价。

2）安全检查表的质量受编制人员的知识水平和经验影响较大。

安全检查表分析可适用于工程、系统的各个阶段。安全检查表可以评价物质、设备和工艺，常用于专门设计的评价，检查表法也能用在新工艺（装置）的早期开发阶段，判定和估测危险，还可以对已经运行多年的在役（装置）的危险进行检查（安全检查表常用于安全验收评价、安全现状评价、专项安全评价，而很少推荐用于安全预评价）。

3.2.5　检查表类风险评估方法

在进行安全评价时，除了直接使用安全检查表进行分析，还有很多方法是结合了检查表的形式在各领域进行评价和风险评估。

1. 检查表法

检查表法是根据安全检查表，将检查对象按照一定标准评分，对于重要的项目确定较高的分值，对于次要的项目确定较低的分值，总计100分。根据每个检查对象的实际情况来打分，只有当检查对象满足条件时，才能得到这一项目的满分。当条件不满足时，只能根据标准得到较低的分数。所有项目分数的总和不超过100分，根据得分情况，来评价风险的程度和等级。检查表法是一个危险、风险或控制故障清单，而这些清单通常是根据经验进行编制的。

采用检查表法制作的检查表最终由使用人员或团队综合给出逐项的检查结论，检查表示例见表3-5。

表 3-5　检查表示例

序号	项目或活动	检查项目	判断	检查结论	参考文件
		与分包方签订的合同是否公正			
	分包方管理	分包方的信誉是否良好			
		分包方是否有可能倒闭			

2. 列表检查法

将企业可能面临的风险及潜在损失分类，并按照一定的顺序分类排列，就可以得到风险识别用表，再对其进行逐项检查，避免遗漏风险。表3-6是一个潜在损失表示例。

表 3-6　潜在损失表示例

	无法控制和无法预测的损失	
直接损失风险	可控制和可预测的损失	
	与财务有关的主要损失	
间接损失或因果损失		
责任损失		

3. 优良可劣评价法

优良可劣评价法是从企业特点出发，根据企业以往的风险管理经验列出检查项目，并将每个检查项目分为"优""良""可""劣"四个等级进行安全评价工作。当被检查单位的评价结果为"可"或"劣"时，就需要采取有效的措施加以控制。优良可劣评价法检查表格式见表3-7。

表 3-7　优良可劣评价法检查表格式

序号	评价项目	劣	可	良	优	评价结果

3.2.6　安全检查表法示例

本节以加油站安全检查表（表3-8）为例进行介绍。

表 3-8 加油站安全检查表

项目		项目检查内容	类别	事实记录	结论
安全管理	1. 加油站的管理制度	有健全的安全管理制度，包括各类人员的安全责任制、教育培训，防火、动火、检修、检查、设备安全管理制度，岗位操作规程等	A	0—1—5—7	
	2. 从业人员资格	（1）单位主要负责人和安全管理人员经县级以上地方人民政府安全生产监督管理部门的考核合格，取得上岗资格	A	0—1—5—7	
		（2）其他从业人员经本单位专业培训或委托专业培训，并经考核合格，取得上岗资格	B	0—1—3—5	
		（3）特种作业人员经有关监督管理部门考核合格，取得上岗资格	A	0—1—5—7	
	3. 安全管理组织	有安全管理组织，配备专职（兼职）安全管理人员	A	0—1—5—7	
	4. 基础资料	有设计、施工、验收文件资料	B	0—1—3—5	
	5. 应急救援预案	建立事故应急救援预案，基本的内容包括： （1）事故类型、原因及防范措施 （2）可能事故的危险、危害程度（范围）的预测 （3）应急救援的组织和职责 （4）事故应急处理原则及程序 （5）报警与报告 （6）现场抢险 （7）培训和演练	B	0—1—3—5	
经营和储存场所	1. 在城市建成区内不应建一级加油站		A	0—1—5—7	
	2. 加油站内的站房及其他附属建筑物的耐火等级不应低于二级，建筑物经消防部门验收合格		A	0—1—5—7	
	3. 加油站的油罐、加油机和通气管口与站外建构筑物的防火距离，不应小于《汽车加油加气加氢站技术标准》（GB 50156—2021）中的规定		B	0—1—3—5	
	4. 加油站的工艺设施与站外建（构）筑物之间的距离≤25m 以及小于等于 GB 50156—2021 中规定的防火距离的 1.5 倍时，相邻一侧应设置高度不低于 2.2m 的非燃烧实体围墙		B	0—1—3—5	
	5. 加油站的工艺设施与站外建（构）筑物之间的距离大于 GB 50156—2021 中规定的防火距离的 1.5 倍且大于 25m 时，相邻一侧应设置隔离墙，隔离墙可为非实体围墙		B	0—1—3—5	
	6. 加油站内设施之间的防火距离，不应小于 GB 50156—2021 中的相关规定		B	0—1—3—5	
	7. 车辆入口与出口应分开设置		B	0—1—3—5	
	8. 站内单车道宽度不应小于 4m，双车道宽度不应小于 6m，站内道路转弯半径不宜小于 9m，道路的坡度不得大于 8%		B	0—1—3—5	
	9. 站内停车场和道路路面不应采用沥青路面		B	0—1—3—5	
	10. 站内不得种植油性植物		B	0—1—3—5	
	11. 加油场地及加油岛设置的罩棚，有效高度不应小于 4.5m，应采用非燃烧体建造		B	0—1—3—5	
	12. 加油站内的采暖通风设施应符合 GB 50156—2021 中的要求		B	0—1—3—5	

（续）

项目		项目检查内容	类别	事实记录	结论
经营储存条件	1. 储油罐	（1）加油站的汽油罐和柴油罐，严禁设在室内或地下室内	A	0—1—5—7	
		（2）油罐的各结合管应设在油罐的顶部	B	0—1—3—5	
		（3）汽油罐与柴油罐的通气管应分开设置，管口应高出地面4m及以上；沿建筑物的墙（柱）向上敷设的通气管口，应高出建筑物顶1.5m及以上，其与门窗的距离不应小于4m，通气管公称直径不应小于50mm，并安装阻火器。通气管管口距离围墙不应小于3m（采用油气回收系统时不应小于2m）	B	0—1—3—5	
		（4）油罐的量油孔应设带锁的量油帽、铜或铝等有色金属制作的尺槽	B	0—1—3—5	
		（5）油罐的人孔应设操作井	B	0—1—3—5	
		（6）操作孔的上口边缘要高出周围地面20cm，操作孔的盖板及翻起盖的螺杆轴要选用不产生火花材料，或采取其他防止产生火花的措施	B	0—1—3—5	
		（7）顶部覆土厚度应不小于0.5m，周围加填沙子或细土厚度应不少于0.3m	B	0—1—3—5	
		（8）油罐的进油管应向下伸至罐内距箱底0.2m处	B	0—1—3—5	
		（9）罐车卸油必须采用密闭卸油方式	A	0—1—5—7	
	2. 油管线	（1）油管线应埋地敷设，管道不应穿过站房等建（构）筑物；穿过车行道时，应加套管，两端应密封，与管沟、电缆沟、排水沟交叉时，应采取防渗漏措施	B	0—1—3—5	
		（2）管线设计压力应不小于0.6MPa	B	0—1—3—5	
		（3）卸油软管、油气回收软管应采用导电耐油软管，软管公称直径不应小于50mm	B	0—1—3—5	
		（4）采用油气回收系统时，应满足GB 50156—2021中的要求	B	0—1—3—5	
	3. 加油机	（1）加油机不得设在室内	A	0—1—5—7	
		（2）自吸式加油机应按加油品种单独设置进油管	B	0—1—3—5	
		（3）加油机与储油罐及油管线之间应用导线连接起来并接地	B	0—1—3—5	
		（4）加油枪流速应不大于60L/min，加油枪软管应加绕螺旋形金属丝做静电接地	B	0—1—3—5	

（续）

项目		项目检查内容	类别	事实记录	结论
经营储存条件	4. 电气装置	（1）一、二级加油站消防泵房、罩棚、营业室，均应设事故照明	B	0—1—3—5	
		（2）加油站设置的小型内燃发电机组，其内燃机的排烟管口应安装阻火器。排烟管口至各爆炸危险区域边界的水平距离应符合下列规定： ① 排烟口高出地面 4.5m 以下时不应小于 3m ② 排烟口高出地面 4.5m 及以上应大于 5m	B	0—1—3—5	
		（3）电气线路宜采用电线并宜埋设。当采用电缆沟敷设电缆时，电缆沟内必须充沙填实。电缆不得与油品、热力管道敷设在同一沟内	B	0—1—3—5	
		（4）埋地油罐与露出地面的工艺管道相互做电气连接并接地	B	0—1—3—5	
		（5）爆炸危险区域内的电气设备选型、安装、电力线路敷设等，应符合《爆炸危险环境电力装置设计规范》（GB 50058—2014）的规定	A	0—1—5—7	
		（6）加油站内爆炸危险区域以外的站房、罩棚等建筑物内的照明灯具，可选用非防爆型，但罩棚下的灯具应选防护等级不低于 IP44 级的节能型照明灯具	B	0—1—3—5	
		（7）独立的加油站或邻近无高大建（构）筑物的加油站，应设可靠的防雷设施，如站房及罩棚需要防直击雷时，要采用避雷带（网）保护	B	0—1—3—5	
		（8）防雷、防静电装置必须符合 GB 50156—2021 中的要求	B	0—1—3—5	
		（9）防雷、防静电装置应有资质部门出具的检测报告	B	0—1—3—5	
消防设施		1. 固定式消防喷淋冷却水的喷头出口处给水压力不应小于 0.2MPa，移动式消防水枪出口处给水压力不应小于 0.2MPa，并应采用多功能水枪	B	0—1—3—5	
		2. 每 2 台加油机应设置不少于 1 只 5kg 手提式干粉灭火器和 1 只 6L 泡沫灭火器；加油机不足 2 台按 2 台计算	B	0—1—3—5	
		3. 地上储罐应设 35kg 推车式干粉灭火器 2 个，当两种介质储罐之间的距离超过 15m 时应分别设置	B	0—1—3—5	
		4. 地下储罐应设 35kg 推车式干粉灭火器 1 个，当两种介质储罐之间的距离超过 15m 时应分别设置	B	0—1—3—5	
		5. 一、二级加油站应配置灭火毯 5 块，沙子 2m³；三级加油站应配置灭火毯 2 块，沙子 2m³	B	0—1—3—5	

结果分值（%）= 总的分数/总的可能的分数

注：1. 类别栏标注"A"的，属于否决项；类别栏标"B"的，属于非否决项。

2. 根据现场实际确定的检查项目全部合格的，为符合安全要求。

3. 类别 A 中有 1 项不合格，视为不符合安全要求。

4. 类别 B 中有 5 项以上不合格的，视为不符合安全要求，少于 5 项（含 5 项）为基本符合要求。

5. 根据检查的评分和标准符合情况，可以了解加油站的整体安全水平，并且确定整改的标准。

6. 对 A、B 类中的不合格项均应整改，达到要求也视为合格，并修改评价结论。

3.3 | 预先危险性分析法

预先危险性分析（Preliminary Hazard Analysis，PHA），又称为初步危险分析。这种方法是在开发阶段对建设项目中物料、装置、工艺过程以及能量失控时可能出现的危险性、类别、条件及可能造成的后果做宏观的概略分析，是一种定性的，预先对系统内的危险因素进行评价分析的方法。它的目的在于尽量避免使用不安全的技术路线、有害物质以及不安全的工艺设备等。如果必须使用，则需要提前辨识出其中的潜在危险，在工艺技术等方面尽量采取安全防护措施，防止这些危险演变为事故。

预先危险性分析是在展开行动之前进行分析，防止因准备不足而导致不必要的损失。该方法既可以防患于未然，对新系统进行分析评价，又可以为后续进行其他的危险分析奠定基础。

通过预先危险分析，力求达到以下 4 个目的：

1）大体识别与系统有关的主要危险。

2）鉴别产生危险的原因。

3）预测事故出现对人体及系统产生的影响。

4）判定已识别的危险性等级，并提出消除或控制危险性的措施。

3.3.1 预先危险性分析所需资料

使用 PHA 方法，需要分析人员获得装置设计标准、设备说明、材料说明及其他资料；PHA 需要分析、收集与装置或系统相关的资料，以及其他类比装置的资料。危险分析组应尽可能从不同渠道汲取相关经验，包括相似设备的危险性分析、相似设备的操作经验等。

由于 PHA 主要是在项目开展的初期识别危险性，故装置的资料是有限的。然而，为了让PHA 达到预期的目的，分析人员必须至少获取可行性研究报告，必须知道生产过程所包含的主要化学物品、反应、工艺参数，以及主要设备的类型（如容器、反应器、换热器等）。

3.3.2 预先危险性分析的步骤

（1）熟悉系统 通过经验判断、技术诊断或其他方法调查确定危险源（即危险因素存在于哪个子系统中），对所需分析系统的生产目的、物料、装置及设备、工艺过程、操作条件以及周围环境等，进行充分详细的了解。

（2）辨识危险因素 根据过去的经验教训及同类行业生产中发生的事故（或灾害）情况，对系统的影响、损坏程度，类比判断所要分析的系统中可能出现的情况，查找能够造成系统故障、物质损失和人员伤害的危险性，分析事故（或灾害）的可能类型。

（3）确定转化条件 确定形成事故的原因事件，研究危险因素转变为危险状态的触发条件和危险状态转变为事故（或灾害）的必要条件，并进一步寻求对策措施，检验对策措施的有效性。

（4）进行危险性分级　依据危险因素发生事故的可能性和事故发生后的严重程度来进行危险性分级，排列出重点和轻、重、缓、急次序，以便处理。

（5）制定事故（或灾害）的预防性对策措施　依据危险因素的危险等级，设计相应的对策措施。

（6）对以上分析出的危险因素、触发事件、事故原因、危险等级和对策措施等进行汇总，绘制出预先危险性分析表，对该系统进行危险评价。

3.3.3　预先危险性分析的格式

预先危险分析的结果一般采用表格的形式列出。表格的格式和内容可根据实际情况确定。表3-9～表3-11为几种 PHA 表格格式。

PHA 表格中应有以下内容：

1）系统的基本目的、工艺过程、控制条件及环境因素等。

2）整个系统划分的若干子系统（单元）。

3）参照同类产品或类似的事故教训及经验分析查明的单元可能出现的危害。

4）危害的起因。

5）消除或控制危险的对策；在危险不能控制的情况下，最好的损失预防的方法。

表 3-9　PHA 表格格式 1

单元：		编制人员：		日期：
危险	原因	后果	危险等级	改进措施/预防方法

表 3-10　PHA 表格格式 2

地区（单元）： 图号：小组成员：			会议日期：	
危险/意外事故	阶段	原因	危险等级	对策
事故名称	危害发生的阶段，如生产、试验、运输、维修、运行等	产生危害的原因	对人员及设备的危害	消除、减少或控制危害的措施

表 3-11　PHA 表格格式 3

系统：①　子系统：②　状态：③ 编号：　　日期：			预先危险分析表（PHA）				制表者： 制表单位：	
潜在事故	危险因素	触发事件（1）	发生事故的条件	触发事件（2）	事故后果	危险等级	防范措施	备注
④	⑤	⑥	⑦	⑧	⑨	⑩	⑪	⑫

注：①所分析子系统归属的车间或工段的名称；②所分析子系统的名称；③子系统处于何种状态或运行方式；④子系统可能发生的潜在危害；⑤产生潜在危害的原因；⑥导致产生危险因素5的那些不希望事件或错误；⑦使危险因素5发展成为潜在危害的那些不希望发生的错误或事件；⑧导致产生发生事故的条件7的那些不希望发生的事件及错误；⑨事故后果；⑩危害等级；⑪为消除或控制危害可能采取的措施，包括对装置人员、操作程序等几方面的考虑；⑫有关必要的说明。

3.3.4 危险性的辨识及等级划分

1. 危险性的辨识

对系统进行危险性分析，首先要找出系统中的危险因素，危险因素在一定条件下就会转化为事故发生。危险因素在系统内属于潜在因素，所以为了辨识潜在因素，需要丰富的知识和经验，可以从以下几个方面去考虑：

1）从能量的观点去考虑危险因素，能量意外释放理论认为，事故是一种不正常的或不希望的能量释放并转移于人体。对于能量造成的伤害，一类是人体受到超过自身承受能力的各种形式能量作用时受到的伤害，另一类是人体与外界的能量交换受到干扰而发生的伤害。

2）从人的失误方面来考虑，系统成功运行同时受到人的行为和物的状态两者的影响，当人出现失误，对真实情况无法做出适当响应时，事故就有可能会发生。并且，人作为系统的一部分，失误的概率比机器设备失误的概率更高，所以在进行安全分析时，需要充分考虑人失误所造成的危险。

3）从外界因素考虑，系统发生事故除了系统内部的危险因素，还有可能受外部危险因素的影响，如山洪、地震等。

2. 危险等级的划分

在分析系统危险性时，为了衡量危险性的大小及危险因素对系统的破坏程度，将各类危险性划分为 4 个等级，见表 3-12。

表 3-12　危险性等级划分表

级别	危险程度	可能导致的后果
Ⅰ	安全的	不会造成人员伤亡及系统损坏
Ⅱ	临界的	处于事故的边缘状态，暂时不至于造成人员伤亡、系统破坏或降低系统性能，但应予以排除或采取控制措施
Ⅲ	危险的	会造成人员伤亡和系统损坏，要立即采取防范对策措施
Ⅳ	灾难性的	造成人员重大伤亡及系统严重破坏的灾难性事故，必须予以果断排除并进行重点防范

3.3.5 预先危险性分析的注意事项

1. 考虑工艺特点列出危险性和危险状态

在预先危险性分析中，应考虑工艺特点，列出危险性和危险状态：

1）原料、中间和最终产品，以及它们的反应活性。

2）操作环境。

3）装置设备。

4）设备布置。

5）操作活动（测试、维修等）。

6）系统之间的连接。

7）各单元之间的联系。

8）防火及安全设备。

2. 具体考虑因素

完成 PHA 过程中应考虑以下因素：

1）危险设备和物料，如燃料，高反应活性物质，有毒物质，爆炸、高压系统、其他储运系统。

2）设备与物料之间与安全有关的隔离装置，如避免物料相互作用的装置，火灾、爆炸的产生、扩大和控制的装置，停车系统。

3）影响设备和物料的环境因素，如地震、振动、洪水、极端环境温度、静电、放电、湿度。

4）操作、测试、维修及紧急处置规程，如人为失误的可能性；操作人员的作用；设备布置、可接近性；人员的安全保护。

5）辅助设施，如储槽、测试设备、培训工程、公用工程。

6）与安全有关的设备，如调节系统、备用设备、灭火及人员保护设备。

3.3.6　预先危险性分析的特点及适用性

预先危险性分析法是进一步进行危险分析的先导，是宏观的概略分析，是一种定性方法。在项目发展的初期使用 PHA 方法有如下优点：

1）能识别可能的危险，用较少的费用或时间就能进行改正。

2）能帮助项目开发组分析和（或）设计操作指南。

3）不受行业的限制，任何行业都可以使用。

4）简单易行，经济、有效。

5）可以在系统生命周期的初期考虑风险。

预先危险性分析法的缺点是定性分析，危险等级的分析结果受人的主观性影响比较大。

预先危险分析方法通常用于对潜在危险了解较少和无法凭经验觉察的工艺项目的初期阶段，通常用于初步设计或工艺装置的研究和开发阶段。当分析一个庞大现有装置或当环境无法使用更为系统的方法时，常优先考虑 PHA 方法。

3.3.7　预先危险性分析应用示例

【示例】　某新建化工码头安全预评价预先危险性分析

对某新建化工码头项目进行劳动安全卫生预评价，对码头装卸作业进行预先危险性分析并提出防范措施。该化工码头装卸作业预先危险性分析表见表 3-13。通过预先危险性分析可以得知，该项目存在着火灾、爆炸、中毒、窒息、淹溺、触电、噪声等危险、危害因素，引发火灾、爆炸的主要因素是故障泄漏和存在点火源。

表3-13　某化工码头装卸作业预先危险性分析表

危险危害因素	触发事件	现象	形成事故原因事件	事故模式	事故后果	危险等级	措施
化学性：苯、苯乙烯等易燃易爆物料泄漏	1. 运行泄漏： ①运行码头卸结束时接卸臂泄漏 ②液货船接卸结束时接卸臂泄漏 ③阀门、法兰等泄漏 ④泵敞轴密封、转动设备动密封处泄漏 ⑤阀门、泵、管道、流量计、仪表连接处泄漏 2. 故障泄漏： ①货船卸软管断裂 ②进出料配比、速度不适当造成料量、反应失控、导致破裂泄漏 ③超温、超压造成破裂、泄漏 ④垫片撕裂、阀门敞裂、门敞裂 ⑤物理引起的骤冷、急热造成破裂、泄漏 3. 其他	1. 易燃物料泄漏 2. 易燃物料泄漏 1. 易燃物蒸气浓度达到爆炸极限 2. 易燃物料泄漏	火花： ①穿带钉皮鞋等 ②用钢制工具敲打设备、撞击产生火花 ③电器火花 ④电气线路陈旧老化变到损坏产生短路火花 ⑤静电放电 ⑥雷击（直接雷击着电气线路，金属管道受人）沿着电气线路、金属管道传入火花 ⑦车辆未装设阻火器等	可能引起火灾、爆炸	财产损失、人员伤亡，造成严重经济损失	IV	1. 控制与消除火源： ①严禁吸烟、携带火种，穿带钉皮鞋等进入易燃易爆区 ②动火必须严格按动火手续办理动火证，使用安全电压（12V）防爆灯 ③使用防爆型电器，如防爆型电器 ④使用铜制或镀铜质工具，严禁使用钢质工具，禁止敲打、抛掷、撞击 ⑤按规定要求采取防静电措施，安装避雷装置 ⑥加强门卫，严禁机动车辆进入火灾、爆炸危险区 ⑦运送物料的机动车辆必须保持清洁，防止因摩擦引起杂物等起燃 ⑧转动设备部位要保持清洁，防止因摩擦引起杂物等燃烧 ⑨周围居民区在规定范围以外，并把好安装质量 2. 严格控制设备质量及其安装质量： ①泵、阀、管道等有关设施在投产前要按要求进行试压，选对设备、泵、阀、管线等质量关 ②管道、泵、阀、管线等设备要定期检查、保养、维修，保持完好状态 ③在易燃易爆场所选用防爆电气设备 ④按规定要求安装电气线路，并定期进行检查、维修，保养，保持完好状态 3. 加强管理，严格工艺纪律： ①禁火区内根据《作业场所安全使用化学品公约》和《危险化学品安全管理条例》张贴作业场所危险化学品安全标签 ②严格要求职工自觉遵守各项规章制度，操作规程，严守工艺纪律，防止工艺参数发生变化 ③坚持巡回检查，发现问题及时处理，如确位报警器、呼吸阀、压力表、阻火器、联锁装置、喷淋装置、防火防路、消防及救护设施是否完好，自动液位报警器是否正常、储槽、管线进出料截止阀、地沟等是否畅通 ④检修时，必须做好与其他部分的隔离，并且清洗要彻底，干净，在分析合格后和现场监护人及在通风良好的条件下方能动火 ⑤检查有否违章现象 4. 加强培训，教育、考核工作 ①安全设施要齐全完好 ②配齐安全设施并保持完好 ③易燃易爆场所安装可燃气体检测报警装置

（续）

危险危害因素	触发事件	现象	形成事故原因事件	事故模式	事故后果	危险等级	措施
中毒和窒息：有毒物泄漏；维修时作业人员接触有毒物料	1.泄漏原因：运行有毒物料泄漏，泄漏物料有有毒的苯、来、来乙烯等。2.检修时有毒泵、管等中的有毒物料未彻底清洗干净。3.缺氧	1.有毒物料泄漏容许浓度超过浓度。2.毒物侵入人体。3.缺氧	1.毒物浓度超标。2.通风不良。3.不清楚泄漏出来的物料毒性及其应急方法。4.在有毒物场所无（或使用过滤器失效）防毒的防护用品。5.因故未佩戴防护用品。6.防护用品选型不对或使用不当。7.救护不当。8.在有毒场所作业时无人监护	物料泄漏导致人员中毒、窒息	人员中毒、窒息，财产受损	Ⅲ	1.严格控制设备质量及安装质量，消除泄漏可能性。2.泄漏后应采取相应措施：①切断相关阀门，消除泄漏源，及时报告；②如泄漏量大，应疏散有关人员至安全处。3.定期检修，维护并检测设备的完好状态；检修时，要彻底清洗干净，保持有毒物质浓度、氧含量，合格后方可作业；要有人现场监护日目有抢救后备措施，作业人员要正确佩戴相应防护用品。4.在特殊场合下（如在有毒场所抢救、急救等），要佩戴相应的防毒措施和穿戴好劳动防护用品。5.组织管理措施：①加强对毒物的检查，有毒设备的检查，预防中毒的方法，跑、冒、滴、漏；②教育，培训职工掌握有关毒物的毒性，中毒后如何急救；③要求职工严格遵守规章制度、操作规程；④设立危险、有毒标志；⑤设立急救点（备有相应器材、药品）
淹溺	1.作业人员（包括外来人员）在码头边缘不慎掉入水中。2.人员在上船、下船时不慎掉入水中。3.因风、雨、雾、霜等要求入水中。4.码头栏杆不牢。5.船舶未停稳或已解缆时停航、上、下船时掉入水中。6.系解缆绳、解缆时被船牵动掉入水中	人员掉入水中	1.未穿救生衣、防滑鞋。2.注意力不集中。3.违章作业	人员落水	人员伤亡	Ⅱ	1.码头护栏要定期检查，保持完好状态。2.设立安全标志。3.作业时穿救生衣、防滑鞋等防护用品。4.作业时集中精力，在恶劣天气时更要格外小心。5.禁止闲杂人员进入

（续）

危险危害因素	触发事件	现象	形成事故原因事件	事故模式	事故后果	危险等级	措施
触电、漏电、绝缘体损坏及雷电	1. 设备漏电、2. 绝缘体老化、损坏、3. 安全距离不够、4. 保护接地、接零不当、5. 手持电动工具绝缘损坏、6. 雷击	人体触及带电体	1. 手及人体其他部位、手持金属物体触及带电体 2. 使用的电气设备漏电、绝缘损坏，如电焊机无良好的保护接地、接零 3. 安全距离过近，通过人体的电流超过50mA，漏电、接线头裸露、接线板和导线绝缘损坏，更换焊条时人体触及焊接变压器一次、二次绕组绝缘损坏、管线结构、管线利用其他金属物作焊接回路 4. 雷电（直接雷、感应雷、雷电侵入波）	可能导致人员触电	人员伤亡	Ⅲ	1. 按规定设备、线路应采用与电压相符、与使用环境和运行条件相应的绝缘，并定期检查、维修，保持完好状态 2. 使用有足够机械强度和耐火性能的材料，采用遮栏、护罩、护盖、箱匣等防护装置，将带电体同外界隔绝开来，防止人体接近或触及带电体 3. 变配电设备、室内变压器与端间，以及在检修作业中，应按规定有一定的安全距离 4. 根据要求对用电设备做好保护接地或保护接零 5. 在金属容器内进行检修等作业时，绝缘不能损坏，应采用12V电气设备，并要有人现场监护 6. 电焊机接线端不能损坏，注意检测是否有漏电现象；电焊时要正确穿戴好劳动防护用品，应注意有无触电的问题；在特殊环境下进行焊割要有人监护，并有抢救后备措施 7. 根据作业场所要求正确选择Ⅰ、Ⅱ、Ⅲ类手持电动工具 8. 建立和健全并严格执行电气安全规章制度和安全作业规程 9. 对职工进行电气安全培训教育 10. 定期进行电气安全检查 11. 对防雷装置进行定期检查、检测，保持完好状态 12. 做好变配电室、电气线路和单相电、电动机、电焊机、手持电动工具，临时用电的安全作业和运行
噪声振动：泵等设备装置的噪声	作业人员在泵等噪声强度过大的场所作业	个人防护用品（如护耳器）缺无或失效	1. 装置未设置减振、降噪措施 2. 未佩戴个体护耳器：①无个体耳器 ②嫌麻烦、不用 ③因故未戴 3. 护耳器无效或选用不当：①护耳器失效 ②选型不当 ③使用不当	听力损失	人员伤害	Ⅱ	1. 采取隔声、吸声、消声等降噪措施 2. 设置减振、阻尼等装置 3. 偏戴适宜的护耳器 4. 尽量减少噪声处不必要的停留时间

3.4 | 危险与可操作性研究分析法

危险与可操作性研究（Hazard and Operability Study，HAZOP）是英国帝国化学工业公司（ICI）于 1974 年针对化工装置开发的一种危险性评价方法。

危险与可操作性研究分析法是一种定性危险分析方法，它是一种以系统工程为基础，针对化工装置而开发的危险性评价方法。它的基本过程是以关键词为引导，找出过程中工艺状态的变化，即偏差，然后继续分析造成偏差的原因、后果，以及这些偏差对整个系统的影响，并有针对性地提出必要的对策措施。危险可操作性研究分析法近年来常称作危险可操作性研究。

危险与可操作性研究采用的是不同专业领域专家的"头脑风暴法"，通过多个相关人员组成的小组来完成的。这样可以充分发挥设计人员、安全人员以及操作人员的想象力，辨识出设备的潜在危险性，并提出相应的措施。

3.4.1 危险与可操作性研究所需资料

基本的资料有：

1）带控制点工艺流程图 PIDS。
2）现有流程图 PFD、装置布置图。
3）操作规程。
4）仪表控制图、逻辑图、计算机程序。
5）工厂操作规程。
6）设备制造手册。

考虑到 HAZOP 研究中的工艺过程不同，所需资料不同，进行 HAZOP 分析必须要有工艺过程流程图及工艺过程详细资料。正常情况下，只有在设计的最后阶段才能提供上述资料；因此在 HAZOP 分析之前，对过程固有危险的主要风险应做全面的评价。

3.4.2 危险与可操作性研究的相关术语

在危险与可操作性研究中，常用术语及定义见表 3-14。

表 3-14　常用 HAZOP 分析术语及定义

术语	定义及说明
工艺单元	具有确定边界的设备（如两容器之间的管线）单元，对单元内工艺参数的偏差进行分析
操作步骤	间歇过程的不连续动作，或者是由 HAZOP 分析组分析的操作步骤；可能是手动或计算机自动控制的操作，间歇过程每一步产生的偏差可能与连续过程不同

（续）

术语	定义及说明
工艺指标	确定装置如何按照既定的标准操作而不发生偏差，即确定工艺过程的正常操作条件；采用一系列的表格，用文字或图表进行说明，如工艺说明、流程图、管道图等
关键词	用于定性或定量设计工艺指标的简单词语，引导识别工艺过程的危险
工艺参数	与过程有关的物理和化学特性，包括概念性的项目，如反应、混合、浓度、pH值等，以及具体项目，如温度、压力、相数、流量等
偏差	分析组使用引导词系统地对每个分析节点的工艺参数（如流量、压力）进行分析时发现的一系列偏离工艺指标的情况（如无流量、压力高等）；偏差的形式通常是"引导词+工艺参数"
原因	一旦找到偏差产生的原因，就意味着找到了对付偏差的方法和手段。这些原因可能是设备故障、人为失误、不可预见的工艺状态（如组成改变）、来自外部的破坏（如电源故障）等
后果	偏差所造成的后果（如释放出有毒物质）；分析组常假定发生偏差时，已有安全保护系统失效；不考虑那些细小的与安全无关的后果
安全保护	指设计的工程系统或调节控制系统（如报警、联锁、操作规程等），用以避免或减轻偏差发生时所造成的后果
措施及建议	修改设计、操作规程或者进一步分析研究（如增加压力报警、改变操作顺序）的建议
意图	工艺某一部分完成的功能

HAZOP分析对工艺或操作的特殊点进行分析，这些特殊点是工艺单元或操作步骤，又称为分析节点。通过分析每个节点，识别出那些具有潜在危险的偏差，这些偏差通过引导词（或关键词）引出。一套完整的引导词可使每个可识别的偏差不被遗漏。在不同的应用类型中，需针对实际情况对关键词做出准确合理的解释。HAZOP分析常用引导词及其意义见表3-15。

表3-15　HAZOP分析常用引导词及其意义

引导词	意义	备注
不或没有（NONE）	完成这些意图是不可能的	任何意图都实现不了，但也没有任何事情发生
过量（MORE）	数量增加	与标准值相比，数值偏大，如温度、压力、流量偏高
减量（LESS）	数量减少	与标准值相比，数值偏小，如温度、压力、流量偏低
伴随（AS WELL AS）	定性增加	所有的设计与操作意图均伴随其他活动或事件的发生
部分（PART OF）	定性减少	仅有一部分意图能够实现，一部分不能实现
相逆（REVERSE）	逻辑上与意图相反	出现与设计意图完全相反的事或物，如物料反向流动
异常（OTHER THAN）	完全替换	出现和设计要求不相同的事或物，如发生异常事件或状态、开车、停车、维修、改变操作模式

3.4.3　危险与可操作性研究的表现方式和实施步骤

1. 危险与可操作性研究的表现方式

在对系统进行分析时，如果某个工艺参数和设计意图出现了偏差，那么系统的运行状态就会出现异常，甚至会导致事故的发生。所以，在使用 HAZOP 分析时，要将关键词和工艺参数结合起来，以此来确定何处意图的偏离。

具体的表现方式可以表示如下：

关键词+工艺参数→偏离

例如：较多+压力→压力升高；没有+流量→没流量。

2. 危险与可操作性研究的实施步骤

危险与可操作性研究分析法是一种常用的安全评价方法。可操作性研究的分析程序如图 3-3 所示，主要分析步骤如图 3-4 所示。

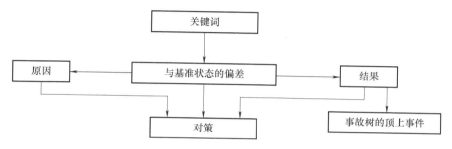

图 3-3　可操作性研究的分析程序

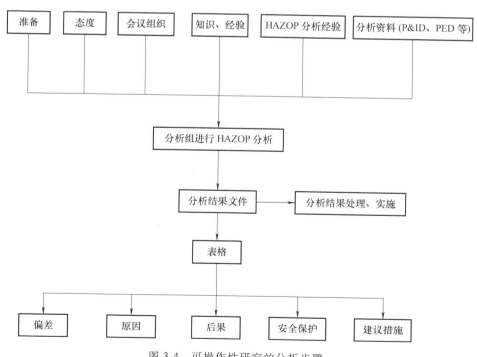

图 3-4　可操作性研究的分析步骤

危险与可操作性研究方法可分三个步骤进行，即分析准备、完成分析和编制分析结果文件。

（1）分析准备

1）确定分析的目的、对象和范围。分析对象通常由装置或项目负责人确定，并得到 HAZOP 分析组组织者的帮助。组织者的帮助指的是，一些目标对象可能会被负责人忽略和模糊，需要组织者的共同分析和参考。在明确对象的同时，分析部对其相应的范围进一步地分析。应当按照正确的方向和既定目标开展分析工作，而且要确定应当考虑到的危险后果。例如，如果要求 HAZOP 分析确定装置对公众安全影响最小的建设位置（选址），这种情况下，HAZOP 分析应着重分析偏差所造成的后果对装置界区外部的影响。

2）分析组的构成。HAZOP 分析小组一般由 4~8 人组成，每个成员都能为所研究的项目提供知识和经验，最大限度地发挥每个成员的作用。HAZOP 研究小组最少由 4 人组成，包括组织者、记录员、两名熟悉过程设计和操作的人员，但 5~7 人的分析组是比较理想的。

3）获得必要的文件资料。最重要的文件资料是带控制点的流程图，工艺流程图、平面布置图、安全排放原则、化学危险数据、管道数据表、工艺数据表以及以前的安全报告等也很重要。其他需要的文件包括：操作与维护指导手册、仪表控制图、逻辑图、安全程序文件、管道单线图、装置手册和设备制造手册等。重要的图样和数据应在分析会议开始之前分发到每位分析人员手中。

4）将资料变成适当的表格并拟定分析顺序。这个阶段的工作量和所需要的时间与过程的类型有关。此处可分为连续生产过程和间歇生产过程，这两种生产过程都可以采用 HAZOP 分析。对连续过程来说，准备工作量最小，在分析会议之前使用最新的图样确定分析节点，每一位分析人员在会议上都应拿到这些图样。对间歇过程来说，准备工作量很大，主要是因为操作过程复杂，分析这些操作程序是间歇过程 HAZOP 分析的主要内容。如有两个或两个以上的间歇步骤同时在过程中出现，应当将每个步骤中的每个容器的状态都表示出来。

5）安排会议次数和时间。制订会议计划，首先要确定分析会议所需的时间。一般来说每个分析节点平均需要 20~30min，若某容器有 2 个进口、2 个出口、1 个放空点，则需要 3h 左右。此外，还可以每个设备分配 2~3h。每次会议持续时间不要超过 4~6h（最好安排在上午），会议时间越长，效率越低。也可以把装置划分成几个相对独立的区域，每个区域讨论完毕后，会议组做适当修整，再进行下一区域的分析讨论。

（2）完成分析　图 3-5 是 HAZOP 分析流程图。分析组对每个节点或操作步骤使用引导词进行分析，得到一系列的结果，如偏差的原因、后果、保护装置、建议措施等。当发现危险情况时，HAZOP 分析组的每一位成员都应明白问题所在。在分析过程中，应当确保对每个偏差的分析，并且在建议措施完成之后再进行下一偏差的分析。在考虑采取某种措施以提高安全性之前，应对与节点有关的所有危险进行分析，以减少那些悬而未决的问题。此外，对偏差或危险应当主要考虑易于实现的解决方法，而不是花费大量时间去设计解决方案。过程危险性分析会议的主要目的是发现问题，而不是解决问题。但是如果解决方法是明确和简单的，应当作为意见或建议记录下来。

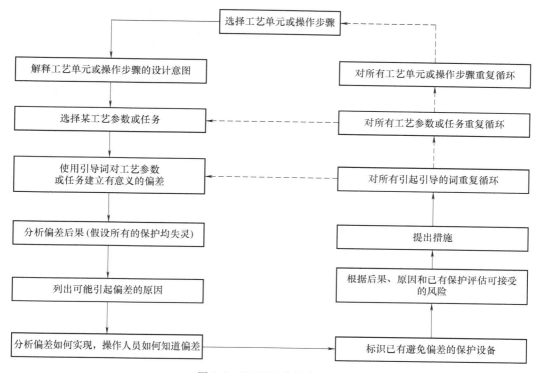

图 3-5　HAZOP 分析流程图

　　HAZOP 分析涉及过程的各个方面，包括工艺、设备、仪表、控制、环境等。HAZOP 分析人员的知识及可获得的资料总是与 HAZOP 分析的要求有差距，因此，对某些具体问题可听取专家的意见。必要时对某些部分的分析可延期，在获得更多的资料后再进行分析。

　　（3）编制分析结果文件　分析记录是 HAZOP 分析的一个重要组成部分。负责记录的人员应从分析讨论过程中提炼出准确的结果。尽管不可能把会议上说的每一句话都记录下来，但必须记录所有重要的意见。必要时可举行分析报告审核会，让分析组对最终报告进行审核和补充。通常，HAZOP 分析会议以表格形式记录，见表 3-16。

表 3-16　可操作性研究分析记录表

分析人员：　　　　　　　　　　　　　　　　　　　　　　　图纸号：

会议日期：　　　　　　　　　　　　　　　　　　　　　　　版本号：

序号	偏差	原因	后果	安全保护	建议措施
分析节点或操作步骤说明，确定工艺指标					

3.4.4 危险与可操作性研究的特点和适用条件

HAZOP 法的特点是由中间状态参数的偏差开始，找出原因并判断后果，是从中间向两头分析的方法，具体就是通过一系列的分析会议对工艺图和操作规程进行分析。在装置的设计、操作、维修等过程中，需要工艺、工程、仪表、土建、给水排水等专业的人员一起工作，因此危险与可操作性分析实际上是一个系统工程，需要各专业人员的共同参与才能识别更多的问题。该方法与其他安全评价方法的明显不同之处是：其他方法可由某人单独去做，而危险与可操作性研究分析必须由一个多方面的、专业的、熟练的人员组成的小组来完成。

HAZOP 法的优点是简便易行，且背景各异的专家们一起工作，在创造性、系统性和风格上互相影响和启发，能够发现和鉴别更多的问题，要比他们独立工作更为有效。HAZOP 法形成了解决方案和风险应对行动方案。该方法要求分析人员对工艺流程和设备情况有着深入的了解，因此它是对工人培训的一种有效方法。HAZOP 法的缺点是分析结果受分析评价人员主观因素影响，分析过程对设计人员的专业知识要求比较高，专业人员在寻找设计问题的过程中很难保证完全客观。此方法主要重视的是找到解决方案，而不是质疑基本假设，会受制于设计及设计意图。

危险与可操作性研究法的适用范围：该评价方法起初专门用于新建项目设计审查阶段的评价，用以查明潜在危险源和操作难点，以便采取措施加以避免，不过 HAZOP 法还特别适合于化工系统的装置设计审查和运行过程分析，也可用于热力、水力系统的安全分析。

3.4.5 危险与可操作性研究应用示例

【示例】 HAZOP 法在 APD 反应系统的危险情况分析中的应用

APD 工艺流程图如图 3-1 所示。分析组将引导词用于工艺参数，对连接 APD 反应器的磷酸溶液进料管线进行分析。

1) 分析节点：连接 APD 反应器的磷酸溶液进料管线。

2) 设计工艺指标：磷酸以一定流量进入 APD 反应器。

3) 引导词：空白。

4) 工艺参数：流量。

5) 偏差：空白+流量=无流量。

6) 后果：

① 反应器中氨过量，导致事故。

② 未反应的氨进入 APD 储槽，从储槽逸出，弥散到封闭的工作区域。

③ 损失 APD 产品。

7）原因：

① 磷酸储槽中无原料。

② 流量指示器/控制器因发生故障而显示值偏高。

③ 操作人员将流量控制器流量值设置得过低。

④ 磷酸流量控制阀因故障关闭。

⑤ 管道堵塞。

⑥ 管道泄漏或破裂。

8）安全保护：定期维护阀门 B。

9）建议措施：

① 考虑安装报警/停车系统。

② 保证定时检查和维护阀门 B。

③ 考虑使用 APD 封闭储槽，并连接洗涤系统。

然后对该系统的其他节点用"引导词+工艺参数"的形式继续进行分析，将每个节点的分析内容记录到 HAZOP 分析表中。表 3-17 是用 HAZOP 法分析 APD 工艺过程部分结果。

表 3-17　用 HAZOP 法分析 APD 工艺过程部分结果

分析组人员：　　　　　　　　　　　　　HAZOP 分析组图号：97—OBP—57100

会议日期：　　　　　　　　　　　　　　版本号：

序号	偏差	原因	后果	安全保护	建议措施
	管线——氨送入 APD 反应器的管线，进入反应器的氨流量为 x kmol/h，压力为 z Pa				
1.1	高流量	氨进料管线上的控制阀因故障打开；流量指示器因故障显示流量低；操作人员设置的氨流量太高	未反应的氨进入 APD 储槽并释放到工作区域	定时维护阀门 A、氨检测器和报警器	考虑增加浓氨进入反应器流量高时的报警/停车系统；确保定时维护和检查阀门 A；在工作区域确保通风良好，或者使用封闭的 APD 储槽
	容器——磷酸溶液储槽，磷酸在环境温度、压力下进料（图 3-1）				
1.9	泄漏	腐蚀、磨蚀、外来破坏、密封故障	少量的氨连续泄漏到封闭的工作区域	定期对管线进行维修；操作人员定期检查 APD 工作区域	在工作区域保证通风良好
	容器——磷酸溶液储槽，磷酸在环境温度、压力下进料（图 3-1）				
2.7	磷酸浓度低	供应商供给的酸浓度低；送入进料储槽的磷酸有误	未反应的进入 APD 储槽并释放到封闭工作区域	磷酸卸料、输送规程；氨检测器和报警器	保证实施物料的处理和接受规程；在操作之前分析储槽中的磷酸浓度；保证封闭工作区域通风良好或使用封闭的 APD 储槽

（续）

序号	偏差	原因	后果	安全保护	建议措施
管线——磷酸送入 APD 反应器的管线，磷酸进料量为 z kmol/h，压力为 y Pa					
3.2	低/无流量	磷酸储槽中无原料；流量指示器因故障显示流量高；操作人员设置的磷酸流量太低；磷酸进料管线上的控制阀 B 因故障关闭；管道堵塞、管道泄漏或发生故障	未反应的氨进入 APD 储槽并释放到封闭的工作区域	定期维护阀门 B、氨检测器和报警器	考虑增加磷酸进入反应器流量低时的报警/停车系统；保证定期维护和检查阀门 B，保证封闭工作区域通风良好或使用封闭的 APD 储槽

3.5 故障假设分析法

故障假设分析法（What…If Analysis）方法是对某一生产工艺过程或操作过程创造性的分析方法。使用该方法的人员应对工艺熟悉，通过提出一系列"如果……怎么办？"的问题（故障假设），来发现可能和潜在的事故隐患，从而对系统进行彻底的检查。在分析会上围绕所确定的安全分析项目对工艺过程或操作进行分析，鼓励每个分析人员对假定的故障问题发表不同看法。如果分析人员富有经验，则该方法是一种强有力的分析方法；否则，分析结果可能是不完整的。对一个相对简单的系统，故障假设分析只需要一两个分析人员就能进行；对复杂系统，则需要组织较大规模的分析组，需较长时间或多次会议才能完成。

该方法要求分析人员从进料开始到工艺过程结束，不断地提出问题，问题范围可以广泛，即使不是特别主要的问题也可以加以讨论，由此防止潜在危险的发生。所有提出的问题都要记录下来，并加以分类处理。

进行故障假设分析的目的是识别危险性、危险情况或可能产生的意想不到的结果的事故事件。通常由经验丰富的人员识别可能发生的事故的情况、结果，提出降低危险性的安全措施（对识别出的潜在事故状况不进行分级，不能定量）。

该方法包括检查设计、安装、技术改革或操作过程中可能产生的偏差。要求评价人员对工艺规程熟知，并对可能导致事故的设计偏差进行整合。

3.5.1 故障假设分析法实施步骤

故障假设分析法由三个步骤组成，即分析准备、完成分析、编制分析结果文件。

1. 分析准备

1）人员组成。进行这项分析应由 2~3 名专业人员组成小组。小组成员要熟悉生产工艺，有评价危险性的经验并了解分析结果的意义，最好有现场班组长和工程技术人员参加。

2）确定分析目标。首先要考虑以取得什么样的结果作为目标，对目标又可进一步加以限定。目标确定之后就要确定分析哪些系统，如物料系统、生产工艺等。分析某一系统时应注意与其他系统的相互作用，避免漏掉危险性。如果是对正在运行的装置进行分析，分析组应与操作、维修、公用系统或其他服务系统的负责人座谈。此外，如果分析会议讨论设备的布置问题，还应当到现场掌握系统的布置、安装及操作情况。因此，在分析开始之前，应拟定访问现场以及和有关人员座谈的日程。

3）准备资料。故障假设分析法所需资料见表 3-18。危险分析组最好在分析会议开始之前得到这些资料。

表 3-18 故障假设分析法所需资料

资料大类	详细资料
工艺流程及其说明	1. 生产条件；工艺中涉及的物料及其理化性质；物料平衡及热平衡 2. 设备说明书
工厂平面布置图	
工艺流程及仪表控制和管路图	1. 控制（连续监测装置、报警系统功能） 2. 仪表（仪表控制图、监测方式）
操作规程	1. 岗位职责 2. 通信联络方式 3. 操作内容（预防性维修、动火作业规定、容器内作业规定、切断措施、应急措施）

4）准备基本问题。它们是分析会议的"种子"。如果在进行本次故障假设分析之前进行过故障假设分析，或者是对装置改造后的分析，则可以使用以前分析报告中所列的问题。对新的装置或第一次进行故障假设分析的装置，分析组成员在会议之前应当拟定一些基本的问题，其他各种危险分析方法对原因和后果的分析也可以作为故障假设分析的问题。

2. 完成分析

1）了解情况，准备故障假设问题。分析会议一开始，应该首先由熟悉整个装置和工艺的人员阐述生产情况和工艺过程，包括原有的安全设备及措施。这些人员主要是分析组所分析区域的有关专业人员。分析人员还应说明装置的安全防范、安全设备、卫生控制规程。

分析人员要向现场操作人员提问，然后对所分析的工艺过程提出有关安全方面的问题。分析人员不应受所准备的故障假设问题的限制或者仅局限于对这些问题，而是应当利用他们的综合专业知识在分析组相互启发，提出他们认为必须分析的问题，以保证分析全面。分析进度不能太快也不能太慢，每天最好不要超过 6h，连续分析不要超过一周。

分析过程有两种会议方式可采用。一种方式是列出所有的安全项目和问题，然后进行分析；另一种方式是提出一个问题，讨论一个问题，即对所提出的某个问题的各个方面进行分析后再对分析组提出的下一个问题（分析对象）进行讨论。两种方式都可以，但通常最好是在分析之前列出所有的问题，以免打断分析组的创造性思维。如果过程比较复杂，可以分成几部分，这样不至于让分析组花上几天时间来列出所有问题。

2）按照准备好的问题，从工艺进料开始，一直进行到成品产出为止，逐一提出如果发生某种情况操作人员应该如何处理的问题，分别得出正确答案，填入分析表中。

3）将提出的问题及正确答案加以整理，找出危险、可能产生的后果、已有安全保护装置和措施、可能的解决方法等汇总后报相关部门，以便采取相应措施。在分析过程中，可以补充任何新的故障假设问题。

3. 编制分析结果文件

编制分析结果文件是将分析人员的发现变为消除或减少危险的措施的关键。分析组还应根据分析结果提出提高过程安全性的建议。根据对象的不同要求可对表格内容进行调整。

3.5.2 故障假设分析法常见分析表的形式

故障假设分析法常见分析表的形式见表 3-19。

表 3-19 故障假设分析法的常见分析表

如果……怎么办？	危险性/结果	建议/措施

3.5.3 故障假设分析法特点与适用性

故障假设分析方法特点为：负责人经验十分丰富，分析过程按部就班进行，能较好地完成任务；参加评价人员选择合理，人员水平较高，分析组不是解决所有的问题，而是有重点地解决其中一部分。

故障假设分析法适用性的优点如下：

1）不受行业和评价类型的限制。

2）故障假设分析的创造性和基于经验的安全检查表分析的完整性，弥补了各自单独使用时的不足。

3）故障假设分析利用分析组的创造性和经验最大限度地考虑到可能的事故情况，分析系统完整，操作简单方便。

故障假设分析法适用性的缺点如下：

1）只能定性评价，不能定量评价。

2）故障假设分析法很少单独使用，一般需要和检查表结合使用以弥补不足。

故障假设分析方法适用范围很广，可用于建设项目设计和设备操作的各个方面（如建筑物、动力系统、原料、中间体、产品、仓库储存、物料的装卸与运输、工厂环境、操作方法与规程、安全管理规程、装置的安全保卫等）。

故障假设分析方法鼓励思考潜在的事故和可能导致的后果，它弥补了基于经验的安全检查表编制的不足，但是，检查表可以使故障假设分析方法更系统化，因此出现了安全检查表分析与故障假设分析组合在一起的分析方法，互相取长补短，弥补各自单独使用时的不足。

3.5.4 故障假设分析/检查表分析法

故障假设分析/检查表分析（What…If/Safety Checklist Analysis）是一种将故障假设分析法和安全检查表法结合起来的分析方法。由一些熟悉工艺过程的人组成小组，先利用故障分析法确定出过程中可能会发生的各类事故，再利用安全检查表帮助补充可能的遗漏。

此处安全检查表不再着重于工艺流程和操作的特点，更多地在于对事故发生的原因分析。两种方法的结合弥补了彼此的短板，安全检查表对编制人员的经验水平要求较高，故障假设分析法则能考虑到更多潜在的事故和后果，弥补了安全检查表受经验不足的限制，这也使得对系统的安全评价更加系统化。

3.5.5 故障假设分析法应用示例

用故障假设分析方法对磷酸氢二铵（APD）生产过程进行分析。表 3-20 列出了对生产 APD 的过程进行故障假设分析所提出的问题。

表 3-20　对生产 APD 的过程进行故障假设分析所提出的问题

提问方式	提问内容
如果……将会发生什么情况？	1. 原料磷酸中含有其他杂质
	2. 原料中磷酸浓度太低，不符合原设计要求
	3. 反应器中氨含量过高
	4. 阀门 B 关闭或堵塞
	5. 阀门 C 关闭或堵塞
	6. 搅拌器停止搅拌

对表中第一个问题，分析人员需要考虑哪些物质与氨混合可发生危险。如果搞清楚是哪种物质后，就要注意是装置中存在该物质，还是原料供应商提供的原料有问题（也可能是原料标签有误）。如果物料的错误搭配对操作人员和环境有危害，分析人员要识别这种危害，并且应分析已有的安全保护措施是否能避免这种危害的发生。建议原料分析中心在磷酸送入装置前对其进行分析检验。分析人员按照这种方式逐一分析、回答其他问题并记录下来。表 3-21 是 APD 生产过程的故障假设结果分析文件。

表 3-21　APD 生产过程的故障假设结果分析文件

工艺过程：APD 反应器		分析人员：由安全、操作、设计等方面人员组成	
分析主题：有毒、有害物质释放		日期：	
故障假设分析问题	危险/后果	已有安全保护	建议
原料磷酸中含有杂质	杂质与磷酸或氨反应可能产生危险，或产品不符合要求	供应商可靠，对反应器进料有严格的规定	采取措施保证物料管理规定严格执行

（续）

故障假设分析问题	危险/后果	已有安全保护	建议
进料中磷酸浓度太低，不符合原设计规定	过量且未反应的氨经过 APD 储槽释放到工作区	供应商可靠，已安装有氨检测与报警装置	严格分析检测原料站送来的磷酸的浓度
反应器中氨含量过高	未反应的氨进入 APD 储槽并释放到工作区，恶化环境	氨水管线上装有流量计、氨检测报警器	通过阀 B 的流量较小时，氨报警器启动或关闭阀 A
阀门 B 关闭或堵塞	大量未反应的氨进入 APD 储槽并释放到工作区，恶化环境	定期维修，安装有氨检测与报警装置，磷酸管线上装有流量计	通过阀 B 的流量较小时，阀 A 关闭或氨报警启动
搅拌器停止搅拌	物料不均匀，局部反应剧烈，易发生危险	安装有氨检测与报警装置	关闭阀 A、阀 B 备用搅拌器

3.6 故障类型和影响分析法

故障类型和影响分析（FMEA）法是安全系统工程中重要的分析方法之一。这种方法是由可靠性技术发展起来的，只是分析目标有了变化。前者分析系统的可靠性，后者分析哪些故障类型会引起人的伤亡和财产损失。

故障类型和影响分析法是一种归纳分析法，主要是对系统的各个组成部分，即元件、组件、子系统等进行分析，找出它们所能产生的故障及其类型，查明每种故障对系统安全所带来的影响，以便采取相应的防治措施，提高系统的安全性。FMEA 也是一种自下而上的分析方法。在进行故障类型和影响分析时，人们往往对某些可能造成特别严重后果的故障类型单独进行分析，使其成为一种分析方法，即致命度分析（CA）法。故障类型和影响分析与致命度分析合称为故障模式及影响分析（FMECA）。

3.6.1 与故障类型和影响分析法相关的基本定义

（1）功能件　由几个到成百个零件组成，具有独立的功能。

（2）组件　两个以上的零部件构成组件，在子系统中保持特定的性能。

（3）零件（元件）　不能进一步分解的单个部件，具有设计规定的性能。

（4）故障　元件、子系统、系统在运行时，不能达到设计要求，因而不能够完成规定的任务或完成得不好，就是系统出现了故障。这些故障会造成事故，但并不是所有故障都会造成严重后果，只有一些故障会使系统完不成任务或造成事故损失。由元件、子系统的单元或组合件构成系统，这些构成要素都有各自的功能和作用。

（5）故障类型　系统、子系统或元件发生的每一种故障的形式称为故障类型。例如，一个阀门故障可以有四种故障类型：内漏、外漏、打不开、关不严。一个元件故障的表现形式可能不止一种，如变形、裂纹、破损、弹性不稳定、磨损、腐蚀表面损伤、松动、摇晃、脱落、咬紧、烧伤、弄脏、泄漏、渗漏、侵蚀、变质、开路、短路、杂音、漂移等，都是故障类型中的一种。

（6）故障检测机制　操作人员在正常操作过程中或检修人员在检修过程中发现故障的方法或手段。

（7）故障原因　导致系统或产品发生故障的因素既有内在因素（如零部件存在缺陷等），也有外在因素（如环境条件等）。

（8）故障影响　指某种故障类型对单元、子系统、系统所造成的影响。

（9）故障等级　根据故障类型对系统或子系统影响的程度不同而划分的等级称为故障等级（表 3-22）。评价过程中，列出设备的所有故障类型对一个系统或装置的影响因素，这些故障模式对设备故障进行描述（开启、关闭、开、关、泄漏等），故障类型的影响由设备故障对系统的影响确定。

表 3-22　故障类型等级划分

故障等级	影响程度	可能造成的损失
I	致命性	可造成死亡或系统毁坏
II	严重性	可造成严重伤害、严重职业病或主系统损坏
III	临界性	可造成轻伤、轻职业病或次要系统损坏
IV	可忽略性	不会造成伤害和职业病，系统不会受到损坏

3.6.2　故障等级的划分方法

目前划分故障等级的方法有定性划分法（直接判断法）、评点法和风险矩阵法。

1. 定性划分法（直接判断法）

定性划分故障等级可选用直接判断法，也就是直接通过故障的严重程度来对确定故障等级，这种方法也称作简单划分法。这种判断方法较为简单，具有一定的片面性。为了保证分析的全面和准确性，可以使用定量方法进行故障等级的确定。

2. 评点法

评点法是通过计算故障等级价值 C_s 值来定量确定故障等级。

（1）第一类评点法　依照下述方法计算和确定故障等级。

1）按式（3-4）计算 C_s 值：

$$C_s = \sqrt[5]{C_1 C_2 C_3 C_4 C_5} \tag{3-4}$$

式中　C_s——故障等级价值；

C_1——故障影响大小，表示损失严重程度；

C_2——故障影响范围；

C_3——故障频率；

C_4——防止故障的难易程度；

C_5——是否为新设计的工艺。

2）$C_1 \sim C_5$的取值范围和确定方法。$C_1 \sim C_5$的取值范围均为 1~10。具体的数值确定可以通过 3~5 位专家进行讨论得出。可以使用专家座谈会的形式得出各个参数的数值，也可以通过德尔菲法，即专家调查法，以函调的形式综合各专家的判断结果，反复询问和判断，最终得到满意的结果。

3）故障等级划分。C_s值对应的故障类型等级见表 3-23。

表 3-23 C_s 值对应的故障类型等级

故障等级	影响程度	C_s 值	内容	应采取的措施
I	致命性	>7~10	无法完成任务人员伤亡	变更设计
II	严重性	>4~7	大部分任务无法完成	重新讨论或变更设计
III	临界性	>2~4	部分任务无法完成	不必变更设计
IV	可忽略性	≤2	无影响	无

（2）第二类评点法 按照下列方法进行计算和确定等级。

1）按式（3-5）计算 C_s 值：

$$C_s = \sum_{i=1}^{5} C_i \tag{3-5}$$

2）$C_1 \sim C_5$ 数值的确定。根据表 3-24 确定。

3）故障等级划分。C_s 值确定后再根据表 3-23 确定故障等级。

表 3-24 $C_1 \sim C_5$ 数值的确定

评价因素（C_i）	内容	C_i 值
故障影响大小（C_1）	造成生命损失	5.0
	造成相当程度的损失	3.0
	元件功能有损失	1.0
	无功能损失	0.5
对系统影响程度（C_2）	对系统造成 2 处以上重大影响	2.0
	对系统造成 1 处以上重大影响	1.0
	对系统无重大影响	0.5
发生频率（C_3）	容易发生	1.5
	能够发生	1.0
	不常发生	0.7

（续）

评价因素（C_i）	内容	C_i 值
防止故障的难易程度（C_4）	不能防止	1.3
	能够防止	1.0
	易于防止	0.7
是否为新设计的工艺（C_5）	新的设计	1.2
	与过去类似的设计	1.0
	和过去一样的设计	0.8

3. 风险矩阵法

通过确定故障的后果和可能性，综合考虑后得出较为准确的衡量标准。对该方法的具体描述可参阅本书 4.3 节。

3.6.3 故障类型和影响分析所需资料

使用 FMEA 法需要如下资料：

1）系统或装置的 P&IDS。

2）设备、配件一览表。

3）设备功能和故障模式方面的知识。

4）系统或装置功能及对设备故障处理方法知识。

FMEA 法可由单个分析人员完成，但需要其他人进行审查，以保证完整性。对评价人员的要求随着评价的设备项目大小和尺度有所不同。所有的 FMEA 评价人员都应熟悉设备功能及故障模式，了解这些故障模式如何影响系统或装置的其他部分。

3.6.4 故障类型和影响分析法的实施步骤

故障类型和影响分析的基本内容是找出系统的各个子系统或元件可能发生的故障和故障出现的状态（即故障类型）以及它们对整个系统造成的影响。进行 FMEA 时，需按照如图 3-6 所示的步骤实施。

1. 明确系统本身的情况

分析时首先要熟悉有关资料，从设计说明书等资料中了解系统的组成、任务等情况，查出系统含有多少子系统，各个子系统又含有多少单元或元件，熟悉它们之间的相互关系、相互干扰以及输入和输出等情况。

2. 确定分析程度

分析时一开始便要根据所了解的系统情况，决定分析到什么程度，这是一个很重要的问题。如果分析程度太浅，就会漏掉重要的故障类型，得不到有用的数据；如果分析程度过

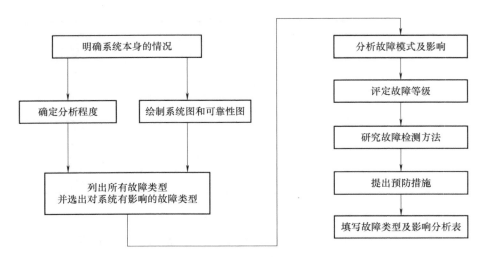

图 3-6　故障类型和影响分析法实施步骤

深，一切都分析到元件甚至零部件，则会造成程序复杂，制定措施困难。一般来讲，经过对系统的初步了解后，就会知道哪些是比较关键的子系统，哪些是次要的子系统。对关键的子系统可以分析得深入一些，不重要的分析得粗浅一些，甚至可以不进行分析。对于一些功能件（如继电器、开关、阀门、储罐、泵等）可当作元件对待，不必进一步分析。

3. 绘制系统图和可靠性框图

一个系统可以由若干个功能不同的子系统组成，如动力、设备、结构、燃料供应、控制仪表、信息网络系统等，其中还有各种接合面。为了便于分析，对复杂系统可以绘制各功能子系统相结合的系统图以表示各子系统间的关系。对简单系统可以用流程图代替系统图。

根据系统图可以继续画出可靠性框图，它表示各元件是串联的或并联的以及输入、输出情况。由几个元件共同完成一项功能时用串联连接，元件有备品时则用并联连接，可靠性框图内容应和相应的系统图一致。

4. 列出所有故障类型并选出对系统有影响的故障类型

按照可靠性框图，根据过去的经验和有关的故障资料，列举出所有的故障类型，填入 FMEA 表格内，然后从其中选出对子系统以至系统有影响的故障类型，深入分析它的影响后果、故障等级及应采取的措施。

若使用直接判断法，如果经验不足，考虑得不周到，将会给分析带来影响。最好由评价人员、安全技术人员、生产人员和工人结合起来进行分析，也可以通过后两种定量方法进行故障等级的划分。

5. 研究故障检测方法

设定的故障发生后，说明故障所表现的异常状态及如何检测，例如通过声音的变化、仪表指示量的变化进行检测。对保护装置和警报装置，要研究能被检测出的程度如何并做出评价。

6. 填写故障类型及影响分析表

将上述步骤及内容列入一定格式的表格中，便于分析和查阅。

3.6.5 故障类型和影响分析法常用表格

FMEA 通常按预定的分析表逐项进行，由于表格便于编码、分类、查阅、保存，所以不同单位或部门可根据自己情况拟出不同表格（表 3-25~表 3-27），但基本内容相似。评价中最常用的格式见表 3-25。

表 3-25 故障类型和影响分析表（一）

系统： 子系统：	故障类型和影响分析						日期： 制表： 主管： 审核：		
编号	子系统 项目	元件 名称	故障 类型	推断 原因	对子系统 影响	对系统 影响	故障 等级	措施	备注

表 3-26 故障类型和影响分析表（二）

系统： 子系统： 组件：	故障类型和影响分析								日期： 制表： 主管： 审核：		
分析项目				功能	故障类型及造成原因	任务阶段	故障影响			故障检测方法	改正处理所需时间	故障等级	修改
名称	项目号	图号	框图号				组件	子系统	系统（任务）				

表 3-27 故障类型和影响分析表（三）

系统： 子系统：	故障类型和影响分析						日期： 制表： 主管： 审核：		
（1） 项目号	（2） 分析项目	（3） 功能	（4） 故障类型	（5） 推断原因	（6） 影响		（7） 故障检测方法	（8） 故障等级	（9） 备注
					子系统	系统			

3.6.6 致命度分析

对于特别危险的故障类型，如 I 级故障类型，有可能会导致人员的伤亡和系统的损坏。对于这类故障可以采取致命度分析来做进一步分析。致命度分析是通过计算系统中各严重故障的临界值分析致命度影响的概率，它是一种定量分析方式。

致命度分析需要计算致命度指数 C_r：

$$C_r = \sum_{j=1}^{n} (\alpha\beta k_A k_E \lambda_G t \times 10^6)_j \qquad (3\text{-}6)$$

式中　C_r——运行 100 万 h（次）发生的故障次数；

　　　j——元件的致命故障类型序数，$j = 1, 2, \cdots, n$；

　　　n——元件的致命故障类型个数；

　　　λ_G——元件的故障率；

　　　t——完成一次任务，元件运行的时间（h 或周期）；

　　　k_A——运行强度修正系数，实际运行强度与实验室测定 λ_G 时运行强度之比；

　　　k_E——环境修正系数；

　　　α——致命故障类型所占的比率，即致命故障类型数目占全部故障类型数目的比率；

　　　β——发生故障时造成致命影响的概率，取值见表 3-28。

表 3-28　发生故障时造成致命影响的概率

影响	发生概率 β	影响	发生概率 β
实际损失	$\beta = 1.00$	可能损失	$0 < \beta < 0.10$
可预计损失	$0.10 \leqslant \beta < 1.00$	无影响	$\beta = 0$

3.6.7　致命度分析表

表 3-29 为致命度分析表。

表 3-29　致命度分析表

编序	致命故障				致命度计算								
项目编号	故障类型	运行阶段	故障影响	项目数 n	k_A	k_E	λ_G	故障率数据来源	运转时间或周期	$nk_A k_E \lambda_G t$	α	β	C_r

3.6.8　FMECA 评价法

FMECA 评价法是 FMEA 法的扩展，它是一种自上而下的分析方法，先按照规定记录系统中可能存在的影响因素，再分析每种因素对系统工作及状态的影响，将每种影响因素按照严重程度和发生概率排序，提出可能采取的改进措施，以此消除或减少风险发生的可能性，保证系统的可靠性。

3.6.9　故障类型和影响分析法的特点与适应性

故障类型和影响分析法特点是从元件、器件的故障开始，逐步分析故障影响及应用采取的对策。FMEA 法不直接确定人的影响因素，但人失误操作影响通常作为一种设备故障模式表示出来。故障类型和影响分析法常与其他方法结合起来用在事故调查分析阶段。该方法的优点包括：从部件分析到故障，侧重于建立上、下级逻辑关系，容易掌握，有针对性，实用性强；故障类型及影响分析法是一种定性评价方法，便于理解，对设备等硬件设施分析能力较强。缺点包括：所有的 FMEA 评价人员都应对设备功能及故障模式熟悉，并了解这些故障模式如何影响系统或装置的其他部分；此方法需要具有专业背景的人员进行评价，方法使用有局限性。

起初，这种方法主要用于设计阶段。目前，在核电站、化工、机械、电子及仪表工业中都广泛使用这种方法。在安全评价工作中也常用此方法对设备、硬件和装置进行分析和评价。

3.6.10　故障类型和影响分析法应用示例

【示例】　某企业压缩空气供应系统故障类型和影响分析

压缩空气供应系统的功能为提供生产和仪表用压缩空气，该系统主要由空压机、储气罐和压缩空气管路，以及干燥和滤油装置组成。

表 3-30 为该企业压缩空气供应系统故障类型和影响分析表。

表 3-30　企业压缩空气供应系统故障类型和影响分析表

序号	元件名称	故障类型	发生原因	影响分析	安全技术措施	故障等级
1	空压机	误动作	开车时没有将旁路阀和出口阀完全开启	可能引致空气压缩机气缸超压爆炸	① 严格按操作规程作 ② 定期培训作业人员	I
		安全阀失效	质量差；没有定期检测	当空气压缩机因误操作、过热、异常等引致压力过高时，可能引致超压爆炸	① 选用质量合格的产品 ② 定期对安全阀进行检测、校核	I
		输出压力低	① 空压机老化磨损，气缸严密性差 ② 电压不稳定 ③ 润滑不良 ④ 进气通道受阻	输出压力过低，可能是气动机械和仪表因动力不足而发生误操作或不动作，从而可能引发机械伤害或火灾事故	① 定期对空气压缩机进行检查保养 ② 严格按操作规程作业 ③ 保障供电电压稳定 ④ 进行压力检测	I
		输出压力高	① 供电电压过高 ② 管道阻塞，产生憋压	压力过大，可能导致管路超压破裂		II
2	储气罐	泄漏或破裂	① 选用材料不良，质量差 ② 腐蚀 ③ 安全阀失效 ④ 供气压力过高	① 泄漏使压缩空气压力降低，可能导致气动执行机构不动作或误动作 ② 储气罐破裂，可能伤及周围人员，并中断压缩空气供应，可能导致次生灾害	① 选用有资质厂商提供的合格氮气罐 ② 做好防腐工作 ③ 定期对氮气罐及其安全附件进行检查和测试	I

（续）

序号	元件名称	故障类型	发生原因	影响分析	安全技术措施	故障等级
3	压缩空气管路	泄漏	① 选用材料不良，质量差 ② 腐蚀	泄漏使压缩空气压力降低，可能导致气动执行机构不动作或误动作	① 严格监控施工质量，验收合格方能使用 ② 对管路进行定期保养、检测	Ⅱ
		断裂	① 严重腐蚀 ② 机械碰撞、损伤	中断部分设备的压缩空气供应，可能导致气动装置突然失压，产生误动作而引发次生灾害	① 设计时应充分考虑管路与机动设备、天车等移动机械的安全距离 ② 对管路进行定期保养、检测	Ⅰ
		压缩空气含水	① 干燥装置故障失效或容量不够 ② 没有及时排水、排污	加剧管路，特别是气动设备和气动仪表的锈蚀，导致其可靠性下降	① 为空压机配备质量合格、容量足够的干燥设备 ② 定期对干燥装置进行保养、维护 ③ 及时排水、排污	Ⅲ
		压缩空气含油	① 油滤装置故障失效或容量不够 ② 没有及时排油、排污	① 压缩空气含油超标，可导致气动设备和气动仪表严重积油，造成其可靠性下降 ② 管路积油，增大管路火灾危险，特别是在检修作业时	① 为空压机配备质量合格、容量足够的油滤设备 ② 定期对油滤装置进行保养、维护 ③ 及时排油、排污	Ⅱ

3.7 作业条件危险性评价法

作业条件的危险性评价法（格雷厄姆-金尼法）是作业人员在具有潜在危险性环境中进行作业时的一种危险性半定量评价方法。它是由美国人格雷厄姆（Graham）和金尼（Kinney）提出的，他们认为影响作业条件危险性的因素是事故发生的可能性（L）、人员暴露于危险环境的频繁程度（E）和事故造成的后果（C）。

3.7.1 作业条件危险性评价法实施步骤

作业条件危险性评价法的评价步骤如下：

1）以类比作业条件比较为基础，由熟悉类比条件的设备、生产、安技人员组成专家组。

2）对于一个具有潜在危险性的作业条件，确定事故的类型，找出影响危险性的主要因素：发生事故的可能性大小、人体暴露在这种危险环境中的频繁程度、一旦发生事故可能会造成的损失后果。

3）由专家组成员按规定标准对 L、E、C 分别评分，取分值集的平均值作为 L、E、C 的计算分值，用计算的危险性分值 D 来评价作业条件的危险性等级：

$$D = LEC \tag{3-7}$$

式中　L——事故发生的可能性，取值见表 3-31；

　　　E——人员暴露于危险环境的频繁程度，取值见表 3-32；

　　　C——事故造成的后果，取值见表 3-33；

　　　D——危险性分值。

确定危险性等级划分标准，见表 3-34。

事故发生的可能性大小不一，且数值差距较大。在本方法当中，事故发生可能性的不同程度分别赋予了不同数值，"实际上不可能发生"的事件分值为 0.1，"完全会被预料到"的事件分值为 10。

表 3-31　事故发生的可能性分值 L

分值	10	6	3	1	0.5	0.2	0.1
事故发生的可能性	完全会被预料到	相当可能	可能，但不经常	完全意外，很少可能	可以设想，很少可能	极不可能	实际上不可能

暴露在危险环境中的时间越长，所受到的危险的可能性也会越大。对于暴露于危险环境的频繁程度，"罕见暴露"分值为 0.5，"连续暴露"分值为 10。

表 3-32　人员暴露于危险环境的频繁程度分值 E

分值	10	6	3	2	1	0.5
人员暴露于危险环境的频繁程度	连续暴露	每天工作时间内暴露	每周 1 次或偶然暴露	每月暴露 1 次	每年几次暴露	罕见暴露

事故产生的后果越大，风险越大。对于事故造成的后果，分值规定在 1～100。其中，"轻伤，需救护"的分值为 1，"10 人以上死亡"的分值为 100。

表 3-33　事故造成的后果分值 C

分值	100	40	15	7	3	1
事故造成的后果	10 人以上死亡	数人死亡	1 人死亡	严重伤残	有伤残	轻伤，需救护

表 3-34　危险性等级划分标准

危险性分值 D	≥320	≥160～320	≥70～160	≥20～70	<20
危险程度	极度危险，不能继续作业	高度危险，需要整改	显著危险，需要整改	比较危险，需要注意	稍有危险，可以接受

运用作业条件危险性评价法进行分析时，危险等级为 1、2 级的，可确定为属于可接受的风险；危险等级为 3、4、5 级的，则确定为属于不可接受的风险。

3.7.2 作业条件危险性评价法的特点与适应性

该方法的优点为：评价人们在某种具有潜在危险的作业环境中进行作业的危险程度时，该方法简单易行，危险程度级别划分比较清楚。

该方法的缺点为：只能定性评价，不能定量评价，方法中影响危险性因素的分数值主要是根据经验来确定的，因此具有一定的主观性和局限性。

该方法一般用于企业作业现场的局部性评价（如作业环境差），不能普遍适用于整体、系统、完整的评价。

3.7.3 作业条件危险性评价法应用示例

【示例】 作业条件危险性评价法的应用

根据格雷厄姆-金尼法的评价程序和原则以及各生产装置的具体情况，对某工厂搅拌、研磨分散等 12 个具有潜在危险性的作业进行综合评价，评价结果见表 3-35。

表 3-35 作业条件危险性评价结果

序号	作业名称	L	E	C	$D = LEC$	危险等级
1	搅拌	1	6	7	42	比较危险
2	研磨分散	1	6	7	42	比较危险
3	包装	1	6	7	42	比较危险
4	原料库	1	6	7	42	比较危险
5	成品库	1	6	7	42	比较危险
6	检（维）修中起重吊装作业	3	2	7	42	比较危险
7	管、架、桥、电缆线检查、保养作业	3	2	7	42	比较危险
8	电气设备、电缆安装、维修作业	3	2	7	42	比较危险
9	管道、设备维修作业	3	2	7	42	比较危险
10	建（构）筑物维修作业	3	0.5	7	10.5	稍有危险
11	焊割作业	3	2	7	42	比较危险
12	原料等车辆运输作业	1	6	7	42	比较危险

习　题

（1）安全检查表的优点和缺点有哪些？安全检查表如何与其他方法结合使用？

（2）预先危险性分析如何划分危险等级？

（3）预先危险性分析的步骤有哪些？

（4）危险与可操作性研究的关键词及意义是什么？

（5）故障假设分析法的特点及实用性有哪些？

（6）简述故障类型等级的划分。

（7）故障等级的划分有哪些方法？

（8）作业条件危险性评价法的实施步骤有哪些？

（9）编制以下场景适用的安全检查表：

1）家庭厨房防火安全检查表。

2）学校宿舍防火安全检查表。

3）实验室安全检查表。

（10）结合实例，如家庭照明系统等，进行故障类型和影响分析。

第4章
定量安全评价法

4.1 道化学火灾、爆炸危险指数评价法

美国道化学公司自 1964 年开发了第 1 版火灾、爆炸危险指数评价法以后，不断对其进行修改完善，在 1993 年推出了第 7 版。道化学火灾、爆炸危险指数评价法（简称道化学指数评价法）是目前广泛使用的危险指数评价法，它以已往的事故统计资料及物质的潜在能量和现行安全措施为依据，定量地对工艺装置及所含物料的实际潜在火灾、爆炸和反应危险性进行分析评价。它的目的如下：

1）量化潜在火灾、爆炸和反应性事故的预期损失。

2）确定可能引起事故发生或使事故扩大的装置。

3）向有关部门通报潜在的火灾、爆炸危险。

4）使有关人员及工程技术人员了解事故对各工艺部门可能造成的损失，以此确定减轻事故严重性和总损失的有效、经济的途径。

4.1.1 相关表格填写

分析、计算、评价所需填写的表格如下：

1）火灾、爆炸危险指数（F&EI）表（表 4-1）。

表 4-1 火灾、爆炸危险指数（F&EI）表

地区/国家：	部门：		场所：	日期：
位置：	生产单元：			工艺单元：
评价人：	审核人（负责人）：			建筑物
检查人（管理部）：	检查人（技术中心）：			检查人：
工艺设备中的物料：				
操作状态：设计—开车—正常操作—停车				确定 MF 的物质：

（续）

操作温度：	物质系数 MF：	
项目	危险系数范围	采用危险系数
1. 一般工艺危险		
基本系数	1.00	1.00
1.1 放热化学反应	0.30 ~ 1.25	
1.2 吸热反应	0.20 ~ 0.40	
1.3 物料处理与输送	0.25 ~ 1.05	
1.4 密闭式或室内工艺单元	0.25 ~ 0.90	
1.5 通道	0.20 ~ 0.35	
1.6 排放和泄漏控制	0.25 ~ 0.50	
一般工艺危险系数 F_1（$F_1 = 1.1+1.2+1.3+1.4+1.5+1.6$）		
2. 特殊工艺危险		
基本系数	1.00	1.00
2.1 毒性物质	0.20 ~ 0.80	
2.2 负压（<500mmHg[①]）	0.50	
2.3 易燃范围内及接近易燃范围的操作：惰性化、未惰性化 2.3.1 罐装易燃液体	0.50	
2.3.2 过程失常或吹扫故障	0.30	
2.3.3 一直在燃烧范围内	0.80	
2.4 粉尘爆炸	0.25 ~ 2.00	
2.5 压力 操作压力（kPa，绝对压） 释放压力（kPa，绝对压）		
2.6 低温	0.20 ~ 0.30	
2.7 易燃及不稳定物质的质量（kg）物质燃烧热 H_c（J/kg） 2.7.1 工艺中的液体及气体		
2.7.2 储存中的液体及气体		
2.7.3 储存中的可燃固体及工艺中的粉尘		
2.8 腐蚀与磨蚀	0.10 ~ 0.75	
2.9 泄漏——接头和填料	0.10 ~ 1.50	
2.10 使用明火设备		
2.11 热油、热交换系统	0.15 ~ 1.15	

（续）

项目	危险系数范围	采用危险系数
2.12　转动设备	0.50	
特殊工艺危险系数 F_2（$F_2 = F_1 + 2.1 + 2.2 + 2.3 + 2.4 + 2.5 + 2.6 + 2.7 + 2.8 + 2.9 + 2.10 + 2.11 + 2.12$）		
工艺单元危险系数 F_3（$F_3 = F_1 F_2$）		
火灾、爆炸危险指数 F&EI（F&EI = F_3 XMF）[②]		

① 1mmHg = 133.32Pa。

② 见式（4-1）解释。

2）安全措施补偿系数表（表4-2）。

表4-2　安全措施补偿系数表

项目	补偿系数范围	采用补偿系数
1. 工艺控制安全补偿系数 C_1		
1.1　应急电源	0.98	
1.2　冷却装置	0.97~0.99	
1.3　抑爆装置	0.84~0.98	
1.4　紧急切断装置	0.96~0.99	
1.5　计算机控制	0.93~0.99	
1.6　惰性气体保护	0.94~0.96	
1.7　操作规程/程序	0.91~0.99	
1.8　化学活性物质检查	0.91~0.98	
1.9　其他工艺危险分析	0.91~0.98	
$C_1 = 1.1 \times 1.2 \times 1.3 \times 1.4 \times 1.5 \times 1.6 \times 1.7 \times 1.8 \times 1.9$		
2. 物质隔离安全补偿系数 C_2		
2.1　遥控阀	0.96~0.98	
2.2　卸料/排空装置	0.96~0.98	
2.3　排放系统	0.91~0.97	
2.4　联锁装置	0.98	
$C_2 = 2.1 \times 2.2 \times 2.3 \times 2.4$		

（续）

项目	补偿系数范围	采用补偿系数
3. 防火设施安全补偿系数 C_3		
3.1 泄漏检测装置	0.94~0.98	
3.2 钢结构	0.95~0.98	
3.3 消防水供应系统	0.94~0.97	
3.4 特殊灭火系统	0.91	
3.5 洒水灭火系统	0.74~0.97	
3.6 水幕	0.97~0.98	
3.7 泡沫灭火系统	0.92~0.97	
3.8 手提灭火系统	0.93~0.98	
3.9 电缆防护	0.94~0.98	
$C_3 = 3.1 \times 3.2 \times 3.3 \times 3.4 \times 3.5 \times 3.6 \times 3.7 \times 3.8 \times 3.9$		
安全措施补偿系数 $C = C_1 C_2 C_3$		

3）工艺单元危险分析汇总表（表 4-3）。

表 4-3 工艺单元危险分析汇总表

序号	内容	工艺单元
1	火灾、爆炸危险指数 F&EI	
2	危险等级	
3	暴露区域半径/m	
4	暴露区域面积/m²	
5	暴露区域内财产价值	
6	破坏系数	
7	基本最大可能财产损失（基本 MPPD）	
8	安全措施补偿系数	
9	实际最大可能财产损失（实际 MPPD）	
10	最大可能停工天数 MPDO/d	
11	停产损失 BI	

4）生产单元危险分析汇总表（表 4-4）。

表 4-4　生产单元危险分析汇总表

地区/国家：		部门：		场所：	
位置：		生产单元：		操作类型：	
评价人：		生产单元总替换价值：		日期：	

工艺单元主要物质	物质系数	火灾、爆炸危险指数 F&EI	影响区内财产价值	基本 MPPD	实际 MPPD	最大可能停工天数 MPDO	停产损失 BI

4.1.2　评价程序及具体步骤

道化学公司发布的第 7 版火灾、爆炸危险指数评价法风险分析计算程序如图 4-1 所示。

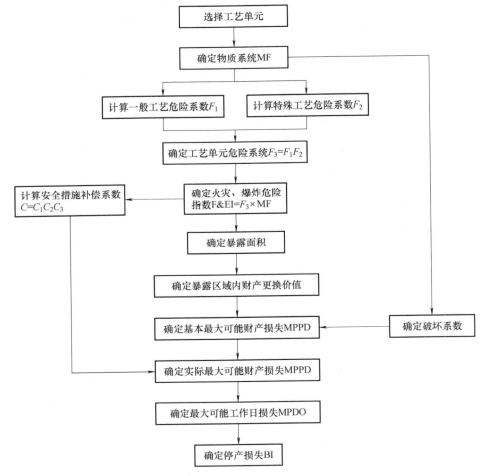

图 4-1　道化学公司火灾、爆炸危险指数评价法风险分析计算程序

1. 选择工艺单元

进行火灾爆炸危险指数评价的第一步是选择工艺单元。单元是装置的一个独立部分，与其他部分保持一定的距离，或用防火墙、防爆墙、防护堤等与其他部分隔开。通常，在不增加危险性潜能的情况下，可把危险性潜能类似的单元归并为一个较大的单元。

在计算火灾、爆炸危险指数时，只从预防损失角度考虑对工艺有影响的工艺单元进行评价，这些单元称为恰当工艺单元，简称工艺单元。

用于选择恰当工艺单元的重要参数包括：潜在化学能（物质系数）；工艺单元中危险物质的数量；资金密度（用每平方米金额表示）；操作压力和操作温度；导致火灾、爆炸事故的历史资料；对装置起关键作用的单元。一般地，参数值越大，则该工艺单元就越需要评价。

选择恰当工艺单元时，还应注意以下几个要点：

1）火灾、爆炸危险指数体系假定工艺单元中所处理的易燃、可燃和化学活性物质的最低量为 2268kg 或 2.27m³，若单元内物料量较少，则评价结果就有可能被夸大。一般地，所处理的易燃、可燃或化学活性物质的量至少为 454kg 或 0.454m³，评价结果才有意义。

2）当设备串联布置且相互间未有效隔离，要仔细考虑如何划分单元。

3）要仔细考虑操作状态（如开车、正常生产、停车、装料、卸料、添加触媒等）与操作时间，针对影响 F&EI 的异常状况，判别是选择一个操作阶段还是几个阶段来确定重大危险。

4）在决定哪些设备具有最大潜在火灾、爆炸危险时，可以请教设备、工艺、安全等方面有经验的工程技术人员或专家。

2. 确定物质系数（MF）

物质系数（MF）是表述物质在燃烧或其他化学反应引起的火灾、爆炸时释放能量大小的内在特性，是一个最基本的数值，它是由美国消防协会（NFPA）规定的 N_F、N_R（分别代表物质的燃烧性和化学活性）决定的。

通常，N_F 和 N_R 是针对正常温度环境而言的，物质发生燃烧和反应的危险性随着温度的升高而急剧加大，如在闪点之上的可燃液体引起火灾的危险性就比正常环境温度下的易燃液体大得多，反应速度也随着温度的升高而急剧加大，所以当温度超过 60℃ 时，物质系数要修订。N_F 和 N_R 可根据 NFPA 325 或 NFPA 49 加以确定，并根据温度进行修订。

3. 确定火灾、爆炸危险指数（F&EI）

首先确定一般工艺危险系数（F_1）和特殊工艺危险系数（F_2），在计算各项系数时，应选择物质在工艺单元中所处的最危险的状态，可以考虑的操作状态有开车、连续操作和停车，对每项系数都要恰当地进行评价。

火灾、爆炸危险指数（F&EI）按式（4-1）计算：

$$F\&EI = F_3 \times MF \tag{4-1}$$

式中 F_3——工艺单元危险系数，$F_3 = F_1 F_2$（F_3 值的正常范围为 $1 \sim 8$，若大于 8，也按最大值 8 计）；

MF——物质系数；

F_1——一般工艺危险系数；

F_2——特殊工艺危险系数。

计算 F&EI 时，一次只评价一种危险，如果 MF 是按照工艺单元中的易燃液体来确定的，就不要选择与可燃性粉尘有关的系数，即使粉尘可能存在于过程中的另一段时间内。合理的计算方法为：先用易燃液体的物质系数进行评价，然后用可燃性粉尘的物质系数评价，只有导致最高的 F&EI 和实际最大可能财产损失的计算结果才需要报告。

一个重要的例外是混合物，如果某种混杂在一起的混合物被视作最高危险物质的代表，则计算工艺单元危险系数时，可燃性粉尘和易燃蒸气的系数都要考虑。

火灾、爆炸危险指数被用来估计生产事故可能造成的破坏。各种危险因素，如反应类型、操作温度、压力和可燃物的数量等，表征了事故发生概率、可燃物的潜能以及由工艺控制故障、设备故障、振动或应力疲劳等导致的潜能释放的大小。

求出 F&EI 后，按照表 4-5 确定其火灾、爆炸危险等级。

表 4-5 F&EI 及火灾、爆炸危险等级

F&EI 值	$1 \sim 60$	$61 \sim 96$	$97 \sim 127$	$128 \sim 158$	>158
危险等级	最轻	较轻	中等	很大	非常大

4. 确定暴露区域面积

暴露半径 R 决定了暴露区域的大小。

暴露区域面积按式（4-2）、式（4-3）计算：

$$S = \pi R^2 \tag{4-2}$$

$$\text{实际暴露区域面积} = \text{暴露区域面积} + \text{评价单元面积} \tag{4-3}$$

暴露区域内的设备将会暴露在本单元发生的火灾或爆炸环境中。因此，必须采取相应的安全对策措施。在实际情况下，暴露区域的中心常常是泄漏点，经常发生泄漏的点是排气（液）口、膨胀节、装卸料连接处等部位，它们均可作为暴露区域的圆心，要重点加强防范。

5. 确定暴露区域财产价值

暴露区域内财产价值可由区域内含有的财产（包括在存物料）的更换价值来确定：

$$\text{更换价值} = \text{原来成本} \times 0.82 \times \text{增长系数} \tag{4-4}$$

式中 0.82——考虑了场地平整、道路、地下管线、地基等在事故发生时不会遭到损失或无须更换的系数；

增长系数——由工程预算专家确定。

更换价值可按以下几种方法计算：

1）采用暴露区域内设备的更换价值。

2）用现行的工程成本来估算暴露区域内所有财产的更换价值（地基和其他受损失的项目除外）。

3）从整个装置的更换价值推算每平方米的设备费，再乘以暴露区域的面积，即为更换价值。此方法对老厂最适用，但其精确度差。

在计算暴露区域内财产的更换价值时，需计算在存物料及设备的价值。储罐的物料量可按容量的80%计算；塔、泵、反应器等计算在存量或与之相连的物料储罐物料量，也可用15min物流量或有效容积计算。

物料的价值要根据制造成本、可销售产品的销售价及废料的损失等来确定，要将暴露区内的所有物料包括在内。

在计算时，不重复计算两个暴露区域相交的部分。

6. 确定破坏系数

破坏系数由单元危险系数 F_3 和物质系数 MF 按道化学公司第7版火灾、爆炸危险指数评价法给定的图确定。它表示单元中的物料或反应能量释放所引起的火灾、爆炸事故的综合效应。

7. 计算基本最大可能财产损失（基本 MPPD）

基本最大可能财产损失是假定没有采用任何一种安全措施来降低损失，计算公式如下：

$$基本最大可能财产损失 = 暴露区域内财产价值 × 破坏系数 \tag{4-5}$$

8. 计算安全措施补偿系数

安全措施补偿系数按式（4-6）计算：

$$C = C_1 C_2 C_3 \tag{4-6}$$

式中　C——安全措施总补偿系数；

　　　C_1——工艺控制补偿系数；

　　　C_2——物质隔离补偿系数；

　　　C_3——防火措施补偿系数。

9. 确定实际最大可能财产损失（实际 MPPD）

$$实际最大可能财产损失 = 基本最大可能财产损失 × 安全措施补偿系数 \tag{4-7}$$

它表示在采取适当的防护措施后，事故造成的财产损失。

10. 确定最大可能工作日损失（MPDO）

估算最大可能工作日损失是评价停产损失（BI）的必经步骤，根据物料储量和产品需求的不同状况，停产损失往往等于或超过财产损失。

根据实际最大可能财产损失按道化学公司第7版火灾、爆炸危险指数评价法给定的图查取，确定实际最大可能工作日损失。

11. 确定停产损失（BI）

停产损失（以美元计）按式（4-8）计算：

$$BI = \frac{MPDO}{30} \times VPM \times 0.70 \tag{4-8}$$

式中　VPM——每月产值。

4.1.3　道化学评价法优缺点及适用范围

道化学火灾、爆炸危险指数评价法能定量地对工艺过程、生产装置及所含物料的实际潜在火灾、爆炸和反应性危险逐步推算并进行客观的评价，并能提供评价火灾、爆炸总体危险性的关键数据，能很好地剖析生产单元的潜在危险。但该方法大量使用图表，涉及大量参数的选取，且参数取值范围较大，主观性较强，影响了评价的准确性。

道化学火灾、爆炸危险指数评价法适用于生产、储存和处理具有易燃、易爆、有化学活性或有毒物质的工艺过程及其他有关工艺系统。

4.1.4　道化学评价法应用实例

1. 评价项目概述

选取某化学工业公司年产 12 万 t 聚苯乙烯项目作为评价对象，该公司的 12 万 t 聚苯乙烯项目由 3 套聚苯乙烯生产装置组成。聚苯乙烯生产工艺流程包括配料、预聚合、聚合、脱除挥发性成分（简称脱挥）、造粒等工序和循环真空、导热油等辅助系统。

聚苯乙烯工艺流程示意图如图 4-2 所示。

2. 选择工艺单元

该公司主要分为生产区和储罐区两大部分，现有的 12 万 t 聚苯乙烯项目共有 3 条生产线，每条生产线均由多个工艺系统组成，包括配料、聚合、脱挥、循环回收、真空、造粒和粉末脱除等部分。依据对聚苯乙烯生产工艺过程的分析，可初步确定苯乙烯聚合阶段是整个生产过程中最具危险性的阶段，因此，生产主装置区应选取预聚合车间为代表性工艺单元。此外，苯乙烯罐区和日用罐区也是该公司内主要的火灾、爆炸危险场所，应以此为危险单元进行事故后果评价。各工艺单元基本情况如下：

1）聚苯乙烯生产装置区：由于 3 条生产线的布置相对独立，可选取其中一条生产线为代表性评价单元，本书选取 3 号生产线进行评价。评价时考虑苯乙烯进入预聚釜进行聚合时的情况。

2）储罐区：该公司球罐区有两组储罐，其中一组包含 2 个 6000m³ 的液化石油气球罐、1 个 600m³ 的柴油储罐和 1 个 864m³ 的矿物油储罐；另一组为 2 个 1000m³ 的乙二醇储罐，两组储罐用防火堤隔开。罐区的火灾爆炸危险主要来自苯乙烯，故选取苯乙烯罐组为单元进行评价，考虑罐内填充系数为 0.85 时的情况。

3）日用罐区：罐区内的主要危险物质是苯乙烯，一般存放量约为 150t。

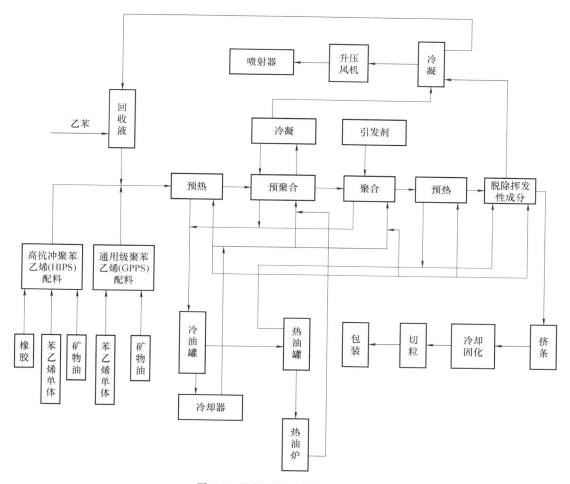

图 4-2 聚苯乙烯工艺流程示意图

3. 火灾、爆炸危险性分析

（1）物质系数的确定   以生产装置区为例，单元内存在的物质有苯乙烯、矿物油、聚丁二烯橡胶和抗氧剂等。根据评价指南的规定，应选取火灾危险性较大或储运量较大的物质作为代表性物质，故代表物选定为苯乙烯，它的物质系数为 24。考虑苯乙烯进入预聚合釜聚合时的温度为 90~200℃，远超过它的闪点（32℃）温度，应进行温度修正，所得物质系数仍为 24。

（2）确定一般工艺危险系数 F_1

1）基本危险系数：给定值为 1.00。

2）放热反应：危险系数范围为 0.3~1.25，该单元中所发生的聚合反应为中等程度的放热反应，危险系数为 0.5。

3）物料处理与输送：危险系数范围为 0.25~1.05，"对于 $N_F=3$ 或 $N_F=4$ 的易燃液体或气体，储存在库房或露天存放时，包括罐装、桶装等，危险系数为 0.85"，苯乙烯 $N_F=3$，故危险系数选定为 0.85。

4）封闭单元或室内单元：危险系数范围为 0.25～0.9，"单元周围为一可排放泄漏液体的平坦地面，一旦失火，会引起火灾，危险系数为 0.5"。该单元的情况与此相符，故选定危险系数为 0.5。

一般工艺危险系数 F_1 为基本危险系数与所有选取危险系数之和。

（3）确定特殊工艺危险性系数 F_2

1）基本危险系数：1.00。

2）毒性物质：毒性物质的危险系数为 $0.2N_H$，混合物中取最大的 N_H 值，N_H 是美国消防协会在 NFPA 704 中定义的物质毒性系数。苯乙烯的 $N_H = 2$，故该项危险系数为 0.4。

3）负压：该项危险系数用于绝对压力小于 500mmHg（66.66kPa）的情况，该单元所发生的聚合反应在真空条件下进行，故选取危险系数为 0.50。

4）工艺中的液体及气体：在生产过程中，3 号生产线上每批投入预聚合釜的苯乙烯的数量为 35t，总能量 = $(35 \times 10^3 \times 17.4 \times 10^3 / 0.454)$ Btu = 1.341×10^9 Btu（1Btu = 1055.056J），对照相应的曲线，得出危险系数为 1.66。

5）储存中的液体和气体：在生产区内有一组配料罐，配料罐组内的最危险物质是苯乙烯，按每批配料约 1000t 计，总能量 = $(1000 \times 10^3 \times 17.4 \times 10^3 / 0.454)$ Btu = 38.33×10^9 Btu，对照相应曲线，得出危险系数为 1.00。

6）腐蚀：危险系数范围为 0.10～0.75。该工程尽管在设计中已考虑了腐蚀余量，但因腐蚀引起的事故仍有可能发生。依据指南中"腐蚀速率（包括点腐蚀和局部腐蚀）小于 0.5mm/a 时危险系数为 0.10"，该单元应选取危险系数为 0.10。

7）泄漏——连接头和填料处：危险系数范围为 0.10～1.50。指南中规定"泵和压盖密封处可能产生轻微泄漏时，危险系数为 0.10"，该单元符合这一情形，危险系数选取为 0.10。

8）热油交换系统：在该单元中，热油交换系统内为柴油，闪点约为 43℃，而热油使用温度在 90～200℃，超过柴油的闪点温度，对照指南，应选取危险系数。该单元内热油总量约为 $(40/0.8)\text{m}^3 = 50\text{m}^3$；应选取危险系数为 0.50。

9）转动设备：该单元中使用了多台压缩机和多种类型的泵，这些转动设备有的使用功率超过了指南中规定，应选取危险系数为 0.50。

特殊工艺危险系数 F_2 等于基本危险系数与各项选取危险系数之和。

（4）计算工艺单元危险系数 F_3 工艺单元危险系数 F_3 是一般工艺危险系数 F_1 和特殊工艺危险系数 F_2 的乘积，即 $F_3 = F_1 F_2$。

（5）计算火灾、爆炸危险指数（F&EI） 火灾、爆炸危险指数用来估计生产过程中事故可能造成的破坏程度，该指数是工艺单元危险系数 F_3 和物质系数 MF 的乘积，即 F&EI = $F_3 \times$ MF。表 4-6 中给出了各单元火灾、爆炸危险指数。

表 4-6　各单元火灾、爆炸危险指数

地点：聚苯乙烯生产与储罐区域		单元		
评价人：		聚苯乙烯生产装置区	苯乙烯储罐区	日用罐区
1. 物质系数 MF（选取物质为苯乙烯）		24	24	24
2. 一般工艺危险	危险系数范围	危险系数		
基本系数	1.00	1.00	1.00	1.00
2.1　放热化学反应	0.30~1.25	0.30		
2.2　吸热反应	0.20~0.40			
2.3　物料处理与输送	0.25~1.05	0.85	0.85	0.85
2.4　密闭式或室内工艺单元	0.25~0.90	0.45		
2.5　通道	0.20~0.35			
2.6　排放和泄漏控制	0.25~0.50	0.50	0.50	0.50
一般工艺危险系数 F_1		3.10	2.35	2.35
3. 特殊工艺危险	危险系数范围	危险系数		
基本系数	1.00	1.00	1.00	1.00
3.1　毒性物质	0.20~0.80	0.40	0.40	0.40
3.2　负压（<500mmHg）	0.50	0.50		
3.3　易燃范围内及接近易燃范围的操作：惰性化/未惰性化				
3.3.1　罐装易燃液体	0.50			
3.3.2　过程失常或吹扫故障	0.30		0.30	0.30
3.3.3　一直在燃烧范围内	0.80			
3.4　粉尘爆炸	0.25~2.00			
3.5　压力				
3.6　低温	0.20~0.30			
3.7　易燃及不稳定物质的重量				
3.7.1　工艺中的液体及气体		1.66		
3.7.2　储存中的液体及气体		1.0	1.0	0.7
3.7.3　储存中的可燃固体及工艺中的粉尘				
3.8　腐蚀与磨蚀	0.10~0.75	0.10	0.10	0.10

（续）

地点：聚苯乙烯生产与储罐区域		单元		
		聚苯乙烯生产装置区	苯乙烯储罐区	日用罐区
评价人：				
3.9 泄漏——接头和填料	0.10~1.50	0.10	0.10	0.10
3.10 使用明火设备				
3.11 热油、热交换系统	0.15~1.15	0.50		
3.12 转动设备	0.50	0.50		
特殊工艺危险系数 F_2		5.76	2.90	2.60
工艺单元危险系数 $F_1 \times F_2 = F_3$		17.86	6.82	6.11
火灾、爆炸危险指数 $F_3 \times MF = F\&EI$		428.64	163.68	146.64
火灾、爆炸危险等级		高	高	高

4. 确定暴露区域面积

暴露半径在一定程度上表明了影响区域的大小，在这个区域内的设施、设备会在火灾、爆炸中受到破坏。火灾、爆炸事故视为全方位扩散的立体圆柱形破坏。根据 F&EI 计算暴露半径，暴露半径从评价单元的中心位置算起。

5. 计算暴露区域内的财产价值

暴露区域内的财产损失可由区域内含有的财产（包括在线物料）的更换价值确定，但事故发生时有些成本不会遭受损失或无须更换，如场地平整、道路、地下管线和地基、工程费等。

（1）3 号苯乙烯生产装置　更换价值：聚苯乙烯生产区的固定资产为 1000 万美元，它的更换价值计算如下：

$$更换价值 = （1000 \times 0.82）万美元 = 820 万美元$$

折合人民币 6806 万元（按 1 美元兑换 8.3 元人民币计算）。上式中的系数 0.82 是考虑到事故发生时有些成本不会遭受损失或无须更换，如场地平整、道路、地下管线和地基、工程费等。

在线物料价值：在 3 号生产线上，每批间歇生产投料 35t 苯乙烯，按苯乙烯的市场价为 4980 元/t 计算，其价值为 17.43 万元。

以上两项合计为 6823.43 万元。

（2）苯乙烯罐区　更换价值：整个罐区的财产价值约为 321 万美元，其中，苯乙烯储罐区内主要有 2 个 6000m³ 苯乙烯储罐，1 个 600m³ 柴油罐和 1 个 864m³ 矿物油罐，价值约为 250 万美元，折合人民币 2075 万元。

储存物料价值：苯乙烯、柴油和矿物油的市场价格分别为 4980 元/t、2200 元/t 和 6600 元/t，按填充系数为 0.85 计算，储存物料价值：

苯乙烯：$2×6000m^3×0.85×0.9059t/m^3×4980$ 元/t$=4.6×10^3$ 万元

柴油：$600m^3×0.85×0.8t/m^3×2200$ 元/t$=89.8$ 万元

矿物油：$864m^3×0.85×0.8t/m^3×6600$ 元/t$=387.8$ 万元

合计 5077.6 万元。

两项合计 7152.6 万元，

日用罐区同理，将上述各单元影响区域内财产价值估算结果填入表 4-8 中。

6. 破坏系数确定

破坏系数是由物质系数 MF 和工艺单元危险系数 F_3 决定的，具体查图 4-3 求取。

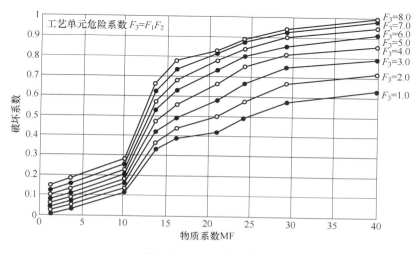

图 4-3 破坏系数计算图

7. 计算基本最大可能财产损失（基本 MPPD）

各单元基本最大可能财产损失为暴露区域内财产价值与该破坏系数 DF 的乘积，即

$$基本 MPPD = 暴露区域内财产价值 × 破坏系数 \tag{4-9}$$

按照上述计算，将结果写入表 4-8 中。

8. 确定安全措施补偿系数

建立任何一个化工装置（或化工厂）时，应该考虑一些基本设计要点，符合各种规范，除此以外，有效的安全措施，不仅能预防严重事故的发生，也能降低事故的发生概率和危害。安全措施可以分为：C_1，工艺控制；C_2，物质隔离；C_3，防火措施。

安全措施补偿系数按下列程序进行计算并汇总于各单元安全措施补偿系数表中（表 4-7）：

1）直接把合适的安全措施补偿系数填入该安全措施的右边。

2）没有采取的安全措施，补偿系数计为 1。

3）每一类安全措施的补偿系数是该类别中所有补偿系数的乘积。

4）计算 C_1、C_2、C_3 乘积，便得到总补偿系数。

5）将补偿系数填入表 4-7 中。

表 4-7 各单元安全措施补偿系数表

单元		聚苯乙烯生产装置区	苯乙烯储罐区	日用罐区
1. 工艺控制安全补偿系数	补偿系数范围	补偿系数		
1.1 应急电源	0.98	0.98	0.98	0.98
1.2 冷却装置	0.97~0.99	0.97	0.97	0.97
1.3 抑爆装置	0.84~0.98	0.98		
1.4 紧急切断装置	0.96~0.99	0.98	0.98	0.98
1.5 计算机控制	0.93~0.99	0.93	0.99	0.99
1.6 惰性气体保护	0.94~0.96	0.94	0.96	0.96
1.7 操作规程/程序	0.91~0.99	0.93	0.93	0.93
1.8 化学活性物质检查	0.91~0.98			
1.9 其他工艺危险分析	0.91~0.98			
工艺控制安全补偿系数 C_1 值		0.75	0.81	0.81
2. 物质隔离安全补偿系数	补偿系数范围	补偿系数		
2.1 遥控阀	0.96~0.98	0.98	0.98	0.98
2.2 卸料/排空装置	0.96~0.98	0.98	0.98	0.98
2.3 排放系统	0.91~0.97	0.97	0.97	0.97
2.4 联锁装置	0.98	0.98	0.98	0.98
物质隔离安全补偿系数 C_2 值		0.92	0.92	0.92
3. 防火设施安全补偿系数	补偿系数范围	补偿系数		
3.1 泄漏检测装置	0.94~0.98	0.94	0.94	0.94
3.2 钢结构	0.95~0.98	0.98	0.95	0.98
3.3 消防水供应系统	0.94~0.97	0.97	0.97	0.97
3.4 特殊灭火系统	0.91	0.91	0.91	0.91
3.5 洒水灭火系统	0.74~0.97			
3.6 水幕	0.97~0.98			
3.7 泡沫灭火系统	0.92~0.97		0.94	
3.8 手提式灭火系统	0.93~0.98	0.98	0.95	0.95
3.9 电缆防护	0.94~0.98	0.94	0.94	0.94
防火设施安全补偿系数 C_3 值		0.75	0.65	0.73
安全措施补偿系数 $C=C_1C_2C_3$		0.52	0.51	0.55

9. 计算实际最大可能财产损失（实际 MPPD）

基本最大可能财产损失与安全措施补偿系数 C 的乘积就是实际最大可能财产损失，计算公式为式（4-7）。

各单元的实际最大可能财产损失的计算结果填入各工艺单元危险分析汇总表（表4-8）。

10. 确定最大可能工作日损失（MPDO）

最大可能工作日损失可根据实际 MPPD 查图4-4得到，或根据公式求得。各单元的最大可能工作日损失的结果填入表4-8中。

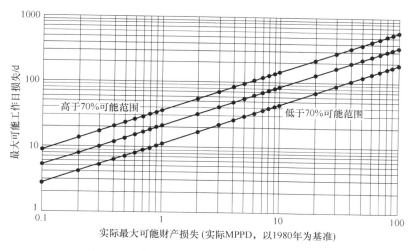

图 4-4 最大可能工作日损失（MPDO）计算图

11. 停产损失（BI）

因工程资料所限，难以对各单元的停产损失进行计算，而且，事故导致的停产损失相对于财产损失而言，通常小得多。各单元火灾、爆炸所造成的经济损失主要是财产损失，故本书不对停产损失进行估算。

12. 各工艺单元危险分析汇总

表4-8为各工艺单元危险分析汇总表。

表 4-8 各工艺单元危险分析汇总表

项目	聚苯乙烯生产装置区	苯乙烯储罐区	日用罐区
物质系数 MF	24	24	24
火灾、爆炸危险指数 F&EI	428.64	163.68	146.64
暴露半径/m	111.5	42.56	38.2
暴露区域内财产价值（万元）	6823.43	7152.6	224.93
破坏系数	0.88	0.86	0.84
基本最大可能财产损失（基本 MPPD）（万元）	6004.6	6151.2	188.94

（续）

项目	聚苯乙烯生产装置区	苯乙烯储罐区	日用罐区
安全措施补偿系数	0.52	0.51	0.55
实际最大可能财产损失（实际MPPD）（万元）	3122.40	3137.1	104
最大可能工作日损失/d	76	78	10

4.2 ICI 蒙德火灾、爆炸、毒性指数评价法

道化学指数法是以物质系数为基础，并对特殊物质、一般工艺及特殊工艺的危险性进行修正，求出火灾、爆炸的危险指数，再根据指数大小分成5个等级，按等级要求采取相应对策的一种评价法。该评价法的计算方法、评价程序等已在4.1节做了介绍。1974年英国帝国化学工业公司（ICI）蒙德（Mond）部在道化学指数评价方法的基础上考虑了物质的毒性，并发展了某些补偿系数，提出了ICI蒙德火灾、爆炸、毒性指数评价法（简称ICI蒙德法）。

ICI蒙德法在现有装置及计划建设装置的危险性研究中，用试验验证了用道化学指数评价法评价新设计项目的潜在危险性时，有必要在某些方面做必要的改进和补充，其中最重要的有以下两个方面：

1）引进了毒性的概念，将道化学公司的火灾、爆炸危险指数扩展到包括物质毒性在内的火灾、爆炸、毒性指标的初期评价，使表示装置潜在危险性的初期评价更切合实际。

2）发展了某些补偿系数（补偿系数小于1），进行装置现实危险性水平再评价，即采取安全对策措施加以补偿后进行最终评价，从而使评价较为恰当，也使预测定量化更具有实用意义。

该方法主要扩充内容如下：

1）可对较广范围的工程及设备进行研究。

2）包括了具有爆炸性的化学物质的使用管理。

3）根据对事故案例的研究，考虑了对危险度有相当影响的几种特殊工艺类型的危险性。

4）采用了毒性的观点。

5）为装置的良好设计与管理、安全仪表控制系统重新确定了某些补偿系数，对处于各种安全项目水平之下的装置，可进行单元设备现实的危险度评价。

4.2.1 ICI 蒙德法评价程序

ICI蒙德火灾、爆炸、毒性指数评价法的评价程序如图4-5所示。

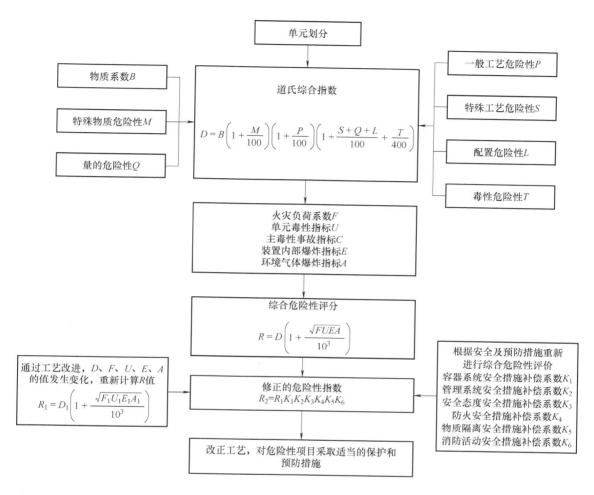

图 4-5　ICI蒙德火灾、爆炸、毒性指数评价法的评价程序

ICI蒙德法首先将评价系统划分为单元，选择有代表性的单元进行评价。评价过程分两个阶段进行：第一阶段是初期危险度评价，第二阶段是最终危险度评价。

4.2.2　ICI蒙德法具体评价步骤

1. 评价单元的确定

"单元"是装置的一个独立部分。布置上的独立性（相互间有一定的安全距离或由防火墙或防火堤隔开）和工艺上的不同性，是将装置分割成评价单元的两个基本原则。装置中具有代表性的单元类型有：原料储区、反应区、产品蒸馏区、吸收或洗涤区、中间产品储区、产品储区、运输装卸区、催化剂处理区、副产品处理区、废液处理区、通入装置区的主要配管桥区。此外，还有过滤、干燥、固体处理、气体压缩等，合适时也常常作为单元处理。

将装置划分为不同类型的单元,就能对装置的不同单元的不同危险性特点分别进行评价。根据评价结果,可以有针对性地采取不同的安全对策措施,否则,整个装置或装置的大部分就会带有装置中最危险单元的特征。为了降低它们的危险性,就必须增加安全设施,增大投资。当然,在不增加单元危险性潜能的情况下,也可将具有类似危险潜能的单元合并为一个较大的单元。

评价储存区时,单元通常由一个堤坝和共同堤坝内的全部储罐等组成。其他堤坝分开的区域,如液化气、高着火性液体及有自聚危险性、可能产生过氧化物、有凝聚相爆炸危险等特殊危险物质,可作为不同单元处理,以便能正确识别其相对危险性。

装置区中主要配管桥,不同于装置工艺或储存单元,应作为一个单元考虑。它的危险性主要是支柱或架设在架台间的管桥长度及支撑的钢管。

2. 初期危险度评价

初期危险度评价是不考虑任何安全措施,然后评价单元潜在危险性的大小。评价的项目包括:确定物质系数 B、特殊物质危险性 M、一般工艺危险性 P、特殊工艺危险性 S、量的危险性 Q、配置危险性 L、毒性危险性 T。在每个项目中又包括一些要考虑的要素(表 4-9),将各项危险系数汇总入表,计算出各项的合计,得到下列几项初期评价结果。

表 4-9　初期危险度评价项目及各项要考虑的要素

场所:		装置:	
单元:		物质:	
反应:			

指标项	指标内容	建议系数	使用系数
物质系数	燃烧热 ΔH_c(kJ/kg)		
	物质系数 B($B = \Delta H_c \times 1.8/100$)		
特殊物质危险性	① 氧化性物质	0~20	
	② 与水反应生成可燃气体	0~30	
	③ 混合及扩散特性	−60~60	
	④ 自然发热性	30~250	
	⑤ 自然聚合性	25~75	
	⑥ 着火敏感性	−75~150	
	⑦ 爆炸的分解性	125	
	⑧ 气体的爆炸性	150	
	⑨ 凝缩层爆炸性	200~1500	
	⑩ 其他性质	0~150	
特殊物质危险性合计 $M =$			

（续）

指标项	指标内容			建议系数	使用系数
一般工艺危险性	① 适用于仅物理变化			10~50	
	② 单一连续反应			0~50	
	③ 单一间断反应			10~60	
	④ 同一装置内的重复反应			0~75	
	⑤ 物质移动			0~75	
	⑥ 可能输送的容器			10~100	
一般工艺危险性合计 $P=$					
特殊工艺危险性	① 低压（$<10^3$kPa 绝对压力）			0~100	
	② 高压			0~150	
	③ 低温	a.（碳钢-10~10℃）		15	
		b.（碳钢<-10℃）		30~100	
		c. 其他物质		0~100	
	④ 高温	a. 引火性		0~40	
		b. 构造物质		0~25	
	⑤ 腐蚀与侵蚀			0~150	
	⑥ 接头与垫圈泄漏			0~60	
	⑦ 振动负荷、循环等			0~50	
	⑧ 难控制的工程或反应			20~300	
	⑨ 在燃烧范围或附近条件下操作			0~150	
特殊工艺危险性合计 $S=$					
量的危险性	物质合计/m^3				
	密度/(kg/m^3)				
	量系数			1~1000	
量的危险性合计 $Q=$					
配置危险性	单元详细配置				
	高度 H/m				
	通常作业区域/m^2				
	① 构造设计			0~200	
	② 多米诺效应			0~250	
	③ 地下			0~150	
	④ 地面排水沟			0~100	
	⑤ 其他			0~250	
配置危险性合计 $L=$					

（续）

指标项	指标内容	建议系数	使用系数
毒性危险性	① 有毒气体阈值（TLV）	0～300	
	② 物质类型	25～200	
	③ 短期暴露危险性	100～150	
	④ 皮肤吸收	0～300	
	⑤ 物理性因素	0～50	
毒性危险性合计 $T=$			

（1）道氏综合指数   道氏综合指数 D 用来表示火灾、爆炸潜在危险性的大小，按式（4-10）计算：

$$D = B\left(1+\frac{M}{100}\right)\left(1+\frac{P}{100}\right)\left(1+\frac{S+Q+L}{100}+\frac{T}{400}\right) \tag{4-10}$$

根据计算结果将道氏综合指数 D 划分为 9 个等级（表 4-10）。

表 4-10   道氏综合指数 D 等级划分

D 的范围	等级	D 的范围	等级	D 的范围	等级
>0～20	缓和的	>60～75	稍重的	>115～150	非常极端的
>20～40	轻度的	>75～90	重的	>150～200	潜在灾难性的
>40～60	中等的	>90～115	极端的	>200	高度灾难性的

（2）火灾负荷系数 F 火灾负荷系数 F 表示火灾的潜在危险性，是单位面积内的燃烧热值。根据该值的大小可以预测发生火灾时火灾的持续时间。发生火灾时，单元内全部可燃物料燃烧是罕见的，考虑有 10% 的物料燃烧，这个比例是比较接近实际的。火灾负荷系数 F 用式（4-11）计算：

$$F = B\times\frac{K}{N}\times 20500 \tag{4-11}$$

式中 K——单元中可燃物料的总量（t）；

N——单元的通常作业区域（m^2）。

根据计算结果，按 F 值将火灾负荷分为 8 个等级（表 4-11）。

表 4-11   火灾负荷等级

火灾负荷系数 $F/(Btu/ft^2)$	等级	预计火灾持续时间/h	备注
>0～(5×10^4)	轻	1/4～1/2	
>(5×10^4)～(1×10^5)	低	1/2～1	
>(1×10^5)～(2×10^5)	中等	1～2	住宅
>(2×10^5)～(4×10^5)	高	2～4	工厂

（续）

火灾负荷系数 $F/(\mathrm{Btu/ft^2})$	等级	预计火灾持续时间/h	备注
$>(4\times10^5)\sim(1\times10^6)$	非常高	$4\sim10$	工厂
$>(1\times10^6)\sim(2\times10^6)$	强的	$10\sim20$	对使用建筑物最大
$>(2\times10^6)\sim(5\times10^6)$	极端的	$20\sim50$	橡胶仓库
$>(5\times10^6)\sim(1\times10^7)$	非常极端的	$50\sim100$	

注：$1\mathrm{Btu/ft^2}=11.356\mathrm{kJ/m^2}$。

（3）装置内部爆炸指标 E　装置内部爆炸的危险性与装置内物料的危险性和工艺条件有关，装置内部爆炸指标 E 计算式如下：

$$E=1+\frac{M+P+S}{100} \tag{4-12}$$

根据计算结果将装置内部爆炸危险性分成 5 个等级（表 4-12）。

表 4-12　装置内部爆炸危险性等级

装置内部爆炸指标 E	等级	装置内部爆炸指标 E	等级
$0\sim1$	轻微	$4\sim6$	高
$1\sim2.5$	低		
$2.5\sim4$	中等	>6	非常高

（4）环境气体爆炸指标 A　环境气体爆炸指标 A 的计算式如下：

$$A=B\left(1+\frac{m}{100}\right)\times QHE\frac{t}{100}\times\left(1+\frac{P}{1000}\right) \tag{4-13}$$

式中　m——物质的混合与扩散特性系数；

　　　　H——单元高度；

　　　　t——工程温度（热力学温度）（K）。

根据计算结果将环境气体爆炸危险性分成 5 个等级（表 4-13）。

表 4-13　环境气体爆炸危险性等级

环境气体爆炸指标 A	等级	环境气体爆炸指标 A	等级
$0\sim10$	轻	$100\sim500$	高
$10\sim30$	低		
$30\sim100$	中等	>500	非常高

（5）单元毒性指标 U　单元毒性指标 U 按下式计算：

$$U=\frac{tE}{100} \tag{4-14}$$

根据计算结果将单元毒性危险性分成 5 个等级（表 4-14）。

表 4-14　单元毒性危险性等级

单元毒性指标 U	等级	单元毒性指标 U	等级
0~1	轻	5~10	高
1~3	低	>10	非常高
3~5	中等		

（6）主毒性事故指标 C　主毒性事故指标 C 按下式计算：

$$C = QU \tag{4-15}$$

根据计算结果将主毒性事故危险性分成 5 个等级（表 4-15）。

表 4-15　主毒性事故危险性等级

主毒性事故指标 C	等级	主毒性事故指标 C	等级
0~20	轻	200~500	高
20~50	低	>500	非常高
50~200	中等		

（7）综合危险性评分 R　综合危险性评分是以道氏综合指数 D 为主，并考虑火灾负荷系数 F、单元毒性指标 U、装置内部爆炸指标 E 和环境气体爆炸指标 A 的强烈影响而提出的，其计算式如下：

$$R = D\left(1 + \frac{\sqrt{FUEA}}{1000}\right) \tag{4-16}$$

式中　F、U、E、A 的最小值为 1。

根据计算结果将综合危险性分成 8 个等级（表 4-16）。

表 4-16　综合危险性等级

综合危险性评分	等级	综合危险性评分	等级
0~20	缓和	1100~2500	高（2类）
20~100	低	2500~12500	非常高
100~500	中等	12500~65000	极端
500~1100	高（1类）	>65000	非常极端

可以接受的危险度很难有一个统一的标准，它往往与所使用的物质类型（如毒性、腐蚀性等）和工厂周围的环境（如与居民区、学校、医院的距离等）有关。通常情况下，综合危险性评分 R 值在 100 以下是能够接受的，而 R 值在 100~1100 视为可以有条件地接受，对于 R 值在 1100 以上的单元，必须考虑采取安全对策措施，并进一步做安全对策措施的补偿计算。

3. 最终危险度评价

进行初期危险度评价主要是要了解单元潜在危险的程度。评价单元潜在的危险性一般都比较高，因此需要采取安全措施，降低危险性，使之达到人们可以接受的水平。ICI 蒙德法将实际生产过程中采取的安全措施分为两个方面：一方面是降低事故发生的频率，即预防事故的发生；另一方面是减小事故的规模，即事故发生后，将其影响控制在最小限度。降低事故频率的安全措施包括容器系统、管理系统、安全态度 3 类；减小事故规模的安全措施包括防火、物质隔离、消防活动 3 类。这 6 类安全措施每类又包括数项安全措施，每项安全措施根据其在降低危险的过程中所起的作用给予一个小于 1 的补偿系数。各类安全措施总补偿系数等于该类安全措施各项系数取值之积。各类安全措施的内容见表 4-17。

表 4-17　各类安全措施的内容

措施项	措施内容		补偿系数
容器系统	① 压力容器		
	② 非压力立式储罐		
	③ 输送配管	a. 设计应变	
		b. 接头与垫圈	
	④ 附加的容器及防护堤		
	⑤ 泄漏检测与响应		
	⑥ 排放的废弃物质		
容器系统补偿系数之积 $K_1=$			
工艺管理	① 压力容器		
	② 非压力立式储罐		
	③ 工程冷却系统		
	④ 惰性气体系统		
	⑤ 危险性研究活动		
	⑥ 安全停止系统		
	⑦ 计算机管理		
	⑧ 爆炸及不正常反应的预防		
	⑨ 操作指南		
	⑩ 装置监督		
管理补偿系数之积 $K_2=$			
安全态度	① 管理者参加		
	② 安全训练		
	③ 维修及安全程序		
安全态度补偿系数之积 $K_3=$			
防火	① 检测结构的防火		
	② 防火墙、障壁等		
	③ 装置火灾的预防		
防火补偿系数之积 $K_4=$			

（续）

措施项	措施内容	补偿系数
物质隔离	① 阀门系统	
	② 通风	
物质隔离补偿系数之积 $K_5 =$		
消防活动	① 压力容器	
	② 非压力立式储罐	
	③ 工程冷却系统	
	④ 惰性气体系统	
	⑤ 危险性研究活动	
	⑥ 安全停止系统	
	⑦ 计算机管理	
	⑧ 爆炸及不正常反应的预防	
消防活动补偿系数之积 $K_6 =$		

将各项补偿系数汇总入表，并计算出各项补偿系数之积，得到各类安全措施的补偿系数。根据补偿系数，可以求出补偿后的评价结果，它表示实际生产过程中的危险程度。

补偿现状评价结果的计算式如下：

1）补偿火灾负荷系数 F_2：

$$F_2 = FK_1K_4K_5 \tag{4-17}$$

2）补偿装置内部爆炸指标 E_2：

$$E_2 = EK_2K_3 \tag{4-18}$$

3）补偿环境气体爆炸指标 A_2：

$$A_2 = AK_1K_5K_6 \tag{4-19}$$

4）补偿综合危险性评分 R_2：

$$R_2 = RK_1K_2K_3K_4K_5K_6 \tag{4-20}$$

补偿后，如果评价单元的危险性评价结果降低到可以接受的程度，则评价工作可以继续下去；否则，就要更改设计，或增加补充安全措施，重新进行评价计算，直至符合安全要求为止。

4.2.3 ICI 蒙德法优缺点及适用范围

ICI 蒙德法突出了毒性对评价单元的影响，在考虑火灾、爆炸、毒性危险方面的影响范围及安全补偿措施等方面都比道化学火灾、爆炸危险指数评价法更全面，在安全措施补偿方面强调了工程管理和安全态度，突出了企业管理的重要性，因而可以较广范围地进行全面、有效、更为接近实际的评价。但使用 ICI 蒙德法进行评价时，参数取值宽，存在主观差异性，这在一定程度上影响评价结果的准确性。

ICI 蒙德法适用于生产、储存和处理涉及易燃、易爆、有化学活性、有毒性的物质的工艺过程及其他有关工艺系统。

4.2.4 ICI 蒙德法应用示例

应用 ICI 蒙德法对某煤气发生系统进行安全评价。

1. 单元主要已知参数

评价单元：造气车间的煤气发生系统（包括煤气发生炉、集气罐等）。

单元内主要物质：一氧化碳（CO）。

煤气炉发生气量：492kg。

煤气炉内压力、温度：700~800Pa，800℃。

评价单元高度：15m。

单元作业区域：1200m²。

2. 评价计算结果

煤气发生系统 ICI 蒙德法评价计算结果见表 4-18。

表 4-18 煤气发生系统 ICI 蒙德法评价结果

单元：煤气发生系统		装置：煤气发生炉、集气罐	
主要物质：CO		反应：$C+H_2O \longrightarrow CO+H_2$	
指标项目	指标内容	使用系数	危险性合计
物质系数		2.12	$B = 2.12$
特殊物质系数	① 混合及扩散特性	−5	$M = 220$
	② 着火敏感性	75	
	③ 气体的爆轰性	150	
一般工艺过程危险性	① 单一连续反应		$P = 100$
	② 物质移动		
特殊工艺过程危险性	① 高温	75	$S = 210$
	② 高温、引火性	35	
	③ 接头与垫圈泄漏	20	
	④ 烟雾危险性	60	
	⑤ 工艺着火敏感度	20	
量系数			$Q = 3.0$
配置危险性	① 高度 $H = 15m$		$L = 85$
	② 通常作业区 $N = 1200m^2$		
	③ 构造设计	10	
	④ 多米诺效应	25	
	⑤ 其他	50	

（续）

指标项目	指标内容	使用系数	危险性合计
毒性危险性	① 有毒气体阈值 TLV	100	$T = 225$
	② 物质类型	75	
	③ 短期暴露危险	50	

评价结果：

道氏综合指数 $D = 61.63$ 缓和的

火灾负荷系数 $F = 17.8$ 轻

单元毒性指标 $U = 14.14$ 非常高

主毒性事故指标 $C = 42.54$ 低

装置内部爆炸指标 $E = 6.30$ 非常高

环境气体爆炸指标 $A = 206.25$ 高

综合危险性评分 $R = 96.72$ 低

3. 结论

采取补偿措施后，该评价单元的火灾负荷系数 F、装置内部爆炸指标 E、环境气体爆炸指标 A 等多项安全指标值都有所下降，综合危险性评分 R 为 96.72，综合危险性等级为低，说明该单元的危险性降到了较安全的级别。

4.3 | 风险矩阵评价法

风险矩阵评价法常用于进行风险估算，此分析法是将决定危险事件风险的两种因素，即危险事件的严重性和危险事件发生的可能性，按其特点相对地划分等级，形成一种风险评价矩阵，并赋以一定的加权值，定性衡量风险的大小。

风险矩阵评价法通过选择关键工艺装置或风险区域，选择评价单元的风险规模和属性，编制风险矩阵表，提出风险改善措施。

4.3.1 风险矩阵评价法编制步骤

1）由系统、分系统或设备的故障、环境条件、设计缺陷、操作规程不当、人为差错引起的有害后果，按严重程度相对、定性地分为若干级，称为危险事件的严重分级。通常危险事件的严重性等级分为 4 级，见表 4-19。

表 4-19 危险事件的严重性等级

严重性等级	等级说明	事故后果说明
I	灾难	人员死亡或系统报废
II	严重	人员严重受伤、严重职业病或系统严重损坏

（续）

严重性等级	等级说明	事故后果说明
Ⅲ	轻度	人员轻度受伤、轻度职业病或系统轻度损坏
Ⅳ	轻微	人员伤害程度和系统损坏程度都轻于轻度情况

2）把上述危险事件发生的可能性根据出现的频繁程度相对地定性为若干级，称为危险事件的可能性等级。通常危险事件的可能性等级分为五级，见表 4-20。

表 4-20　危险事件的可能性等级

可能性等级	说明	单个项目具体发生情况	总体发生情况
A	频繁	频繁发生	连续发生
B	很可能	在寿命期内会出现若干次	频繁发生
C	有时	在寿命期内有时可能发生	发生若干次
D	极少	在寿命期内不易发生，但有可能发生	不易发生，但有理由可预期发生
E	不可能	极不易发生，以至于可以认为不会发生	不易发生

3）将上述危险严重性和可能性等级制成矩阵并分别给以定性的加权指数，形成风险评价指数矩阵，见表 4-21。

表 4-21　风险评价指数矩阵

可能性等级	严重性等级			
	Ⅰ	Ⅱ	Ⅲ	Ⅳ
A（频繁）	1	2	7	13
B（很可能）	2	5	9	16
C（有时）	4	6	11	18
D（极少）	8	10	14	19
E（不可能）	12	15	17	20

矩阵中的加权指数称为风险评价指数，指数从 1 到 20 是根据危险事件可能性和严重性水平综合而定的，通常将最高风险指数定为 1，相对危险事件是频繁发生的，并是有灾难性后果的。最低风险指数定为 20，对应于危险事件不可能发生而且严重性等级是轻微的。数字等级的划分具有随意性，为了便于区分各种风险的等级，需要根据具体评价对象确定风险评估指数。

4）根据矩阵中的指数确定不同类别的决策结果，确定风险等级，见表 4-22。

表 4-22　风险等级

风险值（风险指数）	风险等级	说明
1~5	1	不可接受的危险，会造成灾难性事故，必须立即排除
6~9	2	危险的，会造成人员伤亡或财产损失，是不希望的危险，要立即采取措施

（续）

风险值（风险指数）	风险等级	说明
10~17	3	临界的，处于事故状态边缘，暂时不会造成人员伤亡或财产损失，是控制接受的危险，应排除或采取措施
18~20	4	安全的，无须评审即可接受

4.3.2 风险矩阵评价法的优缺点及适用范围

风险矩阵评价法操作简单方便，能初步估算出危险事件的风险指数，并能进行风险分级，但此方法中的风险评估指数通常是主观确定的，且风险等级的划分具有随意性，有时不便于风险的决策。

风险矩阵评价法在建立职业健康安全管理体系和评价中经常用到，此方法一般不单独使用，常和预先危险性分析法、故障类型影响分析法、LEC 法等评价方法结合使用。

4.3.3 风险矩阵评价法应用示例

【示例】 风险矩阵评价法在电力系统安全评价中的应用

针对某电力系统运用风险矩阵评价法进行安全评价，评价结果见表4-23。

表 4-23 某电力系统安全评价结果

序号	风险因素	可能性等级	严重性等级	风险值	风险等级
1	同杆并架线路发生跨线故障	B	II	5	1
2	大负荷转移保护联锁动作	B	I	2	1
3	多重复杂故障拒动或误动	A	III	7	2
4	安全稳定控制系统拒动或误动	B	I	2	1
5	现有切机、切负荷措施不合理	B	III	9	2
6	低频、低压减载的配置不合理	C	III	11	3
……					

4.4 CBR 评价法

案例推理（Case-based Reasoning，CBR）是模仿人类解决问题时思维方式的一种认知模型，可以利用过去的经验、知识等信息解决新问题，符合人类的思维过程，具有不断学习的能力。CBR 作为人工智能由表层的机器模仿向深层的机器思维发展中的一种形式得到认知科学和人工智能研究者越来越多的关注。从思维科学的角度看，人的思维主要有：形象思维、逻辑思维和创造思维，案例推理是人类 3 种思维的一种综合表现形式。

4.4.1 CBR 评价法的类型

案例推理是利用历史相似案例的经验知识为目标案例做出参考，根据推理目的不同，可将案例推理分为解释型案例推理和问题解决型案例推理两类，具体分类如下：

（1）解释型案例推理 解释型案例推理是指通过案例检索功能检索得到与目标案例相似的历史案例，并利用最相似案例的经验知识来解释目标案例所处状态的一种推理方法。该过程可将目标问题的潜在影响要素显现出来，进而辅助相关人员预判目标问题可能会存在的风险。

（2）问题解决型案例推理 问题解决型案例推理是通过案例检索功能检索出与目标问题相似的源案例，并将源案例的经验知识修正，重用于目标问题的推理方法，即该过程是利用历史相似案例的经验知识辅助获取目标问题方案。

4.4.2 CBR 评价法的实现流程

在 CBR 中，一个新问题的求解过程包括几个基本环节，有学者将其归纳为"5R"，即案例表示（Representation）、案例检索（Retrieve）、案例重用（Reuse）、案例修改（Revise）和案例保存（Retain）。

案例推理的基本流程如图 4-6 所示。

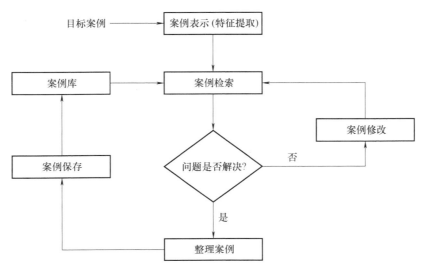

图 4-6 案例推理的基本流程

1. 案例表示

案例是指已经发生过，并且该事件对同领域问题具有指导意义的历史事件。案例的知识表示一般包括三方面的内容：①对案例问题进行表示；②对案例问题的解决方案进行表示；

③对问题解决方案所产生的效果进行表示。对案例问题进行表示是对案例所包含的特征属性的表示，如案例发生的类型、后果损失等信息的表示；问题解决方案的描述是针对案例的问题所提出的有效应对方案的表示；问题解决方案产生效果表示是对案例问题的应对方法的实施效果的评估过程。

2. 案例检索

案例检索是指当一个 CBR 系统面对一个新问题要解决时，首先要将问题进行描述，转化为新案例，然后从案例库中筛选出新案例的相似案例的过程。案例检索通常需要进行提取特征属性、初步匹配和最终确定 3 个步骤：提取特征属性是在案例描述完成的基础上，从新案例中提取出符合案例描述的各项特征属性。初步匹配是指在案例库中可能有多个案例与新案例相似，这些案例将作为备选案例。最终确定阶段是从前面几步中得到的备选案例中筛选出与新案例相似度最高的一个或几个作为最终的检索结果。

CBR 的检索目标是快速有效地从案例库中找到尽可能少的与问题描述最相似的案例。具体包括：有效性，即检索出来的案例应尽可能少；精确性，即检索出来的案例应尽可能与当前案例相关或相似；易修改性，即检索出来的案例应尽可能易于修改，产生解决当前问题的解；高速性，即检索案例的时间要短，速度要快。

案例检索方法多种多样，根据研究内容的特点，所需求的检索方法也不尽相同。为了确保案例检索的过程准确高效，选取适当的检索方法是十分必要的。目前，在 CBR 研究领域中，通常使用神经网络法、归纳检索法、知识引导法和最近相邻法等进行案例检索。

3. 案例重用

案例重用是指利用案例检索获得的相似案例，参照问题解决评价办法，根据目标案例的具体情况进行适应性调整，即重用过往案例的知识，得出目标案例中问题的建议性方案的过程。

4. 案例修改

案例修改是 CBR 研究的重要环节，这一步是 CBR 系统实现解决新问题这一根本目标的关键。当 CBR 系统通过案例重用，得出了目标案例问题的建议性解决方案时，通常所得的建议性解决方案是可以解决新问题的，但存在目标案例与检索到的案例相似度不够高的情况，或可能存在特殊情况导致无法判断时，建议性解决方案无法适用于新问题。这种情形下就需要进行案例修改，即 CBR 系统根据问题的实际需要将案例进行调整，最终得出确定性解决方案。

对于案例修改方法的选择，首先要靠具体案例问题的属性来判断。通常案例的修改可从两个不同方向来考虑：其一是修改对于新案例的建议性解决方案；其二是通过修改源案例本身，调整源案例中的对应值，使最终解决方案可行。由于第二种方法实现较为困难，故通常情况下，采用第一种方法进行案例修改。

5. 案例保存

案例保存是指经过上述 CBR 研究过程获得确定性解决方案之后，将新案例保留到案例库中进行扩展，从而实现 CBR 系统的自我学习。如果 CBR 系统通过案例检索没能找到相似度满足要求的案例，则需要对案例库自身进行调整，这是 CBR 系统完善自身问题的过程。因此，案例保存体现了 CBR 系统能够进行自我学习这一人工智能的特点。

4.4.3 CBR 评价法应用示例

【示例】 CBR 评价法在超高层建筑安全事故分析中的应用

基于案例推理构建某超高层建筑生产安全事故分析框架，如图 4-7 所示。

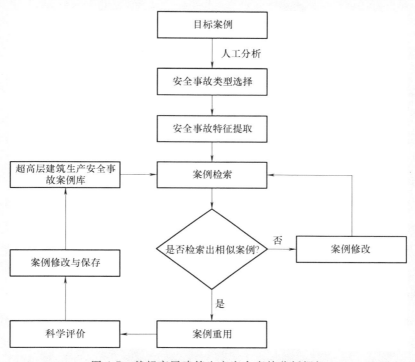

图 4-7 某超高层建筑生产安全事故分析框架

习   题

（1）试画出道化学公司火灾、爆炸危险指数评价法的计算程序图。

（2）如何利用道化学公司火灾、爆炸危险指数评价法提出相应的安全对策措施？

（3）简述 ICI 蒙德法的特点和适用范围。

（4）简述风险矩阵评价法的特点和适用范围。

（5）简述 CBR 分析法的分析步骤。

5

第5章
综合评价法

5.1 | 故障树分析法

故障树分析（FTA）法是美国贝尔实验室于 1962 年开发的，最先用于导弹发射控制系统的可靠性分析，也称为事故树分析或失效树分析。故障树分析法采用逻辑方法进行危险分析，将事故的因果关系形象地描述为一种有方向的"树"，以系统可能发生或已发生的事故（称为顶事件）作为分析起点，将导致事故发生的原因事件按因果逻辑关系逐层列出，用树形图表示出来，构成一种逻辑模型，然后定性或定量地分析事件发生的各种可能途径及发生的概率，找出避免事故发生的各种方案并选出最佳安全对策。FTA 法形象、清晰，逻辑性强，它能对各种系统的危险性进行识别和评价，既能进行定性分析，又能进行定量分析。

顶事件通常是由故障假设、HAZOP 等危险分析方法识别出来的。故障树模型是原因事件（即故障）的组合（称为故障模式或失效模式），这种组合导致顶事件。这些故障模式称为割集，最小的割集是原因事件的最小组合。要使顶事件发生，最小割集中的所有事件必须全部发生。例如，如果割集中"燃油供应不足"和"点火系统故障"全部发生，则顶事件"汽车无法启动"才能发生。

5.1.1 故障树分析法术语与符号

1. 事件及事件符号

在故障树分析中各种非正常状态或不正常情况皆称为事故事件，各种完好状态或正常情况皆称为成功事件，两者均简称为事件，事故树中的每一个节点都表示一个事件。事件符号如图 5-1 所示。

（1）结果事件　结果事件是由其他事件或事件组合所导致的事件，它总位于某个逻辑门的输出端。结果事件又分为顶事件与中间事件。

1）顶事件：故障树分析中所关心的结果事件，它位于故障树的顶端，总是讨论故障树中逻辑门的输出事件而不是输入事件，即系统可能发生的或实际已经发生的事故结果。

2）中间事件：位于底事件和顶事件之间的结果事件。中间事件既是某个逻辑门的输出事件，又是其他逻辑门的输入事件。

（2）底事件　底事件是故障树分析中的原因事件，它位于故障树底端，总是某个逻辑门的输入事件而不是输出事件。底事件分为基本事件与未探明事件。

1）基本事件：在特定的故障树分析中无须探明发生原因的底事件。

2）未探明事件：原则上应进一步探明但暂时不必或者暂时不能探明原因的底事件。

（3）特殊事件　特殊事件是在故障树分析中需用特殊符号表明其特殊性或引起注意的事件。特殊事件分为开关事件和条件事件。

1）开关事件：在正常工作条件下必然发生或者必然不发生的特殊事件。

2）条件事件：使逻辑门起作用的具有限制作用的特殊事件。

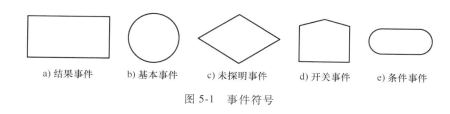

a) 结果事件　　　b) 基本事件　　　c) 未探明事件　　　d) 开关事件　　　e) 条件事件

图 5-1　事件符号

2. 逻辑门

FTA 使用布尔逻辑门形成系统的故障树逻辑模型，逻辑门连接各事件，并描述事件间的逻辑关系，主要分为以下几种：

1）与门：可以连接数个输入事件和一个输出事件，表示仅当所有输入事件都发生时，输出事件才发生。

2）或门：可以连接数个输入事件和一个输出事件，表示只要有一个输入事件发生，输出事件就发生。

3）非门：表示输出事件是输入事件的对立事件。

4）特殊门。该门可以分为以下几种：

顺序与门：表示仅当输入事件按规定的顺序发生时，输出事件才发生。

表决门：表示仅当 n 个输入事件中 r 个或 r 个以上的事件发生时，输出事件才发生。

异或门：表示仅当单个输入事件发生时，输出事件才发生。

禁门：表示仅当条件事件发生时，输入事件的发生才导致输出事件的发生。

逻辑门符号如图 5-2 所示。

3. 转移符号

转移符号表示部分故障树图的转入和转出。当故障树规模很大或整个故障树中多处包含有相同的部分树图时，为了简化整个树图，可用转移符号。转移符号如图 5-3 所示。

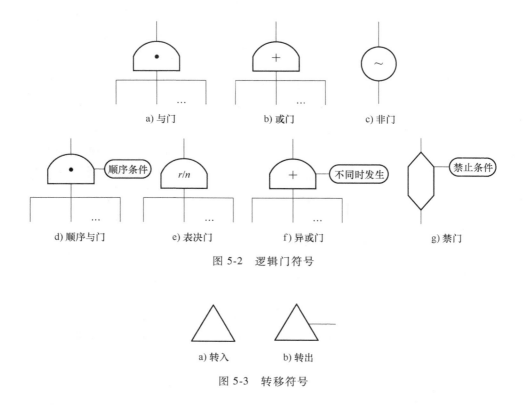

图 5-2　逻辑门符号

图 5-3　转移符号

4. 故障树

故障树是一种特殊的倒立树状逻辑因果关系图。它用上述事件符号、逻辑门符号和转移符号描述系统各种事件的因果关系，逻辑门的输入事件是输出事件的"因"，输出事件是输入事件的"果"。故障树可分为以下几种类型。

1）二状态故障树：如果故障树的底事件只刻画一种状态，而它的对立事件也只刻画一种状态，则称为二状态故障树。

2）多状态故障树：若故障树的底事件有 3 种以上互不相容的状态，则称为多状态故障树。

3）规范化故障树：将画好的故障树中各种特殊事件与特殊门进行转换或删减，变成仅含有底事件、结果事件以及"与""或""非"3 种逻辑门的故障树，这种故障树称为规范化故障树。

4）正规故障树：仅含故障事件以及与门、或门的故障树称为正规故障树。

5）非正规故障树：含有成功事件或者非门的故障树称为非正规故障树。

6）对偶故障树：将二状态故障树中的与门换为或门，或门换为与门，而其余不变，这样得到的故障树称为原故障树的对偶故障树。

7）成功树：除将二状态故障树中的与门换为或门，或门换为与门外，再将底事件与结果事件换为相应的对立事件，这样所得到的树称为原故障树对应的成功树。

5.1.2 故障树分析法实施步骤

故障树分析法的基本程序如图 5-4 所示。

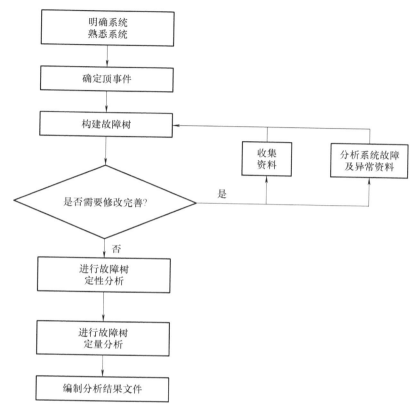

图 5-4 故障树分析法的基本程序

1. 构建故障树

故障树的构建从顶事件开始,用演绎和推理的方法确定导致顶事件的直接的、间接的、必然的、充分的原因。通常这些原因不是基本事件,而是需进一步发展的中间事件。为了保证故障树的系统性和完整性,构建故障树须遵循以下基本规则:

1)故障事件陈述。把故障的陈述写入事件框(中间事件)和事件圈(基本事件)内;对部件和部件的故障类型要准确描述,表述文字尽可能准确。

2)故障事件分析。当对某个故障事件进行分析时,应该提出这样的问题:"该故障是由设备故障造成的吗?"如果回答是"是",则该故障事件作为设备故障;如回答"不是",则该故障作为系统故障。对于设备故障,用或门找出所有可能导致该设备故障的故障事件;对于系统故障则要找出该故障事件发生的原因。

3)无奇迹发生。若正常工作的设备也能传递故障,使故障继续延伸,应认为设备功能是正常的,绝对不能幻想某些设备故障会奇迹般地、完全被阻断。

4）完成每个逻辑门。某特定逻辑门的所有输入在进行进一步分析前必须准确定义。对简单的模型，应该逐级完成故障树，每一层完成之后再进行下一层的分析。

5）一个逻辑门不能直接连接到另一个逻辑门，逻辑门之间必须有故障事件。

故障树结构图如图 5-5 所示。

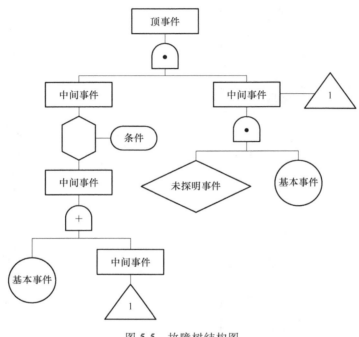

图 5-5　故障树结构图

2. 定性分析

根据故障树列出逻辑表达式，求得构成事故的最小割集和防止事故发生的最小径集，确定各基本事件的结构重要度排序。

3. 定量分析

依据各基本事件的发生概率，求解顶上事件的发生概率。在求出顶上事件发生概率的基础上，求解各基本事件的概率重要度及临界重要度。

4. 编制分析结果文件

故障树分析的最后一步是编制故障树分析结果文件。危险分析人员应当提供分析系统的说明、问题讨论、故障树模型、最小割集、最小径集及结构重要性分析，还应提出有关建议。

5.1.3　故障树定性分析

故障树的定性分析仅按故障树的结构和事故的因果关系进行。分析过程中不考虑各事件的发生概率，或认为各事件的发生概率相等。内容包括求基本事件的最小割集、最小径集及其结构重要度。求取方法有质数代入法、矩阵法、行列法、布尔代数化简法等。

以图 5-6 为例介绍故障树的定性分析。

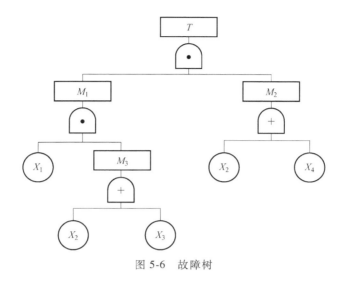

图 5-6　故障树

1. 布尔代数法运算法则

在故障树分析中常用逻辑运算符号"·"（可省略）和"+"将 A、B、C 等各个事件连接起来，这些连接式称为布尔代数表达式。在求最小割集时要用布尔代数运算法则化简代数式。用 A'、B'、C'… 分别表示事件 A、B、C 的对偶事件，这些法则有：

（1）交换律

$$A+B = B+A$$

$$AB = BA$$

（2）结合律

$$A+(B+C) = (A+B)+C$$

$$A(BC) = (AB)C$$

（3）分配律

$$A(B+C) = AB+AC$$

$$A+(BC) = (A+B)(A+C)$$

（4）吸收律

$$A(A+B) = A$$

$$A+AB = A$$

（5）互补律

$$A'+A = 1$$

$$AA' = 0$$

（6）幂等律

$$A+A = A$$

$$AA = A$$

（7）德摩根定律

$$(A+B)'=A'B'$$
$$(AB)'=A'+B'$$

（8）对偶律

$$(A')'=A$$

（9）重叠律

$$A+A'B=A+B=B'+BA$$

由图 5-6，未经简化的故障树的结构函数表达式如下：

$$T=M_1M_2=(X_1M_3)(X_2+X_4)$$
$$=[X_1(X_2+X_3)](X_2+X_4)$$
$$=(X_1X_2+X_1X_3)(X_2+X_4)$$
$$=X_1X_2X_2+X_1X_2X_4+X_1X_3X_2+X_1X_3X_4$$

2. 割集与最小割集

（1）割集与最小割集的概念

故障树中某些基本事件组成集合，当集合中这些基本事件全都发生时，顶事件必然发生，这样的集合称为割集。如果某个割集中任意除去一个基本事件就不再是割集，则这样的割集称为最小割集，即导致顶事件发生的最低限度的基本事件的集合。

（2）最小割集的求法

最小割集的求法有布尔代数法和矩阵法。故障树经过布尔代数化简，得到若干交（"与"）集和并（"或"）集，每个交集实际就是一个最小割集。利用布尔代数有关运算法则将上式归并、化简，得：

$$T=X_1X_2+X_1X_2X_4+X_1X_3X_2+X_1X_3X_4$$
$$=X_1X_2+X_1X_3X_4$$

得到两个最小割集：$T_1=\{X_1,X_2\}$；$T_2=\{X_1,X_3,X_4\}$。

（3）最小割集的作用

最小割集表明系统的危险性，每个最小割集都是顶事件发生的一种可能渠道。最小割集的数目越多，系统越危险。它的分述如下：

1）最小割集表示顶事件发生的原因。事故的发生必然是某个最小割集中几个事件同时存在的结果。求出故障树全部最小割集就可掌握事故发生的各种可能，对掌握事故的发生规律、查明原因大有帮助。

2）每一个最小割集都是顶事件发生的一种可能模式。根据最小割集可以发现系统中最薄弱的环节，直观判断出哪种模式最危险，哪些次之，以及如何采取安全措施减少事故发生等。

3）可以用最小割集判断基本事件的结构重要度，计算顶事件概率。

3. 结构重要度分析

从故障树结构上分析各基本事件的重要度，即分析各基本事件的发生对顶事件发生的影响程度，称为结构重要度分析。结构重要度分析一般采用两种方法：一种是精确求出结构重要度系数，一种是用最小割集或最小径集排出结构重要度系数。假设用 $I(i)$ 表示结构重要度，利用最小割集分析判断结构重要度有以下几个原则：

1）单事件最小割集（一阶）中的基本事件的结构重要度大于所有高阶最小割集中基本事件的结构重要度。如：在 $T_1 = \{X_1\}$，$T_2 = \{X_2, X_3\}$，$T_3 = \{X_4, X_5, X_6\}$ 3 个最小割集中，$I(1)$ 最大。

2）在同一最小割集中出现的所有基本事件，结构重要度相等（在其他割集中不再出现）。如在 $T_1 = \{X_1, X_2\}$，$T_2 = \{X_3, X_4, X_5\}$，$T_3 = \{X_7, X_8, X_9\}$ 中，$I(1) = I(2)$，$I(3) = I(4) = I(5)$ 等。

3）几个最小割集均不含共同元素，则低阶最小割集中基本事件重要度大于高阶割集中基本事件重要度。阶数相同，重要度相同。

4）比较两个基本事件，若与之相关的割集阶数相同，则两事件结构重要度大小由它们出现的次数决定，出现次数多的重要度大。如：$T_1 = \{X_1, X_2, X_3\}$，$T_2 = \{X_1, X_2, X_3\}$，$T_3 = \{X_1, X_5, X_6\}$ 中，$I(1) > I(2)$。

5）相比较的两事件仅出现在基本事件个数不等的若干最小割集中，若它们重复在各最小割集中出现次数相等，则在少事件最小割集中出现的基本事件结构重要度大。如：$T_1 = \{X_1, X_3\}$，$T_2 = \{X_2, X_3, X_5\}$，$T_3 = \{X_1, X_4\}$，$T_4 = \{X_2, X_4, X_5\}$ 中，X_1 出现两次，X_2 也出现两次，但 X_1 位于少事件割集中，所以 $I(1) > I(2)$。

此外，还可以用近似判别式判断，其公式如下：

$$I(i) = \sum_{K_i} \frac{1}{2^{n_i-1}} \tag{5-1}$$

式中　$I(i)$——基本事件 X_i 的结构重要度系数近似判断值；

　　　K_i——包含 X_i 的所有最小割集；

　　　n_i——包含 X_i 的最小割集中的基本事件个数。

故上式中各基本事件的结构重要度系数计算如下：

$$I(1) = \frac{1}{2^{2-1}} + \frac{1}{2^{2-1}} = 1$$

$$I(2) = \frac{1}{2^{3-1}} + \frac{1}{2^{3-1}} = 1/2$$

$$I(3) = \frac{1}{2^{2-1}} + \frac{1}{2^{3-1}} = 3/4$$

$$I(4) = \frac{1}{2^{2-1}} + \frac{1}{2^{3-1}} = 3/4$$

$$I(5) = \frac{1}{2^{3-1}} + \frac{1}{2^{3-1}} = 1/2$$

4. 径集、最小径集

故障树中基本事件全都不发生时，顶事件必然不发生，这样的集合称为径集。若在某个径集中任意除去一个基本事件就不再是径集，则这样的径集称为最小径集，即导致顶事件不能发生的最低限度的基本事件的集合。

求最小径集可以先将故障树化为对偶的成功树（只需将或门换成与门，与门换成或门，将事件化为其对偶事件即可），求成功树的最小割集，就是原故障树的最小径集。

以图 5-6 的故障树为例，用布尔代数化简法求它的成功树的最小割集。图 5-7 为图 5-6 中故障树的成功树，它的结构函数如下：

$$T' = M_1' + M_2' = (X_1' + M_3') + X_2'X_4' = X_1' + X_2'X_3' + X_2'X_4'$$

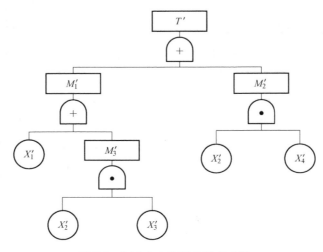

图 5-7　图 5-6 中故障树的成功树

由此得到成功树的 3 个最小割集，它就是故障树的 3 个最小径集。即：$\{X_1\}$，$\{X_2，X_3\}$，$\{X_2，X_4\}$。如果将成功树经布尔代数化简法计算的结果变换为事故树，则：

$$T = X_1(X_2 + X_3)(X_2 + X_4)$$

可以用最小径集表示故障树，如图 5-8 所示。

用最小径集判别基本事件结构重要度顺序与用最小割集判别结果一样；凡对最小割集适用的原则，对最小径集都适用。

5.1.4　故障树定量分析

1. 基本事件的发生概率

事故树的定量分析是在求出各基本事件发生概率的基础上，计算顶上事件的发生概率，并依此进行概率重要度分析和临界重要度分析。基本事件的发生概率主要是由构成系统的机械设备的故障概率和人为的失误概率决定的。

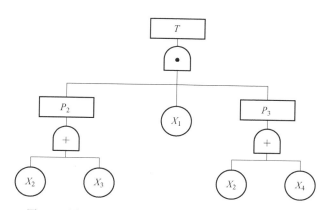

图 5-8 图 5-6 中故障树的等效图（用最小径集表示）

2. 顶上事件发生概率

如果事故树中各基本事件均是独立的，又知道了各基本事件的发生概率，即可根据如下方法计算顶上事件的发生概率。如果不是独立事件，必须考虑相容事件和相斥事件的概率计算问题，不能用下述算法计算。

（1）最小割集法　例如，某故障树有 3 个最小割集：$\{X_1, X_3\}$、$\{X_2, X_3\}$、$\{X_3, X_4\}$，各基本事件的发生概率分别为 q_1、q_2、q_3、q_4。则顶上事件的发生概率如下：

$$Q = 1 - (1-q_1q_3)(1-q_2q_3)(1-q_3q_4) = q_1q_3 + q_2q_3 + q_3q_4 - (q_1q_2q_3 + q_1q_3q_4 + q_2q_3q_4) + q_1q_2q_3q_4$$

对于有 k 个最小割集的故障树，顶上事件发生概率可表达如下：

$$Q = \sum_{j=1}^{k} \prod_{X_i \in k_j} q_i - \sum_{1 \leqslant j < s \leqslant k} \prod_{X_i \in k_j \cup k_s} q_i + \cdots + (-1)^{k-1} \prod_{\substack{j=1 \\ X_i \in k_j}}^{k} q_i \qquad (5-2)$$

式中　i——基本事件的序数；

$X_i \in k_j$——第 i 个基本事件属于第 j 个最小割集；

j、s——最小割集的序数；

k——最小割集的个数。

顶上事件的发生概率等于 k 个最小割集发生概率的代数和，减去 k 个最小割集两两组合概率积的代数和，加上三三组合概率积的代数和，直到加上 $(-1)^{k-1}$ 乘以 k 个最小割集全部组合在一起的概率积。必须注意，求组合概率积时，必须消去重复的概率因子。例如 $q_i q_i = q_i$。

如果所有的最小割集里没有重复的基本事件，则顶上事件发生的概率如下：

$$Q = \coprod_{j=1}^{k} \prod_{X_i \in k_j} q_i \qquad (5-3)$$

（2）最小径集法　对于有 p 个最小径集的事故树，顶上事件发生概率可表达如下：

$$Q = 1 - \sum_{j=1}^{p} \prod_{X_i \in p_j} (1 - q_i) + \sum_{1 \leqslant j < s \leqslant p} \prod_{X_i \in p_j \cup p_s} (1 - q_i) + \cdots + (-1)^{p} \prod_{\substack{j=1 \\ X_i \in p_j}}^{p} (1 - q_i) \qquad (5-4)$$

如果所有的最小径集中没有重复的基本事件，则顶上事件的发生概率表示如下：

$$Q = \prod_{j=1}^{p} \coprod_{X_i \in p_j} q_i = \prod_{j=1}^{p} \left[1 - \coprod_{X_i \in p_j} (1 - q_i) \right] \tag{5-5}$$

3. 概率重要度和临界重要度

（1）概率重要度分析　故障树定性分析中的结构重要度分析是从故障树的结构上分析各基本事件的重要程度。如果进一步考虑各基本事件发生概率的变化会给顶上事件发生概率以多大影响，就要分析基本事件的概率重要度。利用顶上事件发生概率 Q 是多线性函数的性质，对自变量 q_i 求一次偏导，可得到该基本事件的概率重要系数：

$$I_g(i) = \frac{\partial Q}{\partial q_i} \tag{5-6}$$

利用上式求出各基本事件的概率重要度系数后，可了解诸多基本事件中，减少哪个基本事件的发生概率可以有效地降低顶上事件的发生概率。

（2）临界重要度分析　一般情况下，减少概率大的基本事件的概率比减少概率小的事件的概率容易，而概率重要系数未能反应这一事实。因而它还不是从本质上反映各基本事件在故障树中的重要程度。临界重要度系数 $\mathrm{CI}_g(i)$ 正是从敏感度和自身发生概率的双重角度衡量各基本事件的重要度标准，它的定义式如下：

$$\mathrm{CI}_g(i) = \frac{\partial lnQ}{\partial lnq_i} \tag{5-7}$$

通过求偏导，可以得到它与概率重要系数的关系如下：

$$\mathrm{CI}_g(i) = \frac{q_i}{Q} I_g(i) \tag{5-8}$$

三种重要系数从不同方面反映了基本事件的重要程度。结构重要系数从事故树结构上反映基本事件的重要程度；概率重要系数反映基本事件的概率增减对顶上事件发生概率影响的敏感度；临界重要系数是从敏感度和自身发生概率大小双重角度反映基本事件的重要程度。

5.1.5　故障树分析法优缺点及适用范围

故障树分析法既能找到引起事故的直接原因，又能揭示事故发生的潜在原因，并能概括导致事件发生的各种情况，逻辑性强，既能进行定性分析，又可定量分析。但故障树分析要求数据准确、充分，分析过程完整，判断和假设合理。

故障树分析可用来分析事故，特别是重大、特大事故的因果关系。可应用于事故的调查分析、系统的危险性评价、事故的预测、安全措施的优化决策、系统的安全性设计等很多方面。

5.1.6　故障树分析法应用示例

【示例】　故障树分析法在建筑施工高处作业坠落事故安全评价中的应用。

在建筑施工过程中，高处坠落事故是高层建筑施工中经常发生的事故，以高处坠落事故为例进行故障树分析，了解高处坠落事故的原因和预防措施。

按故障树分析法的基本程序画出高处作业坠落故障树，如图 5-9 所示。

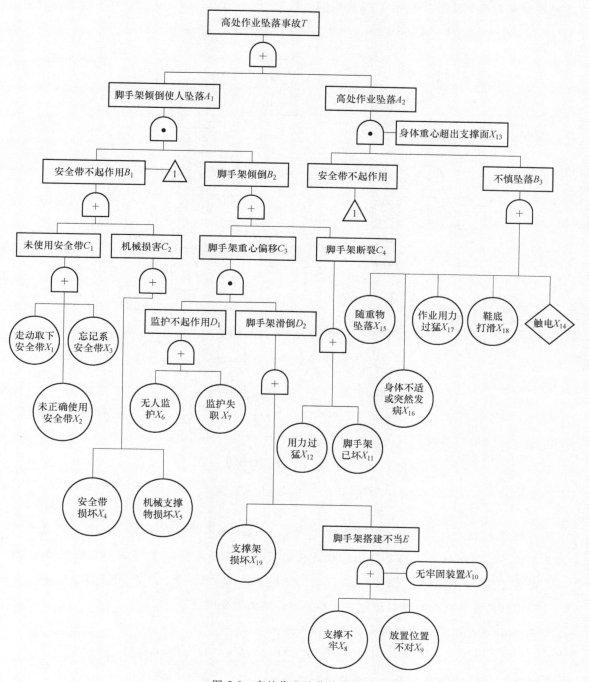

图 5-9　高处作业坠落故障树

1. 定性分析

如图 5-9 所示，对故障 A_1 进行定性分析。A_1 最小割集有 45 个，比最小径集（只有 4 个）多，所以用最小径集分析比较方便，因此，画出如图 5-10 所示的故障 A_1 的成功树，由图可求出 4 个最小径集：$P_1 = \{X_1, X_2, X_3, X_4, X_5\}$，$P_2 = \{X_6, X_7, X_{11}, X_{12}\}$，$P_3 = \{X_8, X_9, X_{11}, X_{12}, X_{19}\}$，$P_4 = \{X_{10}, X_{11}, X_{12}, X_{19}\}$。

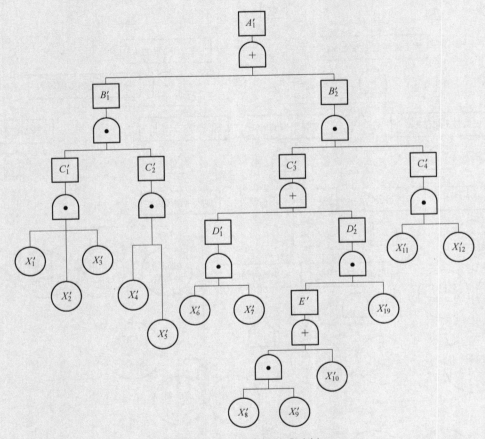

图 5-10　A_1 故障树的成功树

对故障 A_2 进行分析，同样，在故障 A_2 中，A_2 最小割集最多有 25 个，比最小径集（只有 3 个）多，所以用最小径集分析比较方便，因此，画出故障 A_2 的成功树，如图 5-11 所示。由图可得：$P_1 = \{X_1, X_2, X_3, X_4, X_5\}$，$P_2 = \{X_{14}, X_{15}, X_{16}, X_{17}, X_{18}\}$，$P_3 = \{X_{13}\}$。

利用结构重要度排列规则排列各基本事件的结构重要顺序。

故障 A_1 的基本事件的结构重要度排列顺序如下：

$$I_{11} = I_{12} > I_{19} > I_6 = I_7 = I_{10} > I_1 = I_2 = I_3 = I_4 = I_5 = I_8 = I_9$$

故障 A_2 的基本事件的结构重要度排列顺序如下：

$$I_{13} > I_1 = I_2 = I_3 = I_4 = I_5 = I_{14} = I_{15} = I_{16} = I_{17} = I_{18}$$

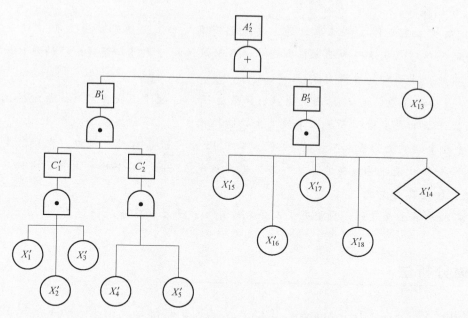

图 5-11　故障 A_2 的成功树

2. 计算顶上事件发生概率

以故障 A_2 为例计算 A_2 的发生概率。表 5-1 列出了图 5-9 中基本事件发生的概率，由于故障 A_2 的所有最小径集中没有重复的基本事件，故 A_2 顶上事件发生的概率为

$$Q = [1-(1-q_1)(1-q_2)(1-q_3)(1-q_4)(1-q_5)]q_{13}[1-(1-q_{14})(1-q_{15})(1-q_{16})(1-q_{17})(1-q_{18})]$$

$$= [1-0.98\times0.99999\times0.9\times0.9999\times0.999]\times10^{-2}\times[1-0.999999\times0.999\times0.99999\times0.999\times0.99]$$

$$= 1.43\times10^{-5}$$

表 5-1　图 5-9 中基本事件发生的概率

代号	基本事件名称	q_i	$1-q_i$	代号	基本事件名称	q_i	$1-q_i$
X_1	走动取下安全带	0.02	0.98	X_{11}	脚手架已坏	10^{-2}	0.99
X_2	未正确使用安全带	10^{-5}	0.99999	X_{12}	用力过猛	10^{-3}	0.999
X_3	忘记系安全带	0.1	0.9	X_{13}	身体重心超出支撑面	10^{-2}	0.99
X_4	安全带损坏	10^{-4}	0.9999	X_{14}	触电	10^{-6}	0.999999
X_5	机械支撑物损坏	10^{-3}	0.999	X_{15}	随重物坠落	10^{-3}	0.999
X_6	无人监护	0.1	0.9	X_{16}	身体不适或突然发病	10^{-5}	0.99999
X_7	监护失职	10^{-2}	0.99	X_{17}	作业用力过猛	10^{-3}	0.999
X_8	支撑不牢	10^{-3}	0.999	X_{18}	鞋底打滑	10^{-2}	0.99
X_9	放置位置不对	10^{-2}	0.99	X_{19}	支撑架损坏	10^{-4}	0.9999
X_{10}	无牢固装置	0.7	0.3				

3. 分析结论

1）建筑施工高处作业坠落事故的主要原因有高处作业坠落和脚手架倾倒使人坠落两类。事故的预防可以从这两方面来采取措施。分析故障树结构可知逻辑或门的数目远多于逻辑与门，事故发生的可能性很大。

2）从最小径集看，A_1 故障不发生只有 4 条途径，A_2 故障不发生只有 3 条途径，说明高处作业坠落事故容易发生，而防止事故发生的途径较少，且事件发生的概率 A_1 比 A_2 大。

3）导致事故发生的基本事件共 19 个，其中 11 个与设备有关。所以，在预防高处坠落事故中，安全防护设施是极其重要的，万万不可马虎。同时，安全检查人员要密切注意工人使用安全防护用品的情况。

4）从人的角度来考虑，应提升工人的危险预知能力及预防事故的能力。

5.2 事件树分析法

事件树分析（Event Tree Analysis，ETA）法的理论基础是决策论。ETA 法与 FTA 法正好相反，是一种从原因到结果的自下而上的分析方法。从某一初因事件开始，顺序分析各环节事件成功或失败的发展变化过程，并预测各种可能结果的分析方法，即时序逻辑的分析方法。其中，初因事件是指在一定条件下能造成事故后果的最初的原因事件；环节事件是指出现在初因事件后一系列造成事故后果的其他原因事件；各种可能结果在事件树分析中称为结果事件。

事故的发生是若干事件按时间顺序相继出现产生的结果，每一个初始事件都可能导致灾难性的后果，但并不一定是必然的后果，因为事件向前发展的每一步都会受到安全防护措施、操作人员的工作方式、安全管理及其他条件的制约。所以，事件发展的每一阶段都有两种可能性结果，即达到既定目标的"成功"和达不到既定目标的"失败"。

ETA 从事故的初始事件（或诱发事件）开始，途经原因事件，到结果事件为止，对每一事件都按成功和失败两种状态进行分析。成功和失败的分叉称为歧点，用树枝的上分支作为成功事件，下分支作为失败事件，按事件的发展顺序延续分析，直至得到最后结果，最终形成一个在水平方向横向展开的树形图。显然，有 n 个阶段就有 $(n-1)$ 个歧点。根据事件发展的不同情况，如已知每个歧点处成功或失败的概率，就可以算出各种不同结果的概率。

5.2.1 事件树分析法实施步骤

1. 确定初始事件

初始事件的确定是事件树分析的重要一环，初始事件应当是系统故障、设备故障、人为失误或工艺异常，这主要取决于安全系统或操作人员对初始事件的反应。如果所确定的初始事件能直接导致一个具体事故，事件树就能较好地确定事故的原因。在绝大多数的事件树分析应用中，初始事件是预想的。

2. 明确消除初始事件的安全措施

初始事件做出响应的安全功能可被看成防止初始事件造成后果的预防措施。安全功能措施通常包括以下几点：

1）系统自动对初始事件做出的响应（如自动停车系统）。

2）当初始事件发生时，报警器向操作者发出警报。

3）操作工人按设计要求或操作规程对警报做出响应。

4）启动冷却系统、压力释放系统，以减轻事故的严重程度。

5）设计对初始事件的影响起限制作用的围堤或封闭方法。

这些安全措施主要是减轻初始事件造成的后果，避免初始事件发展成恶性事件，分析人员应该确定事件发展的顺序，确认在事件树中安全措施是否有效。

3. 编制事件树

事件树展开的是事故序列，由初始事件开始，对控制系统和安全系统如何响应进行分析，分析结果是确定出由初始事件引起的事故。分析人员按事件发生和发展的顺序列出安全措施，在估计安全系统对异常状况的响应时，分析人员应仔细考虑正常工艺控制系统对异常状况的响应。

1）第一步，写出初始事件和要分析的安全措施。图 5-12 表示编制常见事故事件树的第一步，将初始事件列在左边，安全措施写在顶格内。初始事件后面的下边一条线，代表初始事件发生后，虽然采取安全措施，事故仍继续发展的那一支。

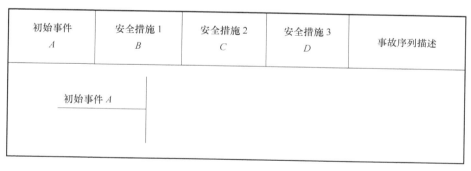

初始事件 A	安全措施1 B	安全措施2 C	安全措施3 D	事故序列描述
初始事件 A				

图 5-12　编制常见事故事件树的第一步

2）第二步，评价安全措施。通常只考虑两种可能，即安全措施成功或者失败。假设初始事件已经发生，分析人员须确定所采用的安全措施成功或失败的判定标准。接着判断如果安全措施实施了，对事故的发生有什么影响。如果对事故有影响，则事件树要分成两支，分别代表安全措施成功和安全措施失败，一般把成功的一支放在上面，失败的一支放在下面。如果该安全措施对事故的发生没有什么影响，则不需分支，可进行对下一项安全措施的分析。用字母标明成功的安全措施（如 A，B，C，D），在字母上面加一横代表失败的安全措施。就图 5-12 来说，设第一个安全措施对事故发生有影响，则在节点处分支（图 5-13）。

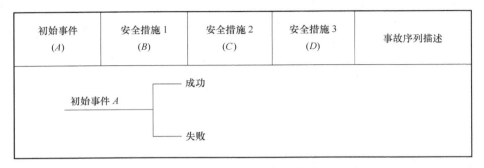

图 5-13　第一项安全措施的展开

事件树展开的每一个分支都会发生新的事故，必须要对每一项安全措施依次进行评价。当评价某一事故支路的安全措施时，必须假定前面的安全措施已经成功或失败。完成编制后的事件树如图 5-14 所示，事件树编制。最上面支路对第三项安全措施没有分支，这是因为在本系统的设计中，第一及第二两项安全措施是成功的，所以不需要第三项安全措施，它对事故的出现没有影响。

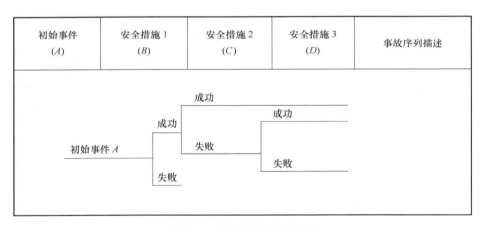

图 5-14　完成编制的事件树

4. 对所得事故序列的结果进行说明

这一步应说明由初始事件引起的一系列结果，其中某一序列或多个序列有可能表示安全回复到正常状态或有序停车（停机）。从安全角度看，它的重要意义在于得到事故的结果。

5. 分析事故序列

这一步是用故障树分析法对事件树的事故序列加以分析，以便确定其最小割集。每一事故序列都由一系列的成功和失败组成，并以"与门"逻辑与初始事件相关。这样，每一事故序列都可以看作是由"事故序列（结果）"作为顶事件，并用"与门"将初始事件和一系列安全措施与"事故序列（结果）"相连接的故障树。

6. 事件树定量分析

事件树定量分析是计算每个分支发生的概率。为了计算各分支发生的概率，首先必须确定每个因素的概率。如果各个因素的可靠度已知，根据事件树即可求得系统的可靠度。

7. 编制分析结果文件

事件树的最后一步是将分析研究的结果汇总，分析人员应对初始事件、一系列的假设及事件树模式等进行分析，并列出事故的最小割集，列出得到的不同事故后果和从对事件树的分析中得出的建议措施。

5.2.2 事件树分析法优缺点及适用范围

事件树分析法是一种图解形式，层次清楚。它既可对故障树分析法进行补充，又可以将严重事故的动态发展过程全部揭示出来，特别是可以对大规模系统的危险性及后果进行定性、定量的辨识，并分析其严重程度，可以对影响严重的事件进行定量分析。

事件树分析法的优点：各种事件发生的概率可以按照路径精确到节点；整个范围的结果都可以在树中得到体现；事件树从原因到结果，概念上比较容易明白。

事件树分析法的缺点：事件树成长非常快，为了保持合理的大小，往往必须非常粗糙地进行分析；缺少 FTA 中的数学混合应用。

事件树分析法在分析系统故障、设备失效、工艺异常、人员失误等方面应用比较广泛。

5.2.3 事件树分析法应用示例

【示例】 事件树分析法在氧化反应器冷却水断流安全评价中的应用

某氧化反应器的冷却水断流，该氧化反应器高温时应该触发自动报警机制，向操作工人提示报警温度 t_1，操作工人即重新向反应器通冷却水；若未成功冷却，温度持续上升，当温度达到 t_2 时，反应器自动停车。图 5-15 是表示"氧化反应器的冷却水断流"初始事件的事件树。

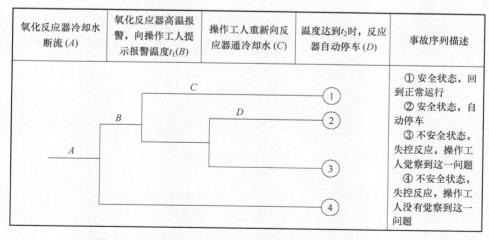

氧化反应器冷却水断流 (A)	氧化反应器高温报警，向操作工人提示报警温度 t_1 (B)	操作工人重新向反应器通冷却水 (C)	温度达到 t_2 时，反应器自动停车 (D)	事故序列描述

① 安全状态，回到正常运行
② 安全状态，自动停车
③ 不安全状态，失控反应，操作工人觉察到这一问题
④ 不安全状态，失控反应，操作工人没有觉察到这一问题

图 5-15 "氧化反应器的冷却水断流"初始事件的事件树

一旦事故序列描述完毕，分析人员就能按照事故类型和数目以及后果对事故进行排序。事件树的结构可清楚地显示事故的发展过程，可帮助分析人员判断哪些补充措施或安全系统对预防事故是有效的。

设事件 B、C、D 的发生概率分别为 0.8、0.9、0.75，则氧化反应器的冷却水断流发展成不安全状态的概率计算如下：

$$F(S) = (1-P(B)) + P(B)(1-P(C))(1-P(D)) = 0.2 + 0.8 \times 0.1 \times 0.25 = 0.22$$

习　　题

（1）简要说明故障树分析的步骤。

（2）简述最小割集、最小径集的含义及在故障树分析中的作用。

（3）假设某故障树的最小割集为 $\{x_1, x_4\}$，$\{x_2, x_6\}$，$\{x_3, x_5, x_7\}$。设各基本事件相互独立，发生概率分别为 $q_1 = 0.05$，$q_2 = 0.03$，$q_3 = 0.04$，$q_4 = 0.01$，$q_5 = 0.06$，$q_6 = 0.01$，$q_7 = 0.03$。试求顶上事件的发生概率。

（4）简述故障树分析法与事件树分析法的区别与联系。

（5）简述事件树分析法的实施步骤。

第6章
安全评价报告

6.1 安全评价报告概述

安全评价报告分为安全预评价报告、安全验收报告和安全现状评价报告，它的撰写步骤中关键的是评价数据采集与处理、安全对策措施和安全评价结论。

6.1.1 评价数据采集与处理

1. 评价数据采集原则

安全评价资料、数据的采集是进行安全评价必要的基础工作。预评价与验收评价资料以可行性研究报告及设计文件为主，同时要求提供下列资料：可类比的安全卫生技术资料及监测数据，适用的法规、标准、规范、安全卫生设施及其运行效果，安全卫生管理及其运行情况，安全、卫生、消防组织机构情况等。安全现状评价所需的资料要比预评价与验收评价复杂得多，它重点要求被评价方提供反映现实运行状况的各种资料与数据，而这类资料、数据往往由生产一线的工作人员，设备管理部门，安全、卫生、消防管理部门，技术检测部门等分别掌握，有些甚至还需要财务部门提供。

遵守各类安全评价导则的要求，结合我国对各类安全评价的具体情况，同时借鉴国外评价的经验，总结出在安全评价资料和数据采集方面应遵循的原则：首先应保证资料和数据全面、客观、具体、准确；其次应尽量避免不必要的资料索取，以免给企业带来负担。

2. 评价数据采集

（1）数据收集 数据收集是进行安全评价中最关键的、基础性的工作。所收集的数据要以满足安全评价的需要为前提，由于相关数据可能分别掌握在管理部门（设备、安全、卫生、消防、人事、劳动工资、财务等）、检测部门（质量科、技术科）以及生产车间或生产一线部门，因此，进行数据收集时要做好协调工作，使收集到的数据尽量全面、客观、具体、准确。

（2）数据范围 收集数据的范围以已确定的评价边界为限，兼顾与评价项目相联系的接口。如对改造项目进行评价时，动力系统不属于改造范围，但动力系统的变化会导致被评价系统的变化，因此，数据收集时应该将动力系统的数据包括在内。

（3）数据内容　安全评价要求提供的数据内容一般分为：人力与管理数据、设备与设施数据、物料与材料数据、方法与工艺数据、环境与场所数据等。

（4）数据来源　安全评价数据的主要来源有：被评价单位提供的设计文件（可行性研究报告或初步设计）、生产系统实际运行状况和管理文件等；其他法定单位测量、检测、检验、鉴定、检定、判定或评价的结果和结论等；评价机构或其委托检测单位，通过对被评价项目或可类比项目进行实地检查、检测、检验得到的相关数据，以及通过调查、取证得到的安全技术和管理数据；相关的法律法规、相关的标准规范、相关的事故案例、相关的材料及相关的救援知识等。

（5）数据的真实性和有效性控制　对收集到的安全评价资料数据，应确保真实性和有效性，主要关注以下几个方面的问题：

1）收集的资料数据，要对其真实性和可信度进行评估，必要时可要求资料提供方以书面形式说明资料的来源。

2）对用作类比推理的资料要注意类比双方的相关程度和资料获得的条件。

3）代表性不强的资料（未按随机原则获取的资料）不能用于评价。

4）安全评价引用反映现状的资料必须在数据有效期限内。

（6）数据汇总及数理统计　通过现场检查、检测、检验及访问，得到大量数据资料。首先应将数据资料分类汇总，再对数据进行处理，保证其真实性、有效性和代表性，必要时可进行复测，经数理统计将数据整理成可以与相关标准比对的格式，采用能说明实际问题的评价方法，得出评价结论。

（7）数据分类　安全评价的数据主要分为以下六类：

1）定性检查结果，如符合、不符合、无此项或文字说明等。

2）定量检测结果，如 $20mg/m^3$、$30mA$、$88dB$（A）、$0.8MPa$ 等带量纲的数据。

3）汇总数据，如起重机械配备情况为 30 台/套，职工安全培训率为 89% 等计数或比例数据。

4）检查记录，如易燃易爆物品储量为 12t、防爆电器合格证编号等。

5）照片、视频，如法兰间采用四氟乙烯垫片，反应釜设有防爆片和安全阀，用视频记录安全装置试验结果。特别在制作评价报告时，图像数据更为直观，效果更好。

6）其他数据类型，如连续波形对比数据、数据分布、线性回归、控制图等图表数据。

3. 评价数据处理

（1）数据汇总　数据汇总应主要考虑处理的方便程度和可能性，特别要注意数据的结构或格式。往往将安全评价的数据结构分为以下类别：

1）汇总类，如厂内车辆取证情况汇总、特种作业人员取证汇总等。

2）检查表类，如安全色与安全标志检查表。

3）定量数据，消除量纲加权变成指数进行分级评价，如有毒作业分级。

4）定性数据，通过因子加权赋值变成指数进行分级评价，如机械工厂安全评价。

5）引用类，如引用其他法定检测机构专项检测、检验得到的数据。

6）其他数据格式，如集合、关系、函数、矩阵、树（林、二叉树）、图（有向图、串）形式语言（群、环）、逻辑表达式、卡诺图等。

（2）数据整理原则　收集到的数据要经过筛选和整理，才能用于安全评价。对获得的数据进行处理，可消除或减弱不正常数据对检测结果的影响。整理后的数据应该满足以下条件：

1）来源可靠，对收集到的数据要经过鉴别，舍去不可靠的数据。

2）数据完整，凡安全评价中要使用的数据都应设法收集到。

3）取值合理，评价过程取值带有一定主观性，取值正确与否往往影响评价结果，若采用了无效或无代表性的数据，会造成检查、检测结果错误，得出不符合实际情况的评价结论。

（3）数据加工基本形式　数据整理和加工有三种基本形式：

1）按一定要求将原始数据进行分组，做出各种统计表及统计图。

2）将原始数据按从小到大的顺序排列，然后由原始数列得到递增数列。

3）按照统计推断的要求将原始数据归纳为一组或几组特征数据。

（4）提高数据的准确性　为了提高取值准确性，可从以下三方面着手：

1）严格按技术守则规定取值。

2）有一定范围的取值，可采用内插法提高精度。

3）对于较难把握的取值，可采用向专家咨询的方法，集思广益来解决。

4. 不同特性数据处理

为了使样本的性质充分反映总体的性质，在样本的选取上应遵循随机化原则，即样本个体的选取要具有代表性，不得随意删去或保留；样本个体的选择必须是独立的，各次选取的结果互不影响。在处理数据时应注意数据的以下特性：

（1）概率　随机事件在若干次观测中出现的次数称为频数，频数与总观测次数之比称为频率。当检测次数逐渐增多时，某一检测数据出现的频率总是趋近于某一常数，此常数能表示现场出现此检测数据的可能性，这就是概率。在概率论中，把表示事件发生可能性的数称为概率。在实际工作中，常以频率近似地代替概率。

（2）显著性差异　概率是在 0~1 范围内波动。当概率为 1 时，此事件必然发生；当概率为 0 时，此事件必然不发生。数理统计中习惯上认为概率 $P<0.05$ 为小概率，并以此作为事物间有无显著性差别的界限。

（3）检测数据质量控制　经常采用两种控制方式来保证数据的正确性：一是用线性回

归方法对原来制作的标准线进行复核；二是核对精密度和准确度。

记录精密度和准确度最简便的方法是制作"休哈特控制图"，通过控制图可以看出检测、检验是否在控制之中，有利于观察正、负偏差的发展趋势，及时发现异常，找出原因并采取措施。

（4）"异常值"的处理　异常值是指现场检测或实验室分析结果中偏离其他数据很远的个别极端值，极端值的存在导致数据分布范围变大。当发现极端值与实际情况明显不符时，首先要在检测条件中直接查找可能造成干扰的因素，以便使极端值的存在得到解释，并加以修正；若发现极端值属外来影响造成，则应舍去；若查不出产生极端值的原因时，应对极端值进行合理判定再决定取舍。

（5）"未检出"的处理　在检测上，有时因采样设备和分析方法不够精密，会出现一些小于分析方法检出限的数据，在报告中称为"未检出"。这些"未检出"并不是真正的零值，而是处于零值与检出限之间的值，用"0"来代替不合理（会造成统计结果偏低）。"未检出"在实际工作中可用两种方法进行处理：将"未检出"按被检物质检测规范中的标准的1/10加入统计数据；将"未检出"按分析方法最低检出限的1/2加入统计数据。总之，在统计分组时不要轻易将"未检出"数据舍掉。

6.1.2　安全对策措施

1. 安全对策措施概述

安全对策措施是要求设计单位、生产单位、经营单位在建设项目设计、生产经营、管理中采取的消除或减弱危险、有害因素的技术措施和管理措施，是预防事故和保障整个生产、经营过程安全的对策措施。

安全对策措施的内容主要包括：厂址及厂区平面布局的对策措施，防火、防爆对策措施，电气安全对策措施，机械伤害对策措施，其他安全对策措施（包括高处坠落、物体打击、安全色、安全标志、特种设备等方面），有害因素控制对策措施（包括尘、毒、窒息、噪声和振动等有害因素的控制对策措施），安全管理对策措施。

（1）安全对策措施的基本要求　在考虑、提出安全对策措施时，应满足以下基本要求：

1）能消除或减弱生产过程中产生的危险、危害。

2）处置危险和有害物，并降低到国家规定的限值内。

3）预防生产装置失灵和操作失误产生的危险、危害。

4）能有效地预防重大事故和职业危害的发生。

5）发生意外事故时，能为遇险人员提供自救和互救条件。

（2）安全对策措施的适用性　安全对策措施的适用性包括针对性、可操作性、经济合理性及合法性。

1）针对性是指针对不同行业的特点和通过评价得出的主要危险、有害因素及其后果，提出对策措施。一方面，由于危险、有害因素及其后果具有隐蔽性、随机性、交叉影响性；另一方面，对策措施既要针对某项危险、有害因素孤立地采取措施，又要使系统达到安全的目的，因此，应采取优化组合的综合措施。

2）提出的对策措施是设计单位、建设单位、生产经营单位进行设计、生产、管理的重要依据，因而对策措施应在经济、技术、时间上是可行的，能够落实和实施的。此外，应尽可能具体指明对策措施所依据的法规、标准，说明应采取的具体的对策措施，以便于应用和操作；不宜笼统地以"按某标准有关规定执行"作为对策措施提出。

3）经济合理性是指不应超越国家及建设项目、生产经营单位的经济、技术水平，按过高的安全要求提出安全对策措施，即在采用先进技术的基础上，考虑到进一步发展的需要，以安全法规、标准和规范为依据，结合评价对象的经济、技术状况，使安全技术装备水平与工艺装备水平相适应，求得经济、技术、安全的合理统一。

4）合法性是指对策措施应符合国家有关法规、标准及设计规范的规定。在安全评价中，必须严格按国家法律法规的有关要求提出安全对策措施，保证所提出对策措施的合法性。

2. 安全技术措施

（1）安全技术措施概述　安全技术措施是指运用工程技术手段消除物的不安全因素，实现生产工艺和机械设备等生产条件本质安全的措施。

安全技术对策措施也可简称为安全技术，它最根本目的就是实现生产过程中的本质安全，即便是人发生不安全行为（如违章作业），或者个别部件发生了故障，都会因为安全措施的可靠性作用避免事故的发生。为了达到这个目的，就要研制在各种生产环境下能确保安全的装置。实现生产过程的机械化与自动化，不仅是发展生产的重要手段，而且是研究安全技术措施的方向，是安全技术首选的理想措施。凡是有条件的地方，都应优先选择这种方案。

（2）安全技术措施的分类

1）按行业分类。按照行业可分为：煤矿安全技术措施、非煤矿山安全技术措施、石油化工安全技术措施、冶金安全技术措施、建筑安全技术措施、水利水电安全技术措施、旅游安全技术措施等。

2）按导致事故的原因分类。按照导致事故的原因可分为：防止事故发生的安全技术措施和减少事故损失的安全技术措施。防止事故发生的安全技术措施是指为了防止事故发生，采取的约束、限制能量或危险物质，防止其意外释放的安全技术措施。常用的预防事故发生的安全技术措施有：消除危险源、限制能量或危险物质、隔离、故障—安全设计、减少故障和失误。减少事故损失的安全技术措施是指防止意外释放的能量引起人的伤害或物的损坏，或减轻其对人的伤害或对物的破坏的技术措施。该类技术措施可在事故发生后，迅速控制局面，防止事故的扩大，避免引起二次事故的发生，从而减少事故造成的损失。常用的减少事故损失的安全技术措施有：隔离、设置薄弱环节、个体防护、避难与救援。

3）按危险、有害因素类别分类。按照危险、有害因素的类别可分为：防火防爆安全技术措施、锅炉与压力容器安全技术措施、机械安全技术措施、电气安全技术措施等。

4）按消除危险程度分类。按消除危险程度可以将安全技术措施分为：直接安全技术措施、间接安全技术措施、指示性安全技术措施和个人防护安全技术措施。其中：

① 直接安全技术措施是生产设备本身应具有本质安全性能，不出现任何事故和危害。

② 间接安全技术措施是在不能或不完全能实现直接安全技术措施时，必须为生产设备设计出一种或多种安全防护装置（不得留给用户去承担），最大限度地预防、控制事故或危害的发生。

③ 指示性安全技术措施是在间接安全技术措施也无法实现或实施时，须采用检测报警装置、警示标志等措施，警告、提醒作业人员注意，以便采取相应的对策措施或紧急撤离危险场所。

④ 个人防护安全技术措施。在间接、指示性安全技术措施仍然不能避免事故、危害发生时，则应采用个体防护安全技术措施，预防、减弱系统的危险、危害程度。

（3）安全技术措施的实施原则　根据安全技术措施等级顺序的要求，应优先采用的顺序原则是消除、预防、减弱、隔离、联锁和警告。

1）消除。通过合理的设计和科学的管理，尽可能从根本上消除危险、有害因素，如采用无害化工艺技术，生产中以无害物质代替有害物质，实现自动化、遥控作业等。

2）预防。当消除危险、有害因素有困难时，可采取预防性技术措施，预防危险、危害的发生，如使用安全阀、安全屏护、漏电保护装置、安全电压、熔断器、防爆膜、事故排放装置等。

3）减弱。在无法消除危险、有害因素和难以预防的情况下，可采取降低危险、危害的措施，如加设局部通风排毒装置，生产中以低毒性物质代替高毒性物质，采取降温措施，设置避雷、消除静电、减振、消声等装置。

4）隔离。在无法消除、预防、减弱的情况下，应将人员与危险、有害因素隔开和将不能共存的物质分开，如遥控作业，设安全罩、防护屏、隔离操作室、安全距离、事故发生时的自救装置（如防护服、各类防毒面具）等。

5）联锁。当操作者失误或设备运行一旦达到危险状态时，应通过联锁装置终止危险、危害的发生。

6）警告。在易发生故障和危险性较大的地方，应设置醒目的安全色、安全标志；必要时设置声、光或声光组合报警装置。

3. 安全管理措施

（1）安全管理措施的定义　安全管理是以实现生产过程安全为目的的现代化、科学化的管理。安全管理措施的基本任务是按照国家有关安全生产的方针、政策、法律、法规的要求，从企业实际出发，为构筑企业安全生产的长效机制，规范企业安全生产经营活动，而采取相关的安全管理对策，科学有效地发现、分析和控制生产过程中的危险、有害因素，并制定相应的安全技术措施和安全管理规章制度，主动防范与控制事故或职业病的发生，避免或减少相关损失。

安全管理对策措施是通过一系列管理手段将人、设备、物质、环境等涉及安全生产工作的各个环节有机地结合起来，进行整合、完善、优化，以保证企业职工在生产经营活动全过程的职业安全和健康，使已经采取的安全技术对策能在制度上、组织上、管理上得到保证。

（2）安全管理对策措施的内容　各类危险、危害存在于生产经营活动之中，只要有生产经营活动就可能有事故发生。即便是本质安全性能较高的自动化生产装置，也不可能彻底控制、预防所有的危险、有害因素（例如维修等辅助生产作业中存在的、生产过程中设备故障造成的危险、有害因素等）和作业人员的失误，必须采取有效的安全管理措施给予保证。因此，安全管理对策对于所有生产经营单位都是企业管理的重要组成部分，是保证安全生产必不可少的措施。

安全管理措施的内容较多，主要包括以下方面：

1）建立各项安全管理制度。主要包括建立健全企业安全生产责任制、制定各项安全生产规章制度和操作规程。

2）安全管理机构和人员。主要包括安全管理机构和人员的配置、安全管理机构的主要职责和任务。

3）安全培训、教育和考核。主要包括单位主要负责人的安全培训教育、安全管理人员的安全培训教育、从业人员的安全培训教育、特种作业人员的安全培训教育。

4）安全投入与安全设施。主要内容包括满足安全生产条件所必需的安全投入、安全技术措施计划的制订和安全设施的配备。

5）安全生产的过程控制和管理。主要包括工艺操作过程控制、重要岗位、特种作业、特种设备、重大危险源、消防、防尘与防毒、物资储存、储罐区、电气安全、施工与检修、设备内作业、检修完工后的处理、动土作业、安全装置和防护用品（器具）、建设项目"三同时"等。重点是对重大危险源、特种设备、特种作业和安全标志的控制与管理。

6）安全生产监督与检查。主要包括各种危险和隐患的督促整改、各项安全规章制度的监督实施。检查的主要形式包括职工自查、对口互查、综合检查、专业检查、季节性检查、节假日检查、夜间抽查和日常检查。

6.1.3　安全评价结论

1. 安全评价结论编制步骤

安全评价结论应体现系统安全的概念，要阐述整个被评价系统的安全能否得到保障，系统客观存在的固有危险、有害因素在采取安全对策措施后能否得到控制及受控的程度如何。

编制安全评价结论的一般工作步骤如下：

1）收集与评价相关的技术与管理资料。

2）按评价方法从现场获得与各评价单元相关的基础数据。

3）通过数据的处理得到单元评价结果。

4）根据单元评价结果，整合成单元评价小结。

5）根据各单元评价小结，整合成评价结论。

2. 安全评价结论编制原则

对工程、系统进行安全评价时，通过分析和评价，将被评价单元和要素的评价结果汇总成各单元安全评价的小结，整个项目的评价结论应是各评价单元评价小结的高度概括，而不是将各评价单元的评价小结简单地罗列起来。

评价结论的编制应着眼于整个被评价系统的安全状况，应遵循客观公正、观点明确的原则，做到概括性、条理性强且文字表达精练，具体的编制原则有以下几点：

（1）客观公正性　评价报告应客观地、公正地针对评价项目的实际情况，实事求是地给出评价结论。

1）对危险和危害性分类、分级的确定，如火灾危险性分类、防雷分类、重大危险源辨识、火灾危险环境和电力装置危险区域的划分、毒性分级等，应恰如其分，实事求是。

2）对定量评价的计算结果应进行认真的分析，看是否与实际情况相符，如果发现计算结果与实际情况出入较大，应认真分析所建立的数学模型或采用的定量计算式是否合理。

（2）观点明确　在评价结论中观点要明确，不能含糊其辞、模棱两可，甚至自相矛盾。

（3）清晰准确　评价结论应是对评价报告的高度概括，层次要清楚，语言要精练，结论要准确，要符合客观实际，要有充足的理由。

3. 安全评价结果与结论关系

评价结果是子系统或单元的各评价要素通过检查、检测、检验、分析、判断、计算、评价，汇总后得到的结果；评价结论是对整个被评价系统进行安全状况综合评判的结果，是评价结果的综合。

若简单地以各单元评价小结来代替评价结论，就不能得到整个系统的综合评价结论；因为忽略了各评价单元之间的关联、影响和相互作用；没有考虑各评价单元对整个系统的影响。

评价结果与评价结论是输入与输出的关系，输入的评价结果按照一定的原则整合后，得到评价小结，各评价小结通过整合在输出端可以得到评价结论。整合的原则可以因评价对象的不同而不同，但基本的原理是逻辑思维的理论。

安全评价报告中的结论是基于对评价对象的危险、有害因素的分析，运用评价方法进行评价、推理、判断后得到的；评价方法的选择、单元的确定，需要有充足的理由和依据；根据因果联系提出对策措施，将评价结果再综合起来做出评价结论；安全评价报告中的结论必须遵守内容、结论的同一性、不矛盾性，不能模棱两可；结论的提出要进行充分的论证。在编写安全评价结论时应考虑逻辑思维方法中"逻辑规律"的运用，主要有同一律、不矛盾律、排中律、充足理由律等。

4. 安全评价结果分析与归类

（1）评价结果分析　评价结果应较全面地考虑评价项目各方面的安全状况，要从"人、机、料、法、环"理出评价结论的主线并进行分析，如建设项目的安全卫生技术措施、安全设施上是否能满足系统安全的要求，安全验收评价还需考虑安全设施和技术措施的运行效果及可靠性。

1）人力资源和管理制度方面。

① 人力资源：安全管理人员和生产人员是否经过安全培训，是否持证上岗等。

② 管理制度：是否建立安全管理体系，是否建立支持文件（管理制度）和程序文件（作业规程），设备装置运行是否建立台账，安全检查是否有记录，是否建立事故应急救援预案等。

2）设备装置和附件设施方面。

① 设备装置：生产系统、设备和装置的本质安全程度是否达到要求，控制系统是否为故障保护型等。

② 附件设施：安全附件和安全设施配置是否合理，是否能起到安全保障作用，其有效性是否得到证实。

3）物质物料和材质材料方面。

① 物质物料：危险化学品的安全技术说明书是否提供，危险化学品的生产、储存是否构成重大危险源，燃爆和急性中毒是否得到有效控制。

② 材质材料：设备、装置及危险化学品的包装物的材质是否符合要求，材料是否采取防腐措施（如牺牲阳极法），测得的数据是否完整（测厚、探伤等）。

4）工艺方法和作业操作。

① 工艺方法：生产过程工艺的本质安全程度、生产工艺条件正常和工艺条件发生变化时的适应能力。

② 作业操作：生产作业及操作控制是否按安全操作规程进行。

5）生产环境和安全条件

① 生产环境：生产作业环境是否符合防火、防爆、防急性中毒的安全要求。

② 安全条件：自然条件对评价对象的影响，周围环境对评价对象的影响，评价对象总图布置是否合理，物流路线是否安全和便捷，作业人员安全生产条件是否符合相关要求。

（2）评价结果归类　由于系统内各单元评价结果之间存在关联，且各评价结果在重要性上不平衡，对安全评价结论的贡献有大有小，因此在编写评价结论之前最好对评价结果进行整理、分类并按严重度和发生频率将结果分别排序。

例如，按影响特别大的危险（群死群伤）或故障（或事故）频发的结果、影响重大的危险（个别伤亡）或故障（或事故）发生的结果、影响一般的危险（偶有伤亡）或故障（或事故）偶然发生的结果等，将评价结果排序列出。

5. 安全评价结论的主要内容

评价结论应较全面地考虑评价项目各方面的安全状况，要从"人、机、料、法、环"等几方面整理出评价结论的主线并进行分析；由于系统内各单元评价结果之间存在关联，且各单元评价结果在重要性上并不平衡，对安全评价结论的贡献有大有小，因此，在编写评价结论之前要对单元评价结果进行整理、分类，并按照严重程度和发生频率分别将结果排序列出。

安全评价结论的内容因评价类型（安全预评价、安全验收评价、安全现状评价）的不同而各有差异。通常情况下，安全评价结论的主要内容应包括高度概括评价结论，从风险管理角度给出评价对象在评价时与国家有关安全生产的法律法规、标准、规章、规范的符合性结论，给出事故发生的可能性和严重程度的预测性结论，以及采取安全对策措施后的安全状态。

通常情况下，安全评价结论的主要内容应包括以下三大部分：

（1）结果分析

1）辨识结果分析：列出辨识出的危险源（第一类危险源的能量和危险物质，第二类危险源的人、机、环境因素），确定重大危险源和危险目标。

2）评价结果分析：各评价单元评价结果概述、归类、事故后果分析、风险（危险度）排序等。

3）控制结果分析：前馈控制（预防性、前瞻性的安全设施和安全管理）结果和后馈控制（事故应急救援预案）结果的分析。

（2）评价结论

1）评价对象是否符合国家安全生产法规、标准要求。

2）评价对象在采取所要求的安全对策措施后达到的安全程度。

3）根据安全评价结果，做出可接受程度的结论。

（3）持续改进方向

1）对受条件限制而遗留的问题提出改进方向和措施建议。

2）对于评价结果可接受的项目，还应进一步提出要重点防范的危险、危害因素；对于评价结果不可接受的项目，要指出存在的问题，列出不可接受的充足理由。

3）提出保持现有安全水平的要求（加强安全检查、保持日常维护等）。

4）进一步提高安全水平的建议（冗余配置安全设施，采用先进工艺、方法、设备）。

5）其他建设性的建议和希望。

6.2 安全预评价报告

安全预评价是在建设项目可行性研究阶段、工业园区规划阶段或生产经营活动组织实施之前，根据相关的基础资料，辨识与分析建设项目、工业园区、生产经营活动潜在的危险、有害因素，确定这些因素与安全生产法律法规、标准、行政规章、规范的符合性，预测发生事故的可能性及事故的严重程度，提出科学、合理、可行的安全对策措施建议，做出安全评价结论的活动。

安全预评价的目的是贯彻"安全第一、预防为主"方针，为建设项目的初步设计提供科学依据，以利于提高建设项目的本质安全程度。安全预评价报告应根据建设项目可行性研究报告内容，分析和预测该项目可能存在的危险、有害因素的种类和程度，提出合理可行的安全对策措施及建议。

6.2.1 安全预评价报告依据材料

为了保证预评价报告的顺利编制，建设单位应按照新建和改扩建的不同提供相关资料。主要是新建项目或改建、扩建项目的可行性研究报告，包括建设单位概况、建设项目概况、建设工程总平面图、建设项目与周边环境位置关系图、建设项目工艺流程及物料平衡图、气象条件等；还有安全设施、设备、工艺、物料资料生产工艺中的工艺过程描述与说明，生产工艺中的安全系统描述与说明，生产系统中主要设施、设备和工艺数据表，原料、中间产品、产品及其他物料资料等；必要时还可以提供安全机构设置及人员配置、安全专项投资估算、历史性同类装备设施的监测数据和资料，以及其他可用于建设项目安全评价的资料。

6.2.2 安全预评价报告格式

安全预评价报告一般按下面的格式编写：

1）封面。封面上应有：建设单位名称、建设项目名称、评价报告（安全预评价报告）名称、预评价报告的编号（与大纲编号相同）、安全评价机构名称、安全预评价机构资质证书编号及完成预评价报告的日期（年、月）。

2）安全预评价机构资质证书影印件。

3）著录项。著录项包括：安全预评价机构法人代表、审核人员、评价课题组组长、主要评价人员、各类技术专家以及其他有关责任者名单（评价人员和技术专家均要手写签名）、评价机构印章及报告完成日期。

4）摘要。摘要包括：评价的目的、范围、内容简述，评价过程简要说明，危险、有害因素辨识结果，重大危险源辨识及评价结果，所采用的评价方法及划分的评价单元，获得的评价结果，主要安全对策措施及建议概述和最终评价结论。

摘要编写一定要重点突出、层次清楚、表述客观。

5）目录。

6）前言。

7）正文。正文包括：概述、生产工艺简介、主要危险、有害因素分析、评价方法的选择和评价单元划分、定性和定量评价、安全对策措施及建议、预评价结论等。

8）附件。附件一般包括安全现状评价委托书，安全现状评价承诺书，相关审批文件、证书证件等。

9）附录。

6.2.3 安全预评价报告编制

1）结合评价对象的特点，阐述编制安全预评价报告的目的。

2）列出有关的法律法规、标准、规章、规范和评价对象被批准设立的相关文件及其他有关参考资料等安全预评价的依据。

3）介绍评价对象的选址、总图及平面布置、水文情况、地质条件、工业园区规划、生产规模、工艺流程、功能分布、主要设施、设备、装置、主要原材料、产品（中间产品）、经济技术指标、公用工程及辅助设施、人流、物流等概况。

4）列出辨识与分析危险、有害因素的依据，阐述辨识与分析危险、有害因素的过程。

5）阐述划分评价单元的原则、分析过程等。

6）列出选定的评价方法，并进行简单介绍；阐述选定方法的原因；详细列出定性、定量评价过程；明确重大危险源的分布、监控情况以及预防事故扩大的应急预案内容；给出相关的评价结果，并对得出的评价结果进行分析。

7）列出安全对策措施建议的依据、原则、内容。

8）做出评价结论。简要列出主要危险、有害因素评价结果，指出评价对象应重点防范的重大危险、有害因素，明确应重视的安全对策措施建议，明确评价对象潜在的危险、有害因素在采取安全对策措施后，能否得到控制以及受控的程度。给出评价对象从安全生产角度是否符合国家有关法律法规、标准、规章、规范的要求的结论。

安全预评价报告编制流程如图6-1所示。

6.2.4 安全预评价报告的主要内容

安全预评价报告的主要内容包括：概述，生产工艺简介，主要危险、有害因素分析，评价方法的选择和评价单元的划分，定性和定量评价，安全对策措施及建议，评价结论。

1. 概述

概述包括安全预评价的依据、建设单位简介、建设项目简介和评价范围等内容。

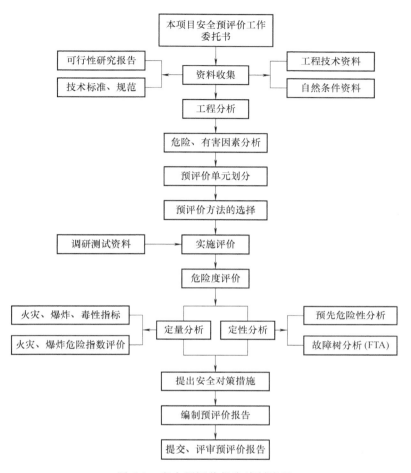

图 6-1 安全预评价报告编制流程

（1）安全预评价的依据 安全预评价的依据包括有关的法律、法规、技术标准、建设项目（新建、改建、扩建工程项目）可行性研究报告、立项文件等相关文件和参考资料。

（2）建设单位简介 建设单位简介包括单位性质、组织机构、员工构成、生产的产品、自然地理位置、环境气候条件等。

（3）建设项目简介 建设项目简介包括建设项目选址、总图及平面布置、生产规模、工艺流程、主要设备、主要原材料、中间体、产品、技术经济指标、公用工程及辅助设施等。

（4）评价范围 一般整个建设项目包括的生产装置、公用工程、辅助设施、物料储运、总图布置、自然条件及周围环境条件等均应在评价范围之内，但有些技术改造项目新老装置交错共存，有些新建项目分期实施，诸如此类建设项目就需要明确评价范围。

2. 生产工艺简介

对生产工艺应简要介绍工艺路线、主要工艺条件、主要生产设备等。

3. 主要危险、有害因素分析

在分析建设项目资料和对同类生产厂家进行了初步调研的基础上，在建设项目建成投产之后，对生产过程中所用原、辅材料和中间产品的数量、危险、有害性，以及储运、生产工艺、设备、公用工程、辅助设施、地理环境条件等方面的危险、有害因素逐一进行分析，确定主要危险、有害因素的种类、产生原因、存在部位及可能产生的后果，以便确定评价对象和选用合适的评价方法。

4. 评价方法的选择和评价单元的划分

根据建设项目主要危险、有害因素的种类和特征，选用评价方法。对于不同的危险、有害因素，选用不同的方法。对重要的危险、有害因素，必要时可选用两种（或多种）评价方法进行评价，相互补充、验证，以提高评价结果的可靠性。在选用评价方法的同时，应明确所要评价的对象和进行评价的单元。

5. 定性和定量评价

定性定量评价是预评价报告的核心章节，运用所选取的评价方法，对危险、有害因素进行定性、定量的评价计算和论述。根据建设项目的具体情况，对主要危险因素采用相应的评价方法进行评价。对危险性大且容易造成群体伤亡事故的危险因素可选用两种或几种评价方法进行评价，以相互验证和补充，并且要对所得到的评价结果进行科学的分析。

6. 安全对策措施及建议

安全方面的对策措施由于对建设项目的设计、施工和今后的安全生产及管理具有指导作用，因此备受建设、设计单位的重视，这是预评价报告书的一个重要章节。提出的安全对策措施针对性要强，要具体、合理、可行。一般情况下，应从下列几个方面分别列出可行性研究报告中已提出的和建议补充的安全对策措施。

1）总图布置和建筑方面的安全对策措施。

2）工艺设备、装置方面的安全对策措施。

3）工程设计方面的安全对策措施。

4）管理方面的安全对策措施。

5）应采用的其他综合措施。

6）列出建设项目必须遵守的国家和地方安全方面的法规、法令、标准、规范和规程。

7. 评价结论

评价结论应包括以下几个方面：

1）简要列出对主要危险、有害因素评价（计算）的结果。

2）明确指出本建设项目今后生产过程中应重点防范的重大危险因素。

3）指出建设单位应重视的重要安全卫生技术措施和管理措施，以确保今后的安全生产。

6.2.5 安全预评价报告载体

安全预评价报告一般采用纸质载体。为适应信息处理需要，安全预评价报告可辅助采用电子载体形式。

6.3 | 安全验收评价报告

安全验收评价是在建设项目竣工后正式生产运行前或工业园区建设完成后，通过检查建设项目安全设施与主体工程同时设计、同时施工、同时投入生产和使用的情况或工业园区内的安全设施、设备、装置投入生产和使用的情况，检查安全生产管理措施到位情况，检查安全生产规章制度健全情况，检查事故应急救援预案建立情况，审查确定建设项目、工业园区建设满足安全生产法律法规、标准、规范要求的符合性，从整体上确定建设项目、工业园区的运行状况和安全管理情况，做出安全验收评价结论的活动。安全验收评价是运用安全系统工程的原理和方法，在项目建成试生产正常运行后，在正式投产前进行的一种检查性安全评价。它的目的是验证系统安全，为安全验收提供依据。它对系统存在的危险、有害因素进行定性和定量评价，判断系统的安全程度和配套安全设施的有效性，从而做出评价结论并提出补救或补偿的安全对策措施，以促进项目实现系统安全。

6.3.1 安全验收评价报告格式

安全验收评价报告一般按下面的格式编写：

1）封面。封面上应有：委托单位名称、评价项目名称、标题、评价报告（安全验收评价报告）名称、安全评价机构名称、安全验收评价机构资质证书编号和评价报告完成时间。

2）安全评价机构资质证书影印件。

3）著录项。

著录项包括：安全评价机构法人代表、审核定稿人、课题组长等主要责任者姓名，评价人员、各类技术专家以及其他有关责任者名单，评价机构印章及报告完成日期等。评价人员和技术专家均要手写签名。

4）前言。

5）目录。

6）正文。

7）附件。附件包括：

① 数据表格、平面图、流程图、控制图等安全评价过程中制作的图表文件。

② 建设项目存在问题与改进意见汇总表及反馈结果。

③ 评价过程中专家提出的意见及建设单位证明材料。

8）附录。附录包括：

① 与建设项目有关的批复文件（影印件）。

② 建设单位提供的原始资料目录。

③ 与建设项目相关的数据资料目录。

④ 安全验收评价委托书。

⑤ 安全验收评价承诺书。

⑥ 相关审批文件。

6.3.2 安全验收评价报告编制

1. 安全验收评价报告的要求

安全验收评价报告是安全验收评价工作过程形成的成果。安全验收评价报告的内容应能反映安全验收评价工作两方面的任务：一是为企业服务，帮助企业查出安全隐患，落实整改措施以达到安全要求；二是为政府安全生产监督管理机构服务，提供建设项目通过安全验收的证据。

2. 安全验收评价报告编制要求

安全验收评价报告的编制要求全面、概括地反映验收评价的全部工作。安全验收评价报告应文字简洁、准确，可采用图表和照片，以使评价过程和结论清楚、明确，利于阅读和审查。符合性评价的数据、资料和预测性计算过程等可以编入附录。安全验收评价报告应根据评价对象的特点及要求，选择下列全部内容进行编制。

3. 安全验收评价报告涉及内容

安全验收评价主要涉及以下几方面的内容：

1）初步设计中提出的安全设（措）施，是否已按设计要求与主体工程同时建成并投入使用。

2）建设项目中的特种设备，是否经具有法定资格的单位检验合格，并取得安全使用证书（或检验合格证书）。

3）工作环境、劳动条件等，经测试是否符合国家有关规定。

4）建设项目中的安全设（措）施，经现场检查是否符合国家有关安全规定或标准。

5）是否建立了安全生产管理机构，是否建立、健全了安全生产规章制度和安全操作规程，是否配备了必要的检测仪器、设备，是否组织进行劳动安全卫生培训教育及特种作业人员培训、考核及取证情况。

6）是否制定了事故预防和应急救援预案。

6.3.3 安全验收评价报告的主要内容

安全验收评价包括危险、有害因素的辨识与分析，符合性评价和危险危害程度的评价，安全对策措施建议，安全验收评价结论等内容。

安全验收评价主要从以下方面进行：评价对象前期（安全预评价、可行性研究报告、初步设计中安全卫生专篇等）对安全生产保障等内容的实施情况和相关对策实施建议的落实情况；评价对象的安全对策实施的具体设计、安装施工情况有效保障程度；评价对象的安全对策措施在试投产中的合理有效性和安全措施的实际运行情况；评价对象的安全管理制度和事故应急预案的建立与实际开展和演练的有效性。

安全验收评价报告的主要内容包括以下几个方面：

1. 概述

1）安全验收评价依据。

2）建设单位简介。

3）建设项目概况。

4）生产工艺。

5）主要安全卫生设施和技术措施。

6）建设单位安全生产管理机构及管理制度。

2. 主要危险、有害因素辨识

1）主要危险、有害因素及相关作业场所分析。

2）列出建设项目所涉及的危险、有害因素并指出存在的部位。

3. 总体布局及常规防护设施措施评价

1）总平面布置。

2）厂区道路安全。

3）常规防护设施和措施。

4）评价结果。

4. 易燃易爆场所评价

1）爆炸危险区域划分符合性检查。

2）可燃气体泄漏检测报警仪的布防安装检查。

3）防爆电气设备安装认可。

4）消防检查（主要检查是否有消防部门的意见）。

5）评价结果。

5. 有害因素安全控制措施评价

1）防急性中毒、窒息措施。

2）防止粉尘爆炸措施。

3）高、低温作业安全防护措施。

4）其他有害因素控制措施。

5）评价结果。

6. 特种设备监督检验记录评价

1）压力容器与锅炉（包括压力管道）。

2）起重机械与电梯。

3）厂内机动车辆。

4）其他危险性较大设备。

5）评价结果。

7. 强制检测设备设施情况检查

1）安全阀。

2）压力表。

3）可燃、有毒气体泄漏检测报警仪及变送器。

4）其他强制检测设备设施情况。

5）检查结果。

8. 电气设备安全评价

1）变电所。

2）配电室。

3）防雷、防静电系统。

4）其他电气安全检查。

5）评价结果。

9. 机械伤害防护设施评价

1）夹击伤害。

2）碰撞伤害。

3）剪切伤害。

4）卷入与绞碾伤害。

5）割刺伤害。

6）其他机械伤害。

7）评价结果。

10. 工艺设施安全联锁有效性评价

1）工艺设施安全联锁设计。

2）工艺设施安全联锁相关硬件设施。

3）开车前工艺设施安全联锁有效性验证记录。

4）评价结果。

11. 安全管理评价

1）安全管理组织机构。

2）安全管理制度。

3）事故应急救援预案。

4）特种作业人员培训。

5）日常安全管理。

6）评价结果。

12. 安全验收评价结论

对现场评价结果分析归纳和整合基础上，做出安全验收评价结论。

1）建设项目安全状况综合评述。

2）归纳、整合各部分评价结果提出存在问题及改进建议。

3）建设项目安全验收总体评价结论。

13. 安全验收评价报告附件

1）数据表格、平面图、流程图、控制图等安全评价过程中制作的图表文件。

2）建设项目存在问题与改进建议汇总表及反馈结果。

3）评价过程中专家意见及建设单位证明材料。

14. 安全验收评价报告附录

1）与建设项目有关的批复文件（影印件）。

2）建设单位提供的原始资料目录。

3）与建设项目相关的数据资料目录。

6.3.4 安全验收评价报告载体

安全验收评价报告的载体一般采用文本形式，为适应信息处理、交流和资料存档的需要，报告可采用多媒体电子载体。电子版本中能容纳大量评价现场的照片、音频、视频，可增强安全验收评价工作的可追溯性。

6.4 安全现状评价报告

安全现状评价是在系统生命周期内的生产运行期，通过对生产经营单位的生产设施、设备、装置实际运行状况及管理状况的调查、分析，运用安全系统工程的方法，进行危险、有害因素的识别及危险度评价，查找该系统生产运行中存在的事故隐患并判定其危险程度，提出合理可行的安全对策措施及建议，使系统在生产运行期内的安全风险控制在安全、合理的程度内。

6.4.1 安全现状评价报告格式

1）封面。封面上应有：（建设项目）安全现状评价报告名称、安全现状评价单位全称、完成评价报告的日期（年、月）和现状评价报告的编号（与大纲的编号相同）。

2）评价机构资质证书影印件。

3）著录项。著录项包括安全评价机构法人代表、审核定稿人、课题组长等主要责任者姓名，评价人员、各类技术专家以及其他有关责任者名单，评价机构印章及报告完成日期。评价人员和技术专家均要手写签名。

4）目录。

5）编制说明。

6）前言。

7）正文。

8）附件及附录。

6.4.2 安全现状评价报告编制

1. 安全现状评价报告的要求

安全现状评价报告的内容要详尽、具体，特别是对危险、有害因素的分析要准确，提出的事故隐患整改计划科学、合理、可行和有效。安全现状评价要由懂工艺和操作、仪表电气、消防以及安全工程的专家共同参与完成，评价组成员的专业能力应涵盖评价范围所涉及的专业内容。

安全现状评价报告应内容全面、重点突出、条理清楚、数据完整、取值合理、评价结论客观、公正。

2. 安全现状评价报告涉及的内容

1）收集评价所需的信息资料，采用恰当的方法进行危险、有害因素识别。

2）对于可能造成重大后果的事故隐患，采用科学、合理的安全评价方法建立相应的数学模型，进行事故模拟，预测极端情况下事故的影响范围、最大损失，以及发生事故的可能性或概率，给出量化的安全状态参数值。

3）对发现的事故隐患，根据量化的安全状态参数值，进行整改优先度排序。

4）提出安全对策措施与建议。

生产经营单位应将安全现状评价的结果纳入生产经营单位事故隐患整改计划和安全管理制度，并按计划实施和检查。

6.4.3 安全现状评价报告的主要内容

安全现状评价报告的内容一般包括：

1）前言。前言包括：项目单位简介、评价项目的委托方及评价要求和评价目的。

2）目录。

3）评价项目概况。评价项目概况应包括：评价项目概况、评价范围、评价依据（包括法规、标准、规范及项目的有关文件）。

4）评价程序和评价方法。说明针对主要危险、有害因素和生产特点选用的评价程序和评价方法。

5）危险、有害因素分析。危险、有害因素分析应包括工艺过程、物料、设备、管道、电气、仪表自动控制系统、水、电、汽、风、消防等公用工程系统、危险物品的储存方式、储存设备、辅助设施、周边防护距离及其他。

6）定性、定量化评价及计算。通过分析，对上述生产装置和辅助设施所涉及的内容进行危险、有害因素识别后，运用定性、定量的安全评价方法进行定性和定量评价，确定危险程度和发生事故的可能性和后果，为提出安全对策措施提供依据。

7）事故原因分析与重大事故模拟。事故原因分析与重大事故模拟主要包括：重大事故原因分析、重大事故概率分析和重大事故预测、模拟。

8）对策措施与建议。综合评价结果，提出相应的对策措施与建议，并按照风险程度的高低进行解决方案的排序。

9）评价结论。明确指出项目安全状态水平，并简要说明。

6.4.4　安全现状评价报告附件

1）数据表格、平面图、流程图、控制图等安全评价过程中制作的图表文件。
2）评价方法的确定过程和评价方法介绍。
3）评价过程中专家意见。
4）评价机构和生产经营单位交换意见汇总表及反馈结果。
5）生产经营单位提供的原始数据资料目录及生产经营单位证明材料。
6）法定的检测检验报告。

6.4.5　安全现状评价报告载体

安全现状评价报告一般采用纸质载体。为适应信息处理需要，安全现状评价报告可辅助采用电子载体形式。

6.5 | 安全评价过程控制

6.5.1　安全评价过程控制概述

1. 安全评价质量概念

安全评价作为一项有目的的行为，必须具备一定的质量水平，才能满足企业安全生产的需求，安全评价质量直接或间接地影响企业安全生产。安全评价的质量是指安全评价工作的优劣程度，也就是安全评价工作体现客观公正性、合法性、科学性和针对性的程度。

安全评价质量有广义、狭义之分。

狭义的安全评价质量仅指安全评价项目的操作过程和评价结果对安全生产发挥作用的优劣程度。狭义的安全评价质量主要体现安全评价项目执行过程中技术性、规范性的要求，如对法律法规及标准是否清楚，获取的资料是否确凿，评价是否公正，评价方法使用是否准确，评价单元划分是否合理，措施建议是否可行等。

广义的安全评价质量以安全评价机构为考查对象，是指安全评价机构全部工作的优劣程度，包括：安全评价操作和评价的作用、评价机构内部组织机构、安全评价管理工作对评价过程及评价结果的保障程度以及安全评价的社会效益等。广义的安全评价质量主要体现评价机构在运行中所要达到一定目标的要求，包括：评价工作的深度、安全评价机构内部职能部门分工协作、安全评价人员及专家的资格要求和配备、安全评价的信息反馈和综合效益等。

2. 安全评价质量影响因素分析

影响安全评价质量的主要因素有：

要进行安全评价质量控制，首先必须分析影响安全评价质量的因素。安全评价人员、安全评价机构、被评价项目、评价程序、评价方法手段等都可能对安全评价质量造成影响。在此将它概括为以下几个方面：

（1）安全评价主体　安全评价主体是指承办安全评价项目的安全评价机构及安全评价人员。首先，作为评价主体的安全评价机构和评价人员在进行评价的过程中是否能保持客观、公正的态度，将对评价的结果产生影响，评价人员如带有主观色彩，就可能无法做出全面、准确的评价，由此得出的评价结论将不利于委托单位及政府部门做出正确决策。其次，安全评价人员的素质、经验和业务水平将直接影响安全评价质量，安全科学技术是一门实践性很强的学科，评价人员必须经常深入生产实际，虚心向生产工人、安全技术人员学习、请教，才能全面了解生产工艺，不断丰富实践经验，还应不断学习先进的评价方法，提高评价的准确性。如果安全评价人员的业务素质差，未辨识出项目所存在的危险因素，或选用了不恰当的评价方法等都会造成评价失误。再次，安全评价机构的内部的质量制度是否规范、健全也是影响安全评价质量的主要因素之一。良好的内部质量制度可以在一定程度上预防和弥补评价人员素质和经验的不足，减少评价人员执业的随意性，可以及时发现与弥补评价人员的失误和疏漏，保证安全评价工作的质量。

（2）安全评价客体　安全评价客体是指被评价项目及该项目的委托单位（客户单位）。被评价项目是否采用新工艺、新设备及特殊物料等都会影响评价的方案、方法及评价所需的时间等，也必将间接影响安全评价质量。此外，委托单位的安全生产工作的水平、管理人员素质的高低、对评价服务质量的要求以及对评价人员工作的配合程度都会对安全评价质量造成影响。

（3）安全评价过程　安全评价过程是安全评价报告这一"产品"的生产环节，其中每一环节工作的质量直接影响安全评价报告的质量。类似于一般产品质量的形成过程，安全评

价质量环节可分为以下几个阶段:

1) 项目承接阶段。主要是安全评价机构与客户单位相互了解达成协议的过程,在这个过程中,安全评价机构对客户单位的基本安全生产情况进行了解,评估安全评价的风格,分析客户需求,明确安全评价的质量要求。客户单位应考查安全评价机构的资质、人员构成及业务范围是否能够满足自身的要求,最终双方确定是否合作。

2) 安全评价计划阶段。对整个安全评价工作进行分析并制订合理的评价计划。这一阶段要将安全评价质量要求细化展开,转化为具体工作的实施计划。

3) 安全评价实施阶段。每一项工作都与安全评价质量的形成直接相关,必须严格按照质量要求,采用科学、合理的安全评价程序、评价方法和检测手段来进行,最终提出安全评价报告。

4) 安全评价报告评审阶段。安全评价质量最终体现于安全评价报告,因而在这一阶段应对前期工作进行详细复核,聘请行业专家和安全技术专家对报告进行全面的质量评审。

在安全评价全过程中,评价人员在每个质量环节中能否严格遵守科学、公正和合法的评价原则,对安全评价质量优劣起到决定性影响。由于被评价的工程、系统具有不同的特点和安全评价的目的,评价人员必须选择科学、合理及恰当的评价方法才能保证评价的质量。

(4) 环境因素　在不同时期内安全评价工作处于不同的政治环境、法律环境、经济环境、科技环境、文化环境中,它必然面临政治、法律、经济和科技文化等环境因素的影响和制约。

1) 政治环境因素。政治环境因素对安全评价的影响是指在一定时期的社会政治环境下,国家权力机关对其法律地位的确认程度,是安全评价工作的基础,也是提高安全评价质量的先决条件,在一定程度上制约着安全评价事业的发展。

2) 法律环境因素。法律环境因素的影响是指在一定时期内国家对安全评价工作的干预指导程度,及对安全评价人员权益的保障程度。良好的法律环境将鼓励、支持安全评价人员独立自主地进行评价活动,保护安全评价人员的权益,激发安全评价人员提高安全评价质量的主观能动性。

3) 经济环境因素。经济环境因素的影响是指一定时期社会经济发展水平及运行机制对于安全评价工作绩效的客观要求。在不同经济发展时期,判定安全评价质量的基本标准是相同的,即安全评价过程是否贯彻独立合法的基本原则、安全评价结论是否客观公正。但不同经济环境下对安全评价质量的具体要求又是不同的,社会越发展,对安全生产的要求越高,则对于安全评价质量的要求也就越高。

4) 科技环境因素　科技环境因素对安全评价的影响是指一定时期的科技发展水平决定的技术手段对于安全评价操作技能和内容的影响。以知识为基础的高新技术产业(如信息科学技术、生命科学技术等)高速发展,将在评价对象、评价程序、评价方法和检测手段等方面对安全评价工作提出挑战,安全评价人员只有不断地研究安全评价领域出现的新问题、新情况,并积极探索新的安全评价方法和检测手段,才能适应科技发展的需要,从而保证评价的质量。

5）文化环境因素 文化环境因素是指一定时期人们受教育的程度以及安全评价职业教育的普及程度。文化环境不仅影响安全评价人员的业务能力，而且与人们利用安全评价信息的社会效用正相关，从而客观上构成了提高安全评价质量的必备条件。

安全评价在处于上述政治、法律、经济和科技文化等宏观环境的同时，还处于中观的行业环境和处于微观的评价单位环境中。

3. 质量控制过程的原则、依据和意义

随着实践的发展，对安全评价运行规律认识进一步加深，安全评价机构和人员素质也不断提高，在安全评价机构资质审批和日常监督管理过程中，要求评价机构使用先进的管理模式，建立、完善质量管理体系，保证安全评价工作的质量。与此同时，安全评价过程控制作为保障安全评价工作质量的重要手段也应运而生。

安全评价过程控制从安全评价内在规律出发，充分吸收了质量管理体系的精髓，是安全评价机构在实践中不断探索和创新的结果，是保证安全评价事业健康发展的重要管理手段之一。安全评价作为一项有目的的行为，必须具备一定的质量水平，才能满足企业安全生产的需要。

安全评价过程控制按内容可划分为硬件管理和软件管理。硬件管理主要指安全评价机构建设的管理，包括：安全评价机构内部机构的设置，各职能部门职责的划定、相互间分工协作的关系，安全评价人员及专家的配备等管理。软件管理主要指"硬件"运行中的管理，包括：项目单位的选定、合同的签署、安全评价资料的收集、安全评价报告的编写、安全评价报告内部评审、安全评价技术档案的管理、安全评价信息的反馈、安全评价人员的培训等一系列管理活动。

（1）确立过程控制的原则 确立过程控制的原则如下：

1）质量第一、预防为主。

2）健全制度、遵章守法。

3）落实责任、严格把关。

4）奖优惩劣、有错必纠。

（2）实施过程控制的保证措施

1）组织保证：公司设置质量监督部，负责安全评价过程控制的监督、检查、考核及日常管理，并对部门及员工进行检查和考核，对员工遵章守纪情况进行跟踪监督。

2）技术保证：公司设置总工办，为安全评价提供技术支持，包括技术专家、技术标准、技术审核等。

3）制度保证：完善过程控制程序文件、岗位责任制度、规章制度，保证各项目、各作业环节有章可循。

安全评价过程控制重在一个"严"字：

过程控制文件编制——严谨。

安全评价过程控制——严格。

不合格产品处理——严肃。

（3）建立过程控制体系的依据

1）管理学原理。

2）国家对安全评价机构的监督管理要求。

3）安全评价机构自身的特点。

安全评价过程控制体系以戴明原理、目标原理和现场改善原理为基础，遵循戴明原则PDCA 管理模式。基于法治化的管理思想，即预防为主、领导承诺、持续改进、过程控制，运用了系统论、控制论、信息论的方法。

国家对安全评价机构的监督管理是安全评价过程控制体系建立的根本基础和依据。国家对安全评价机构监督管理的相关法律法规主要涉及以下内容：人员基本要求和管理，组织机构及职责，安全评价过程控制程序，相关作业指导书和资料档案管理等。

对于安全评价机构而言，一方面是对机构的管理，另一方面是保证评价过程的质量。安全评价机构应运用管理学的原理，全过程控制、强调持续改进的 PDCA 循环原理和目标管理原理，结合自身的特点，建立适合机构自身发展的过程控制体系。

（4）安全评价质量控制意义　在《中华人民共和国安全生产法》颁布后，安全评价工作得到了迅速的发展，安全评价机构数量也迅速增长，但由于我国的机构改革等一些客观原因，对安全评价的质量管理还不够规范。安全评价是安全生产管理的一个重要组成部分，是预测、预防事故的重要手段。但要使安全评价工作真正发挥作用，必须要有质量的保证，安全评价过程控制就是要使安全评价管理工作规范化、标准化。在安全评价机构中建立一套科学的安全评价过程控制体系指导安全评价工作势在必行。

安全评价机构建立过程控制体系的重要意义主要体现在以下几方面：

1）强化安全评价质量管理，提高安全评价工作质量水平，树立为企业安全生产服务的思想。

2）有利于安全评价规范化、法治化及标准化的建设和安全评价事业的发展。

3）提高安全评价的质量能使安全评价在安全生产工作中发挥更有效的作用，确保人民生命安全、生活安定，具有重要的社会效益。

4）有利于安全评价机构管理层实施系统和透明的管理，学习运用科学的管理思想和方法。

5）促进安全评价工作的有序进行，使安全评价人员在评价过程中做到各负其责，提高工作效率。

6）可加强对安全评价人员的培训，促进工作交流，持续不断地提高其业务技能和工作水平。

7）提高安全评价机构的市场信誉，在市场竞争中取胜。

6.5.2　安全评价过程控制体系内容

1. 安全评价过程控制方针和目标

（1）安全评价过程控制方针　安全评价过程控制方针是评价机构安全评价工作的核心，表明了评价机构从事安全评价工作的发展方向和行动纲领。

安全评价机构应有经最高管理者批准的安全评价过程控制方针，以阐明安全评价机构的质量目标和改进安全评价绩效的管理承诺。

1）在内容上，安全评价过程控制方针应适合安全评价机构安全评价工作的性质和规模，确保其对具体工作的指导作用；应包括对持续改进的承诺，并包括遵守现行的安全评价法律法规和其他要求的承诺。

2）在管理上，安全评价过程控制方针需经最高管理者批准；确保与员工及员工代表进行协商，并鼓励员工积极参与；使安全评价过程控制方针文件化，付诸实施，予以保持；传达到全体员工；可为相关方所获取。

安全评价过程控制方针应定期评审，以适应评价机构不断变化的内外部条件和要求，确保体系的持续适宜性。

（2）安全评价过程控制目标　评价机构应针对机构内部相关职能和层次，建立并保持文件化的安全评价机构过程控制目标。评价机构在确立和评审过程控制目标时，应考虑法律法规及其他要求，可选安全评价技术方案，财务、运行和经营要求。目标应符合安全评价过程控制方针，并遵循过程控制体系对持续进行的承诺。

2. 机构职责与培训交流

（1）机构与职责　为了做好安全评价工作，必须对安全评价机构相关部门与人员的作用、职责和权限加以界定，使之文件化并予以传达。而且，机构应提供充足的资源，以确保其能够顺利地完成安全评价任务。

安全评价机构要求有独立的法人资格，即有明确的法定代表人。评价机构的最高管理者应确定评价机构的过程控制方针，提供实施安全评价方案和活动以及绩效测量和监测工作所需的人力、专项技能与技术、财力资源，并在安全评价活动中起领导作用。评价机构还应明确与评价资质业务范围相适应的技术负责人和安全评价过程控制负责人。

明确安全评价机构内部的组织机构及职责是安全评价过程控制体系运行的关键环节。职责不清、权限不明，会造成工作中的许多问题。评价机构中只有每一个人按照规定做好自己的本职工作，共同参与安全评价过程控制体系的建设与维护，过程控制体系才能真正实现持续改进和保证安全评价的工作质量。体系的建立、实施和维护均是以评价机构为单位。规定各职能部门的作用、职责与权限是体系建立的必要条件，也是体系运行的有力保障。要按职能和层次展开，在体系运行过程中明确各职能部门与层次间的相互关系。此外，组织机构与职责的明确为培训需求的确定、信息沟通的渠道与方式、文件的编写与管理等若干环节的实施与保持提供基本的框架。

（2）人员培训与业务交流 安全评价人员的水平对安全评价的质量起着至关重要的作用。定期的人员培训非常重要，同时应加强与外部的业务交流。人员培训、业务交流是保持一支高质量的安全评价队伍的必要途径。培训工作要求做到：根据评价人员的作用和职责，确定各类人员所必需的安全评价能力，同时制订并保持确保各类人员具备相应能力的培训计划，并且定期评审培训计划，必要时予以修订，以保证计划的适宜性和有效性。

在制订和保持培训计划或方案时，内容应重点包括：培训评价机构工作人员的技能与职责、新员工的安全评价知识；还要注意跟随着时间进行针对安全评价的法律、法规、标准和指导性文件的培训，针对中高层管理者的管理责任和管理方法的培训，还有针对分包方、委托方等需求的培训。

3. 合同评审和评价计划编制

合同评审是安全评价工作非常重要的一部分，也是财务进行合同监督的重要组成部分。安全评价机构的合同评审要求市场开发人员、安全评价技术负责人等共同参与完成。

合同评审应包括以下内容：

1）客户的各项要求是否明确。

2）合同要求与委托书内容是否一致，所有与委托书不一致的要求是否得到解决。

3）安全评价机构能否满足全部要求。

在签订了一个评价项目的合同之后，安全评价机构便开始了一次针对某个企业的评价活动，即启动了安全评价质量保证程序，每一次评价活动都将为下一次评价活动提供新的经验、新的技术支持和现场改进的依据。

在安全评价项目签订之后，首先要制订安全评价计划，以保证评价项目有效的实施，确保评价项目根据合同规定的进度和质量要求如期完成。

4. 编制安全评价报告

编制安全评价报告是安全评价工作的核心问题。安全评价报告编制程序文件是编制各项目安全评价报告的通用程序规范。对于不同的评价项目编制安全评价报告的具体操作的指导属于作业指导书的内容，应根据评价对象的不同编制安全评价作业指导书。

（1）报告编制中可能出现问题 在编制安全评价报告过程可能存在如下等许多问题：

1）形式不符合。

① 格式不符合。安全评价报告的封面、盖章、签字和附录等在相关安全评价导则中都有很明确的规定，且各导则有着不同的要求。应该严格按照不同导则的要求完成规定项目，评价机构不能自己另创一套。但某些评价机构不管是安全预评价、危险化学品经营单位安全评价，还是危险化学品生产企业安全现状评价，评价报告的封面、盖章、签

字、附录等一律按《安全预评价导则》的规定格式定稿，这样做显然不符合其他评价导则的规定与要求。

② 内容顺序不符合。在各评价导则中对于报告的内容顺序，有着明确的规定。规定的顺序是科学、合理的，不仅便于编制与审核，也不易导致漏评，但统计中有些报告不按规定顺序编排，前后顺序颠倒。如在"危险化学品生产企业安全评价"报告中，常有将"对可能发生的危险化学品事故的后果预测"写在"危险、有害因素分析"之前。

③ 打印、排版和装订形式不符合。安全评价各导则对安全评价报告的打印排版和装订工作均做了非常明确的要求。但报告常常出现页码前后颠倒，标题编号错误，字号大小不符合相关规范，错字、别字较多，单位（外文）符号不规范和表格错位等现象。

2）内容不深刻。

① 对于相关法律、法规和标准使用范围理解不深刻。安全评价是关系到被评价项目能否符合国家规定的相关标准以及该项目的生产活动过程能否保障劳动者身体健康与生命安全的关键性工作。因此，要做好这项工作，必须以被评价项目的具体情况为基础，以国家相关安全生产的法律法规及相关标准为依据。这就要求在进行安全评价时，必须深入理解引用的法律、法规和标准有关条款的真正含义，否则，将会导致错误的评价结论。在有的安全评价报告中，不能结合实际情况，生搬硬套标准条文，甚至对安全生产的法律、法规及标准引用不足。

② 对安全评价的要求与评价方法的选取原则理解不深刻。进行安全评价时，首先是针对被评价项目的实际情况和特征，收集有关资料，对系统进行全面分析；其次是对众多的危险、有害因素及单元进行筛选，针对主要的危险、有害因素及重要单元进行重点评价。由于各类评价方法都有特定的适用范围与使用条件，因此要有针对性地选用评价方法。这就对从业人员的专业素质提出了较高要求。但在当前的评价机构中，很多从业人员并不具有安全工程或相关专业背景。因此，某些评价机构编制的报告常常是"一个模板"，常出现漏评和系统相关评价系数选取失当等现象。

③ 对评价导则中的"提出科学、合理、可行的安全对策"理解不深刻。安全评价通则中的"提出科学、合理、可行的安全对策"并不是说提出的安全对策措施越安全、越先进就越好，而是要从实际的经济、技术条件出发，提出有针对性、操作性强、合理可行的安全对策措施及建议，使企业的安全生产条件达到国家规定的相关标准。在有的评价报告中过高地强调安全性，忽略了经济合理性。如某报告不管企业危险性大小，是否涉及火灾、爆炸区域，建议企业的电力系统一律采用 TN-S 系统和防火阻燃电缆（线）。企业照此整改，运行成本将大大增加，从实际考虑确实没有必要。现在的安全评价工作主要还处于国家法律、法规与标准的符合性审核阶段，当前的技术手段还不能精确地进行事故发生概率预测和事故后果模拟实现。

3）评价结论不明确。安全评价报告作为企业申请安全生产（或经营）许可证的必要条件，它的评价结论将直接关系到企业生产能否顺利进行。在评价时，从业人员必须以国家和劳动者的总体利益为重，坚持科学公正的原则，依据有关法律、法规及标准，结合经济技术的合理可行性提出有针对性的整改建议。

整改建议和评价结论不能含糊其辞、模棱两可。如在《危险化学品经营单位安全评价导则（试行）》中规定，评价结论分为三种：符合安全要求、基本符合安全要求、未能符合安全要求。而大部分评价报告的结论为"在满足报告中提出的安全对策措施后，能够达到 A 级"，这等于没有下评价结论。

（2）改进评价报告编写问题的措施　对于以上编制评价报告常出现的问题，可采取以下措施进行改进：

1）进行安全知识的系统培训，提高从业人员专业素质。安全评价是一个专业性很强的工作。例如，在危险化学品生产企业中，压力管道、储罐、反应器众多，工艺流程复杂，要想全面地找出危险源并对危险性做出分析评价，化工专业知识及安全系统工程专业知识都必不可少，对评价人员的素质要求很高。但在目前的评价机构中，很多人员并不具有相关专业背景，人员素质良莠不齐。

某行业的专业知识不能全部代替相关的安全知识，由于被评价对象的复杂性，情况各不相同，涉及的专业知识也非常广泛，每个人都很难做到精通，甚至很大一部分都不熟悉，系统地学习安全科学知识是提高专业素质和业务能力的必由之路。

2）提高行业准入门槛，建立稳定的评价队伍。针对安全评价的专业性质，国家已实施安全评价师制度。但由于安全工程专业的新兴性与安全评价工作的初级性，很多从业人员都是通过非正常程序进入这个行业的。对此，建议相关机构提高进入安全评价行业的门槛，禁止评价师挂靠现象，以此建立一支高素质、懂专业、相对稳定的安全评价队伍。

3）认真研究安全评价导则，严格执行"导则"的规定。安全评价导则是针对某项评价活动的一个规范性文件，对评价内容、评价方法等众多的细节问题均做出了详细的说明，是保证安全评价质量与安全评价报告规范的基础。因此，在评价与报告的编制过程中，要认真研究相关导则的内容，严格执行导则规范、要求，以保证评价的科学合理性。安全评价报告中的很多内容需要评价人员根据实际情况和相关专业知识，对被评价对象进行有针对性的危险性分析，据实得出评价结论。总体说来，报告格式要固定，内容要各异。

4）提高从业人员道德修养，增强责任感，严把质量关。安全评价是关系到被评价项目能否符合国家规定的安全标准，能否保障劳动者身体健康与生命安全的关键性工作，关系到企业能否顺利进行生产活动的工作，这个过程涉及一部分人的个人利益。如果评价人员不能严格要求自己，很容易出具虚假或不符合实际情况的报告。因此，广大从业人员应加强自身道德修养，以对生命负责的态度投入工作，增强责任感，严把质量关，认真做好每一份安全评价报告。

5. 安全评价报告审核

报告审核的重点是评价依据资料的完整性、危险有害因素识别的充分性、评价单元划分的合理性、评价方法的适用性、对策措施的针对性和评价结论的正确性等。它包括内部审核、技术负责人审核、过程负责人审核。

（1）内部审核　安全评价报告内部评审是保证安全评价报告质量的一个重要环节。在适当的时候，应有计划地对安全评价报告进行内部评审。内部审核是由安全评价机构内非项目组成员对安全评价报告进行的审核。安全评价报告内部评审的主要内容应包括：报告的格式是否符合要求，报告文字是否准确，报告的依据是否充分、有效，报告中危险源辨识是否全面，报告的评价方法的选择是否适当，报告的安全对策措施是否切实可行，报告的结论是否准确等。安全评价机构应确定安全评价报告内部评审的时机和选取的准则，将内部评审工作细致化和规范化，使内部评审真正发挥质量监督的作用。

（2）技术负责人审核　技术负责人审核是在评价报告内部审核完成后，由技术负责人重点对现场收集的有关资料是否齐全、有效和危险有害因素识别充分性、评价方法合理性、对策措施针对性、结论正确性及格式、文字等内容进行的审核。

（3）过程负责人审核　过程控制负责人审核是在内部审核和技术负责人审核完成后，由过程控制负责人重点对评价项目整个过程是否符合过程控制文件要求而进行的审核。主要包括：是否进行了风险分析，是否编制了项目实施计划，是否进行了报告审核，记录是否完整，是否满足过程控制要求等内容。

6. 跟踪服务、改进和档案管理

（1）跟踪服务　规定跟踪服务的基本要求，对跟踪服务各环节实施控制，妥善解决客户提出的问题，提高服务质量，密切与客户的关系，保证为顾客提供满意服务。在合同规定的项目全部完成之后，对于评价机构而言，还应进行跟踪服务，对评价报告中提出的对策措施与建议的实施情况进行跟踪，考查其适用性及有效性，及时调整安全措施。

跟踪服务的主要方法如下：

1）在完成一项安全评价后，向客户发出"评价调查表"，并将结果进行相应的处理。

2）在评价项目结束后，一定期限内，与客户沟通，了解客户的需求，并帮助其解决问题。

3）积极处理客户提出的意见和建议，并在最短的时间内进行处理，并及时反馈。

（2）持续改进　从效率、技术、质量、服务、价格等方面出发，安全评价人员应根据一定的资料和数据确定应该持续改进的项目。确定适当的持续改进项目，拟订持续改进计划，明确长期或短期计划完成的时间，明确需得到的资源支持，必要时持续改进计划中可包括说明所采用的持续改进技术。在持续改进项目要按照计划进行讨论确认，确认的内容主要如下：

1）各持续改进项目的现行运作情况。

2）各持续改进项目的持续改进效果。

3）上次讨论提出改进问题点的纠正及实施确认。

4）根据各持续改进项目的现行运作情况提出新的改善要求。

（3）档案管理　评价项目完成后，应对评价项目涉及的所有文件进行归档，做好档案管理工作，并在此基础上生成数据库，设专人管理，以便查询，保证安全评价的质量。数据库在为评价项目提供支持，同时，还不断有新的评价项目持续充实数据库的内容。

7. 纠正、预防措施

（1）纠正、预防措施的含义　纠正措施是指为消除已有不合格或其他不期望情况产生的原因，并防止再次发生所采取的措施。

预防措施是指为消除潜在的不合格或其他不期望情况产生的原因，并防止再次发生所采取的措施。

纠正、预防措施，投诉、申诉是对过程控制运行情况的监督。

对发生偏离方针、目标的情况应及时加以纠正，预防不合格事件的再次发生。纠正、预防措施能帮助评价机构防止问题的重复发生。评价机构应建立并保持投诉、申诉处理程序，用来规定有关的职责和权限，以满足以下要求：调查和处理事故和不符合事件，制定措施纠正和预防由事故和不符合事件产生的影响，采取纠正和预防措施并予以完成，确认所采取的纠正和预防措施的有效性。

（2）纠正、预防措施的策划与启动

1）纠正、预防措施的策划。在策划纠正与预防措施时，应考虑如下因素：

① 国家法律法规、自愿计划和共同协议。

② 评价机构的质量目标；内部审核的结果。

③ 管理评审的结果。

④ 评价机构成员对持续改进的建议。

⑤ 所有新的相关信息。

⑥ 有关安全评价报告质量改进计划的结果。

2）纠正、预防措施的启动。在安全评价过程中，以下各个阶段情况下都可能发现不合格，均可启动纠正、预防措施：

① 合同评审时。

② 在安全评价实施过程中，评价组长对组员的评价工作审核以及技术总监对评价组的工作审核、审查时。

③ 评价报告完成后，技术总监对安全评价报告审查以及政府部门或专家组对安全评价报告审核时。

④ 内部质量体系审核时。

⑤ 客户发生质量申诉时。

⑥ 发生质量事故、事件时。

（3）安全评价不合格项的分类 按照安全评价不合格的严重程度可分三类。

1）严重不合格。包括：危险、有害因素识别和分析出现重大疏漏，评价方法选择错误，评价结果出现重大错误，安全评价报告在交由政府部门或专家组审核时没有通过，可能导致安全评价质量管理体系出现崩溃时的不合格等。

2）一般不合格。包括：危险、有害因素识别和分析出现一般疏忽，评价方法选择不适合，评价结果出现一般性错误，安全评价报告在交由技术总监审核后要做较大修改，没有遵守程序文件造成后果不严重，对体系不会产生严重影响的不合格。

3）轻微不合格。包括：危险、有害因素识别和分析出现较小的疏忽，评价方法选择不是十分适合，评价结果出现较小错误，安全评价报告要做较小修改，偶然没有遵守程序文件造成后果轻微或没有造成后果，对体系不会产生较大影响的不合格。

（4）纠正措施的实施 评价负责人根据情况指定专人对不合格进行调查分析，必要时可成立小组，要求有关部门人员参与调查分析；发现不合格的潜在原因；责任人需将调查结果记录于"不合格纠正/预防措施报告"中。责任人根据问题的重要性和调查出的实际或潜在的不合格原因，以及所承受的风险程度，选择有效的纠正措施与预防措施，并制订出各措施的实施计划。

1）纠正措施的实施应包括以下步骤：

① 评审不合格的严重程度。

② 通过调查分析确定不合格的原因。

③ 研究为防止不合格再发生应采取的措施。

④ 确定并实施这些措施。

⑤ 跟踪并记录纠正措施的结果。

⑥ 评价纠正措施的有效性。

2）预防措施的实施应包括以下步骤：

① 识别潜在不合格并分析原因。

② 研究确定预防措施，并落实实施。

③ 跟踪并记录效果。

④ 评价预防措施的有效性，做出永久更改或进一步采取措施的决定。

8. 关键过程的控制与文件记录

（1）安全评价关键过程 为了保证安全评价工作顺利进行，确保安全评价工作的质量，应对安全评价的关键过程进行监控，制定相关的程序文件，并在评价过程中严格执行。

安全评价关键过程如下：

1）了解客户需求，评价人员及技术专家的调配。

2）确定评价方案。

3）现场调查。

4）危险有害因素的识别和分析。

5）评价方法的选择。

6）评价单元的划分。

7）定性、定量评价。

8）对策措施和建议。

9）评价报告的编制。

10）评价过程中形成的记录归档。

（2）文件记录 必须建立并规范安全评价机构记录，记录应字迹清楚、标识明确，并可追溯相关的活动和能证明体系对机构运作的符合性。安全评价过程控制体系记录应便于查询，避免损坏、变质或遗失，应规定并记录其保存期限。

文件记录规定了对各项工作过程中形成的各类记录编目、归档、保存及处理实施控制，以确定记录的完整有效。

安全评价过程控制体系记录的主要内容有：实施安全评价过程控制体系所产生的记录、有关安全评价过程的记录。一般包括：

1）风险分析表。

2）评价工作计划。

3）甲方提供、现场勘查、类比工程资料一览表。

4）安全评价机构安全评价工作业绩表。

5）评价报告初稿审核表。

6）评价报告备案稿审核表。

7）评价报告过程控制完成情况审核表。

8）××××年度安全评价师业绩登记表。

9）××××年度培训计划。

10）培训记录表。

11）临时培训申请表。

12）有效文件清单。

13）文件发放记录。

14）技术资料归档登记表。

15）甲（乙）级安全评价机构发挥技术支持作用情况季度统计报表（××××年第×季度）。

16）甲（乙）级安全评价机构发挥技术支持作用情况年度统计报表（××××年）。

17）顾客满意情况调查表。

18）内审记录表。

19）纠正和预防措施实施表。

6.5.3 安全评价过程控制体系文件的构成及编制

1. 安全评价过程控制体系文件的构成与内容

安全评价过程控制体系是安全评价机构为保障安全评价工作的质量而形成的文件化的体系，是安全评价机构实现质量管理方针、目标和进行科学管理的依据。

安全评价过程控制体系文件一般分为三个层次（图6-2）：管理手册（一级）、程序文件（二级）、作业文件（三级）。

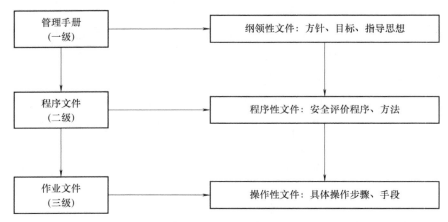

图 6-2　安全评价过程控制体系文件的层次

（1）一级文件——管理手册　过程控制管理手册是评价机构根据安全评价过程控制的方针、目标全面地描述安全评价过程控制体系的文件，主要供机构中、高层管理人员和客户以及第三方审核机构时使用。管理手册应表述本机构的安全评价质量保证能力。管理手册涉及以下内容：方针目标、职责权限、人员培训和安全评价过程控制的有关要求，关于程序文件的说明和查询途径，关于手册的评审、修改和控制规定。

（2）二级文件——程序文件　程序文件是机构根据安全评价过程控制体系的要求，为达到既定的安全评价过程控制方针、目标所需要的程序和对策，描述实施安全评价涉及的各个职能部门活动的文件，供各职能部门使用。程序文件处于安全评价过程控制体系文件的第二层，因此，程序文件起到一种承上启下的作用：对上，它是管理手册的展开和具体化，使得管理手册中原则性和纲领性的要求得到展开和落实；对下，它应引出相应的支持性文件。程序文件包括作业指导书和记录表格等。

（3）三级文件——作业文件　作业文件是围绕管理手册和程序文件的要求，描述具体的工作岗位和工作现场如何完成某项工作任务的具体做法，是一个详细的操作性工作文件。作业文件是第三层文件，包括作业指导书、记录表格等。作业文件的相关内容如下：

1）作业指导书通常包括三方面内容：干什么、如何干和出了问题怎么办。根据安全评价机构申请的资质类型及业务范围的不同，需要编制的作业指导书种类也有所不同。按评价类型的不同，作业指导书分为安全预评价作业指导书、安全验收评价作业指导书、安全现状评价作业指导书、专项安全评价作业指导书等。

2）记录是体系文件的组成部分，是安全评价职能活动的反映和载体，是验证安全评价过程控制体系的运行结果是否达到预期目标的主要证据，是过程控制有效性的证明文件。记录具有可追溯性，为采取预防和纠正措施提供依据。在编写程序文件和作业文件的同时，应分别制定与各程序相适应的记录表格，附在程序文件和作业文件的后面。

需要指出的是，安全评价过程控制体系文件应相互协调一致；各评价机构可以根据自身的规模大小和实际情况来划分体系文件的层次等级。

2. 安全评价过程控制体系文件的编制

（1）管理手册的编写　安全评价过程控制管理手册的编写要有系统性，避免面面俱到、冗长重复。管理手册不可能像具体工作标准或管理制度那样详尽，对各重要环节和控制要求只需概括地做出原则规定。在编写时，要求文字准确、语言精练、结构严谨，还要通俗易懂，以便评价机构全体员工能理解和掌握。

1）管理手册编写的一般性原则。

① 指令性原则。安全评价过程控制管理手册应由机构最高管理者批准签发。管理手册的各项规定是机构全体员工（包括最高管理者）都必须遵守的内部法规，它能够保证安全评价过程控制体系管理的连续性和有效性。因此，管理手册各项规定具有指令性。

② 目的性原则。管理手册应围绕质量方针、目标，对为实现安全评价质量方针、目标所要开展的各项活动做出规定。

③ 符合性原则。管理手册应符合国家有关法规、条例、标准，还要与外部环境条件相适应。

④ 系统性原则。管理手册所阐述的安全评价质量保障体系，应当具有整体性和层次性。管理手册应就安全评价全过程中影响安全评价的技术、管理和人员的各环节进行控制。管理手册所阐述的安全评价过程控制体系，应当结构合理、接口明确、层次清楚，各项活动有序而且连续，要从整体出发，对安全评价机构运行的重要环节进行阐述，做出明确规定。

⑤ 协调性原则。管理手册中各项规定之间，管理手册与机构其他安全评价文件之间，必须协调一致。首先，管理手册中各项规定要协调；其次，管理手册与机构其他文件（管理程序、标准、制度）之间要协调。无论是在管理手册编写阶段，还是在体系运行阶段，都应该及时记录、处理管理手册中的规定与目前管理制度中不一致的部分。

⑥ 可行性原则。管理手册中的规定，应从机构运行的实际情况出发，能够做到或经过努力可以达到。某些规定，尽管内容先进，如果组织不具备实施条件，可暂不列入管理手册中。

⑦ 先进性原则。管理手册的各项规定应当在总结机构安全评价管理实践经验的基础上制定，尽可能采用国内外的先进标准、技术和方法，加以科学化、规范化。

⑧ 可检查性原则。管理手册的各项规定不但要明确，而且要有定量的考核要求，便于

实施监督和审核，使编写出来的管理手册有可检查性。只有具有可检查性与可考核的管理手册，方能真正被认真实施。管理手册内容要简练，重点要突出。

2）管理手册编写程序。管理手册应当按照评价机构安全评价工作分析的结果，对体系的构成、涉及的内容及其相互之间的联系做出系统、明确和原则性的规定。

管理手册编写程序包括以下几点：

① 确定安全评价过程控制管理手册的要求和目标。

② 收集与分析资料。

③ 分解与确定职能、职责、权限。

④ 确定管理手册的结构。

⑤ 落实编写人员和制定编写工作计划。

⑥ 审查和修订管理手册。

3）管理手册的内容。安全评价过程控制管理手册一般应包括如下内容：

① 安全评价过程控制方针目标。

② 组织结构及安全评价管理工作的职责和权限。

③ 描述安全评价机构运行中涉及的重要环节。

④ 安全评价过程控制管理手册的审批、管理和修改的规定。

（2）程序文件的编写　程序是为实施某项活动而规定的方法，安全评价过程控制体系程序文件是指为进行某项活动所规定的途径。由于程序文件是管理手册的支持性文件，是手册中原则性要求的进一步展开和落实，因此，编制程序文件必须以安全评价管理手册为依据，符合安全评价管理手册的有关规定和要求，并从评价机构的实际出发，进行系统编制。

1）程序文件的编写要求。

① 程序文件至少应包括体系重要控制环节的程序。

② 每一个程序文件在逻辑上都应是独立的，程序文件的数量、内容和格式由机构自行确定。程序文件一般不涉及纯技术的细节，细节通常在工作指令或指导书中规定。

③ 程序文件应结合评价机构的业务范围和实际情况具体阐述。

④ 程序文件应有可操作性和可检查性。

2）程序文件编写的内容。机构程序文件的多少，每个程序的详略、篇幅和内容，在满足安全评价过程控制的前提下，应做到越少越好。每个程序之间应有必要的衔接，但要避免相同的内容在不同的程序之间重复。

在编写程序文件时，应明确每个环节包括的内容，规定由谁干，干什么，干到什么程度，达到什么要求，如何控制，形成什么样的记录和报告等；同时，应针对可能出现的问题，采取相应的预防措施，以及一旦发生问题应采取的纠正措施。

程序文件的结构和格式由机构自行确定，文件编排应与安全评价过程控制管理手册和作业指导书以及机构的其他文件形成一个完整的整体。

3）程序文件编写工作流程。程序文件编写的工作流程如下：

① 成立编写小组，落实人员和责任。

② 收集和分析现行的过程控制体系文件和相关资料。

③ 依据管理手册，分解确定程序文件清单。

④ 划分任务，组织有关人员结合机构的实际情况编写。

⑤ 反复讨论修改、经审批后发布。

⑥ 随着运行，实时监督。

⑦ 定期评价与完善。

（3）作业文件的编写　作业文件是程序文件的支持性文件。为了使各项活动具有可操作性，一个程序文件可能涉及几个作业文件。能在程序文件中交代清楚的活动，不用再编制作业文件。作业文件应与程序文件相对应，是对程序文件的补充和细化。评价机构现行的许多制度、规定、办法等文件，很多具有与作业文件相同的功能。在编写作业文件时，可按作业文件的格式和要求进行改写。评价机构在建立评价过程控制体系过程中，应将国家颁布的各种评价导则、细则的要求与安全评价工作密切结合，编制具有指导意义的安全评价作业指导书。作业文件编写过程与程序文件编写相类似，这里就不再重复了。

（4）记录的编写

1）记录具有的功能。记录是为已完成的活动或达到的结果提供客观证据的文件，它是重要的信息资料，为证实可追溯性以及采取预防措施和纠正措施提供依据。安全评价机构所产生的记录覆盖过程控制的各个环节。

记录具有的功能如下：

① 记录是安全评价过程控制体系文件的组成部分，是安全评价职能活动的反映和载体。

② 记录是验证评价过程控制体系运行结果是否达到预期目标的主要证据，具有可追溯性。记录可以是书面形式，也可以是其他形式，如电子格式等。

③ 安全评价质量管理记录为采取预防和纠正措施提供了依据。

记录的设计应与编制程序文件和作业文件同步进行，应使记录与程序文件和作业文件协调一致、接口清楚。

2）记录编写的要求。根据管理手册和程序文件的要求，应对安全评价过程控制所需记录进行统一规划，同时对表格的标记、编目、表式、表名、审批程序等做出统一规定。记录可附在程序文件和作业文件的后面。将所有的记录表格统一编号，汇编成册发布执行。必要时，对某些较复杂的记录表格要规定填写说明。

记录编制要求如下：

① 应建立并保持有关评价过程控制记录的标识、收集、编目、查阅、归档、贮存、保管、收集和处理的文件化程序。

② 记录应在适宜的环境中储存，以减少编制或损坏并防止丢失，且便于查询。

③ 应明确记录所采用的方式。

④ 按规定表格填写或输入记录，做到记录内容准确、真实。

⑤ 应根据需要规定记录的保存期限。一般应遵循的原则是，需要永久保存的记录应整理成档案，长期保管。

⑥ 应规定对过期或作废记录的处理方法。

3）记录的内容。记录的内容一般应包括以下几个方面：

① 记录名称：简短反映记录的对象。

② 记录编码：编码是每种记录的识别标记，每种记录只有一个编码。

③ 记录顺序号：顺序号是某种记录中每张记录的识别标记，如记录为成册票据，印有流水序号，可视为记录顺序号。

④ 记录内容：按记录对象要求，确定编写内容。

⑤ 记录人员：记录填写人、审批人等。

⑥ 记录时间：按活动时间填写，一般应写清年、月、日。

⑦ 记录单位名称。

⑧ 保存期限和保存部门。

6.5.4 安全评价过程控制体系的实施

安全评价控制体系的实施通常包括建立、运行和持续改进。

1. 建立

（1）影响体系建立的因素和原则　安全评价过程控制体系是依据管理学原理、国家对评价机构的监督管理要求及评价机构自身的特点三方面因素而建立的。

就管理学原理而言，安全评价过程控制体系是遵循 PDCA 管理模式，即预防为主、领导承诺、持续改进、过程控制。该体系的建立还要考虑安全评价机构的行政管理部门的要求，国家主要从人员管理、机构管理、质量控制和内部管理制度这四方面对安全评价机构提出要求。安全评价机构在考虑上述两个因素的基础上，还应详细分析机构自身的特点，建立适合自己的安全评价过程控制体系。

安全评价机构建立质量保证体系应遵循以下原则：

1）决策者必须重视。任何管理模式的成功建立，任何管理方法的有效实施，任何改革措施的真正落实都离不开决策者的重视，尤其是最高管理者的重视和支持。这种重视和支持必须是决策者主观意思的反应，也就是完全的自觉行动。"重视"就是在充分明白和理解在市场经济和竞争的大环境之下，了解质量管理的重要性和迫切性，重视安全评价过程控制体系的实质内容的确定和实施，而不是仅停留在文件上。

2）全体员工必须参与。任何具体工作的落实，都需要通过各级人员的积极参与来实现。安全评价过程控制体系从建立、运行到持续改进，都需要各级员工的积极参与，内容包括：提供安全评价项目策划的依据、收集资料、总结过去的经验教训、提出合理化建议、参与规章制度的策划、实施安全评价过程控制体系并检验其适宜性和有效性、提出持续改进的建议等。

3）技术专家必须把关。安全评价过程控制体系的核心是对安全评价过程的质量控制，整个的体系运行都是围绕着安全评价工作开展的。在安全评价过程中，从合同评审、现场勘察、资料收集、危险辨识、评价报告的编制直到报告的评审，整个过程都应配备技术专家审查把关，以确保各个环节的质量。通过技术专家的工作，使评价人员的业务水平得以提升，从而不断提高安全评价工作的质量。

（2）体系建立的步骤　安全评价机构建立过程控制体系的基本步骤如下：

1）建立安全评价过程控制的方针和目标。

2）确定实现过程控制目标必需的过程和职责。

3）确定和提供实现过程控制目标必需的资源。

4）规定测量评价每个过程的有效性和效率的方法。

5）应用这些测量方法确定每个过程的有效性和效率。

6）确定防止不合格并消除产生原因的措施。

2. 运行

（1）体系运行　安全评价机构在建立了过程控制体系之后，应使过程控制体系真正运行起来，使质量管理职能得到充分的实施。

实施过程控制体系时成立实施工作小组，对全体员工进行相关的安全评价过程控制体系的基础知识培训，培训工作可以自己进行，也可以外聘咨询人员和管理专家协助进行。通过培训来了解安全评价过程控制体系的基本原理、控制方针和目标、部门责任、操作方法，使得控制体系中的各个环节都有人负责，并且有能力去负责。通过实施各种形式的检查和审核、信息交流，对不符合实际情况的项目，及时纠正、不断调整和完善，逐步形成和保持能够自我发现问题、解决问题、调整管理、持续改进的过程控制体系的运行机制。

（2）内部审核　评价机构利用内部审核的方法对评价工作进行全面检查和改进，有计划、有系统地定期实施内部审核，以验证自身安全评价的实施和有效性，持续改进管理体系。

1）制订年度及每次实施的审核计划，报管理者代表审批。

2）管理者代表任命审核组长，审核组长组织审核员组成审核组，确保审核的独立性。

3）进行审核准备。

4）实施现场审核，并记录审核结果，提出审核报告。

5）将内审报告及不符合项报告及时发至所有部门，逐项采取纠正措施，并跟踪验证实施效果。

检查改进的情况应形成完整的记录，主要包括：年度内审计划、审核检查表、审核报告、审核实施计划、纠正措施计划及验证资料。

（3）检查结果的改进

1）需要改进的检查结果。

需要改进的检查结果信息来源主要有：

① 安全评价过程中产生的不合格报告。

② 客户的投诉和服务质量信息。

③ 内部审核中发现的不符合报告。

④ 管理评审中的不符合报告。

2）纠正措施的制定。

① 对一般不合格，应由评价机构的技术委员会及负责安全评价的有关人员组织讨论分析造成不合格的原因，有针对性地制定纠正措施例如，文件修改方面的一般不合格，安全评价中心应责成评价人员重新审查；培训及格率低由讲课人员予以补讲或重新培训；发现不合格的，咨询组要对问题进行分析研究，并会同被咨询方提出整改建议。

② 对严重不合格，由技术委员会负责进行调查分析，召集有关部门人员讨论，分析造成不合格的实际原因，防止同类事件再发生制定纠正措施。

3）纠正措施的实施。

有关部门制定纠正和预防措施，填写有关纠正和预防措施计划和实施情况表，由技术委员会审核，经管理者代表批准，有关部门具体实施。

4）效果验证。

① 各责任部门将纠正措施实施的有效情况报告技术委员会进行验证。

② 技术委员会就所有纠正措施的实施情况和效果汇总并向管理者代表汇报。

③ 管理者代表确认所有纠正措施的实施效果并向安全评价机构法人代表汇报。

（4）预防措施的制定和实施

1）安全评价机构应按月收集有关咨询质量的记录，按季分析质量信息，发现潜在的不合格，研究其发展趋势，提出预防措施要求及时限，填写纠正和预防措施计划和实施情况表，由技术委员会或技术负责人审核，经管理者代表批准，有关部门具体实施。

2）各部门按预防措施规定的时限组织实施，技术委员会对实施情况进行监督和检查，并将实施情况和验证情况向管理者代表汇报。

3）管理者代表确认所有纠正措施实施效果并向安全评价机构法人代表汇报。

3. 持续改进

持续改进是安全评价过程控制体系的一个核心思想，它体现了管理的持续发展的过程。过程控制为基础的质量管理体系模式如图6-3所示。

持续改进包括以下几方面：

1）分析和评价现状，以便识别改进区域。

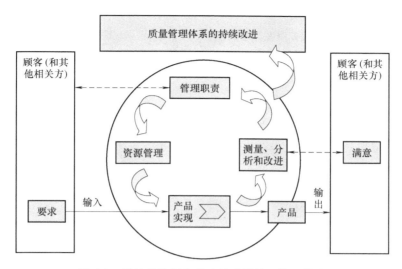

图 6-3 以过程控制为基础的质量管理体系模式

2) 确定改进目标。

3) 为实现改进目标寻找可能的解决办法。

4) 评价这些解决办法。

5) 实施选定的解决办法。

6) 测量、验证、分析和评价实施的结果，证明这些目标已经实现。

7) 正式采纳更改。

8) 必要时，对结果进行评审，以确定进一步的改进机会。

持续改进是一个整体和系统的过程，是一个观念转变、思维进化和思想进步的过程。它不同于不符合的纠正预防，相对于不符合纠正预防的"点"（某一具体问题）或"面"（举一反三至某一类问题）上的变化，持续改进属于全方位的"形"的变化。因此，持续改进必须经过更长期的过程，需要经过无数次的不符合纠正预防，从不断的量变逐渐转化为质变，从行为的改善到思维和观念的进步，从管理结果的持续改进到管理能力的持续改进，逐步实现持续改进的飞跃。

习　题

（1）安全评价报告分为哪几类？

（2）评价数据采集的原则是什么？

（3）安全评价的数据有几类？

（4）安全对策措施的基本要求有哪些？

（5）安全管理措施的定义是什么？

（6）安全管理对策措施的内容有哪些？

（7）编制安全评价结论的一般工作步骤有哪些？

（8）安全预评价报告的内容有哪些？

（9）如何理解安全评价过程控制及其意义？

（10）安全评价机构建立过程控制体系的主要依据是什么？

（11）安全评价过程控制体系的主要内容有哪些？

（12）简述安全评价过程控制体系建立的步骤。

（13）说明安全评价过程控制体系文件的层次关系。

7.1 资源开发建设项目安全预评价

7.1.1 资源开发建设项目安全预评价的内涵

安全预评价是根据建设项目可行性研究报告的内容，分析和预测该建设项目可能存在的危险、有害因素的种类和程度，提出合理可行的安全对策措施及建议。

安全预评价实际上就是在项目建设前应用安全系统工程的原理和方法对系统（工程、项目）中存在的危险、有害因素及危害性进行预测性评价。

安全预评价以拟建建设项目作为研究对象，根据建设项目可行性研究报告提供的生产工艺过程、使用和产出的物质、主要设备和操作条件等，研究系统固有的危险及有害因素，应用安全系统工程的原理和方法，对系统的危险性和危害性进行定性、定量分析，确定系统的危险、有害因素及危险、有害程度；针对主要危险、有害因素及其可能产生的危险、有害后果，提出消除、预防和降低危险、有害的对策措施；评价采取措施后的系统是否能满足规定的安全要求，从而得出建设项目应如何设计、管理才能达到安全指标要求的结论。

总之，安全预评价的内涵可概括为以下几点：

1）安全预评价是一种有目的的行为，它是在研究事故或危险为什么会发生、是怎样发生的和如何防止发生这些问题的基础上，回答建设项目依据设计方案建成后的安全性如何，是否能达到安全标准的要求及如何达到安全标准，安全保障体系的可靠性如何等至关重要的问题。

2）安全预评价的核心是对系统存在的危险、有害因素进行定性、定量分析，即针对特定的系统，对发生事故、危害的可能性及危险、有害的严重程度进行评价。

3）用有关标准（安全评价标准）对系统进行衡量、分析，说明系统的安全性。

4）安全预评价的最终目的是确定采取哪些优化的技术、管理措施，使各子系统及建设项目整体达到安全标准的要求。

通过安全预评价形成的安全预评价报告，将作为项目报批的文件之一，向政府安全管理部门提供的同时，提供给建设单位、设计单位、业主，作为项目最终设计的重要依据文件之一。建设单位、设计单位、业主在项目设计阶段、建设阶段和运营时期，必须落实安全预评价所提出的各项措施，切实做到建设项目安全设施的"三同时"。

7.1.2 资源开发建设项目安全预评价的内容

安全预评价内容主要包括危险、有害因素辨识、危险程度评价和安全对策措施及建议。危险、有害因素辨识是指找出危险、有害因素并分析它们的性质和状态的过程。危险程度评价是指评价危险、有害因素导致事故发生的可能性和严重程度，确定承受水平，并按照承受水平提出安全对策措施，使危险降低到可承受的水平的过程。

7.1.3 资源开发建设项目安全预评价的工作程序

资源开发建设项目安全预评价的工作程序如图 7-1 所示。

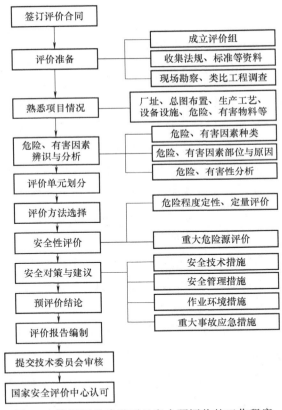

图 7-1 资源开发建设项目安全预评价的工作程序

7.1.4 煤矿企业建设项目安全预评价的步骤

1. 前期准备

1）明确煤矿建设项目安全预评价对象和评价范围，组建评价工作组。

2）收集国内相关法律法规、标准、规章、规范。

3）收集并分析安全预评价对象及相关基础资料。安全预评价应收集的参考资料目录见《煤矿建设项目安全预评价实施细则》附录 A。

2. 现场调查

1）对煤矿建设项目的自然地理、周边环境、地质条件、资源条件、邻近矿井及小窑、改扩建矿井的现状等情况进行实地调查。

2）对安全预评价报告引用的类比工程进行实地调查。

3. 危险、有害因素辨识与分析

1）依据建设项目地质报告和可行性研究报告等资料和现场调查情况，辨识该建设项目和生产过程中可能存在的各种危险、有害因素，并分析危险程度。应以瓦斯、煤尘、水、火、顶板、地热等自然灾害类危险因素和本建设项目特殊的有害因素为辨识重点。

2）分析危险、有害因素可能导致灾害事故的类型、可能的激发条件和作用规律、主要存在场所。

3）结合类比工程、邻近矿井、改扩建矿井积累的实际资料和典型事故案例做进一步分析。

4）在综合分析的基础上，确定危险、有害因素的危险度排序。

4. 类比工程评价分析

1）根据建设项目的实际，分析类比工程选择的依据，确定选择的类比工程。

2）收集类比工程相关数据资料，分析数据资料的可靠性、充分性。

3）进行类比工程与建设项目主要危险、有害因素的对比分析，包括危险有害因素的种类、危害程度、存在场所。

4）进行类比工程安全生产对建设项目的借鉴分析，重点是主要危险、有害因素的控制防范、安全参数确定、开拓开采部署、开采方法选择、安全系统建立等方面。

5. 划分评价单元

1）根据安全预评价的需要，合理划分安全评价单元。评价单元应相对独立，具有明显的特征界限。

2）井工矿井建设项目安全预评价单元划分参见《煤矿建设项目安全预评价实施细则》附录 B，露天煤矿建设项目安全预评价单元划分参见《煤矿建设项目安全预评价实施细则》附录 C。

6. 选择评价方法

根据评价的目的、要求和评价对象的特点，选择科学、合理、适用的定性、定量评价方法，以便于开展有针对性的安全评价。

7. 定性、定量评价

1）根据地质报告等基础资料和可行性研究报告提出的设计方案，分单元进行定性、定量评价，确定评价单元中危险、有害因素导致事故发生的危险度。

2）评价矿井瓦斯地质、煤层自燃倾向性、煤尘爆炸危险性、岩（煤）体含水储水条件、顶底板岩石力学性质、地质构造、地压、热害、老窑和采空区分布等与安全生产有关主要数据资料的充分性和可靠程度，分析下一步地质工作的必要性和主要工作方向。

3）评价生产系统（单元）的安全可靠性，安全系统（设施）的必要性和充分性，安全技术措施的可行性、充分性及可能效果，分析存在的不足或缺陷。

4）对于改扩建项目，根据改扩建项目现状和设计方案，评价保证改扩建期间安全生产的技术和管理措施。

5）根据项目建设单位的工作业绩，评价建设单位安全管理工作的能力。

8. 安全对策措施

1）对可行性研究报告存在的违反安全生产法律法规和技术标准、存有缺陷和不足或不适合建设项目实际的设计方案、生产系统工艺、安全系统、设施和设备、安全技术措施等，提出改进措施。

2）根据定性、定量评价，对设计中应注意的重大安全问题和建设项目设计选择安全设施，并提出要求和说明。

3）对可能导致重大事故或容易导致事故的危险、有害因素，提出进一步的安全技术与管理措施。

4）对因地质资料、安全数据缺少或可信度低带来的相关问题，提出下一步地质工作或专项研究的意见。

9. 评价结论

1）评价结论应概括评价结果，给出建设项目在评价条件下与国家有关法律法规、标准、规章、规范的符合性结论；给出建设项目危险、有害因素引发各类事故的可能性及严重程度的预测性结论。

2）明确危险有害因素排序，指出应重点防范的重大灾害事故和重要的安全建议。

10. 安全预评价报告

1）评价报告是安全预评价工作过程的具体体现，是项目建设和建成投产后重要的安全技术指导性文件。评价报告文字应简洁、准确，附必要的图表或照片。

2）评价报告是安全预评价全过程的记录，应准确、清晰描述评价对象、目的、依据、方法和过程，获得的评价结果，提出的安全对策措施及建议等。

3）评价报告应附实施安全预评价的中介机构的资质、工作人员名册、报告完成时间等相关情况及附件。煤矿建设项目安全预评价报告主要内容参见《煤矿建设项目安全预评价实施细则》附录 D。

4）格式内容包括：封面（见《煤矿建设项目安全预评价实施细则》附录 E）、评价机构安全评价资格证书副本复印件、著录项（见《煤矿建设项目安全预评价实施细则》附录 F）、目录、编制说明、前言、正文、附件、附录。

5）安全评价报告一般采用纸质载体。为适应信息处理需要，安全评价报告可辅助采用电子载体形式。

7.1.5 非煤矿山建设项目安全预评价

1. 非煤矿山建设项目安全预评价的内容

1）分析非煤矿山建设项目的规模、范围、厂址及其周边情况。

2）根据可行性研究报告、委托方概况等数据资料，定性、定量分析和预测建设项目投入生产后可能存在的危险、有害因素的种类和程度，预测发生重大事故的危险度。

3）分析并明确安全设施、设备在生产和使用中的作用和要求，提出合理可行的安全对策措施及建议。

2. 非煤矿山建设项目安全预评价的工作步骤

非煤矿山安全评价程序一般包括前期准备，危险、有害因素辨识与分析，划分评价单元，选择评价方法，进行定性、定量评价，提出安全对策措施及建议，得出安全评价结论，编制安全评价报告等。

（1）前期准备 明确评价对象和范围，收集国内外相关法律法规、技术标准及与评价对象相关的非煤矿山行业数据资料；组建评价组；编制安全评价工作计划；进行非煤矿山现场调查，初步了解矿山建设项目或矿山状况。

1）初次洽谈。委托方介绍单位概况、产品规模、建设内容和地点、工艺流程、总投资、评价进度要求、工程进展情况等；受托方介绍单位和人员资质、评价工作所需时间、要求提供的资料等。

2）签订保密协议。双方有了初步意向后，根据委托方要求签订保密协议，受托方承担技术和资料保密义务，委托方提供非煤矿山资料。

3）投标。受托方编写标书参加投标，标书除委托方规定要求外，一般包括评价单位资质情况、评价组人员、计划工作进度、报价等内容。

4）签订合同。评价合同主要包括服务内容和要求、履行期限和方式、委托方提供资料和工作条件、验收和评价方法、服务费用及支付方式等。

5）非煤矿山建设项目安全预评价所需资料如下：

① 建设项目概况。

② 建设项目设计依据。

③ 建设项目可行性研究报告。

④ 生产系统及辅助系统说明。

⑤ 危险、有害因素分析所需的有关水文地质及气象资料。

⑥ 安全评价所需的其他资料和数据。

6）组建评价组。依据项目评价的对象及范围、评价涉及的专业技术要求、时间要求，为保证评价报告质量，合理选配评价人员和技术专家组建项目评价组。评价人员要具备熟悉评价对象的专业技术知识；安全知识基础深厚，能熟练运用安全系统工程评价方法；具有一定实践经验，掌握以往事故案例；知识面较宽，具有一定的评价报告编撰能力。

评价组内人员按照专业需求、技术水平及工作经验等特点进行合理分工。必要时，评价机构可与委托方分别指派一名项目协调人员，负责项目进行过程中双方信息资料的交流与文件管理。

（2）危险、有害因素辨识与分析　根据非煤矿山的生产条件、周边环境及水文地质条件的特点，识别和分析生产过程中的危险、有害因素。

（3）划分评价单元　根据评价工作需要，按生产工艺功能、生产设备、设备相对空间位置和危险、有害因素类别及事故范围划分单元。评价单元应相对独立，具有明显的特征界限，便于进行危险、有害因素识别分析和危险度评价。

（4）选择评价方法　根据非煤矿山的特点及评价单元的特征，选择科学、合理、适用的定性、定量评价方法。

（5）定性、定量评价　运用所选择的评价方法，对可能导致非煤矿山重大事故的危险、有害因素进行定性、定量评价，给出引起非煤矿山重大事故发生的致因因素、影响因素和事故严重程度，为制定安全对策措施提供科学依据。

（6）提出安全对策措施及建议　根据定性、定量评价的结果，以及不符合安全生产法律法规和技术标准的工艺、场所、设施和设备等，提出安全改进措施及建议；对那些可能导致重大事故或容易导致事故的危险、有害因素提出安全技术措施、安全管理措施及建议，为建设项目的初步设计和安全专篇设计提出依据。

（7）做出安全评价结论　简要地列出对主要危险、有害因素的评价结果，指出应重点防范的重大危险、有害因素，明确重要的安全对策措施，分析归纳和整合评价结果，做出非煤矿山安全总体评价结论，从安全生产角度对建设项目的可行性提出结论。

（8）编制安全评价报告　非煤矿山安全评价报告是非煤矿山安全评价过程的记录，应将非煤矿山安全评价的过程、采用的安全评价方法、获得的安全评价结果等写入非煤矿山安全评价报告。

非煤矿山安全评价报告应满足下列要求：

1）真实描述非煤矿山安全评价的过程。

2）能够反映出参加安全评价的安全评价机构和其他单位、参加安全评价的人员、安全评价报告完成的时间。

3）简要描述非煤矿山建设项目可行性研究报告的内容。

4）阐明安全对策措施及安全评价结果。

非煤矿山安全评价报告是整个评价工作综合成果的体现，评价人员要认真编写，评价组长综合、协调好各部分内容，编写好的报告要根据质量手册的要求和程序进行质量审定，评价报告完成审定修改后打印、装订。

3. 非煤矿山建设项目安全预评价报告编制

非煤矿山建设项目安全预评价报告要依据《关于加强非煤矿山安全生产工作的指导意见》进行编写。在非煤矿山安全预评价报告的编写过程中，如遇非煤矿山建设项目的基本内容发生变化，应在非煤矿山安全预评价报告中反映出来；如评价方法和评价单元需要变更或做部分调整，应在非煤矿山安全预评价报告中说明理由。

（1）安全评价报告的总体要求　非煤矿山安全评价报告应内容全面、条理清楚、数据完整，能够全面、概括地反映非煤矿山安全评价的全部工作；查出的问题准确，提出的对策措施具体可行；评价报告文字简洁、准确，可同时采用图表和照片，以使评价过程和结论清楚、明确，利于阅读和审查。符合性评价的数据、资料和预测性计算过程可以编入附录。

（2）非煤矿山安全评价报告主要内容　非煤矿山安全评价报告的主要内容包括：安全评价依据，被评价单位基本情况，主要危险、有害因素识别，评价单元的划分与评价方法选择，定性、定量评价，提出安全对策措施及建议，做出评价结论等。

1）安全评价依据。安全评价依据包括：有关的法律、法规及技术标准，建设项目可行性研究报告等建设项目相关文件，以及非煤矿山安全评价参考的其他资料。

2）被评价单位基本情况。内容包括：非煤矿山选址，总图及平面布置，生产规模，工艺流程，主要设备及经济技术指标等。非煤矿山的生产工艺，在评价过程中可根据非煤矿山的补充材料及调研中收集到的材料做修改和补充。

3）主要危险、有害因素识别。内容包括根据非煤矿山周边环境、生产工艺流程或场所的特点，识别和分析它的主要危险、有害因素。

4）评价单元的划分与评价方法选择。阐述划分评价单元的原则、分析过程，根据评价的需要，在对危险、有害因素识别和分析的基础上，根据自然条件、基本工艺条件、危险有害因素分布及状况，以便于实施评价为原则，划分成若干个评价单元。各评价单元应相对独立，便于进行危险有害因素识别和危险度评价，且具有明显的特征界限。

列出选定的评价方法，阐述所选定评价方法的原因，并做简单介绍。根据评价的目的、要求和评价对象的特点、工艺、功能或活动分布，选择科学、合理、适用的定性、定量评价方法。对不同的评价单元，可根据评价的需要和单元特征选择不同的评价方法。

5）定性、定量评价。定性、定量评价是评价报告的核心，分别运用所选取的评价方法，对相应的危险、有害因素进行定性、定量的评价计算和论述。根据非煤矿山的具体情况，对主要危险、有害因素分别采用相应的评价方法进行评价，对危险性大且容易造成重大伤亡事故的危险、有害因素，也可选用两种或几种评价方法进行评价，以相互验证和补充。

对于一些新工艺、新技术，应选用适当的评价方法，并在评价中注意具体情况具体分析，合理选取评价方法中规定的指标、系数取值。

此部分内容较多，可编写在一个章节内，也可分为两个或多个章节编写，根据评价对象的具体情况而定。

6）提出安全对策措施及建议。根据现场安全检查和定性、定量评价的结果，对不符合安全生产法律法规和技术标准的工艺、场所、设施和设备等，提出安全改进措施及建议；对那些可能导致重大事故或容易导致事故的危险、有害因素提出安全技术措施、安全管理措施及建议。

7）做出评价结论。简要地列出主要危险、有害因素的评价结果，指出应重点防范的重大危险、有害因素，明确重要的安全对策措施；综合各单元评价结果，做出非煤矿山安全总体评价结论。

4. 非煤矿山建设项目安全预评价报告格式

1）封面。封面第一、二行文字内容是建设单位或非煤矿山企业名称；封面第三行文字内容是项目名称；封面第四行文字内容是报告名称，为"安全预评价报告"；封面最后两行分别是评价机构名称和安全评价机构资质证书编号。

2）安全评价机构资质证书副本影印件。

3）著录项。"评价机构法人代表，课题组主要人员和审核人"等著录项一般分为两页布置，第一页写明评价机构的法人代表（以评价机构营业执照为准）、审核定稿人（应为评价机构技术负责人）、课题组长（应为评价课题组负责人）等主要责任者姓名，在它的下方写明报告编制完成的日期及评价机构（以安全评价机构资质证书为准），并留出公章用章区；第二页为评价人员（以安全评价人员资格证书为准并写明注册编号）、各类技术专家（应为评价机构专家库内人员）以及其他有关责任者的名单，评价人员和技术专家均要手写签名。

4）目录。

5）编制说明。

6）前言。

7）正文。

8）附件。

7.2 资源开发建设项目安全验收评价

7.2.1 资源开发建设项目安全验收评价的内容

资源开发建设项目安全验收评价的内容是检查建设项目中的安全设施是否已与主体工程同时设计、同时施工、同时投入生产和使用；评价建设项目及与之配套的安全设施是否符合国家有关安全生产的法律法规和技术标准。安全验收评价工作主要内容有以下三个方面：

1）从安全管理角度检查和评价生产经营单位在建设项目中对《中华人民共和国安全生产法》的执行情况。

2）从安全技术角度检查建设项目中的安全设施是否已与主体工程同时设计、同时施工、同时投入生产和使用；检查和评价建设项目（系统）及与之配套的安全设施是否符合国家有关安全生产的法律、法规和标准。

3）从整体上评价建设项目的运行状况和安全管理是否正常、安全、可靠。

7.2.2　资源开发建设项目安全验收评价的工作程序

根据安全验收评价工作的要求制定安全验收评价工作程序。安全验收评价工作程序一般包括：前期准备，编制安全验收评价计划，安全验收评价现场检查，定性、定量评价，提出安全对策措施及建议，编制安全验收评价报告，安全验收评价报告评审。

1. 前期准备

前期准备工作主要包括：明确评价对象和范围，进行现场调查，收集国内外相关法律法规、技术标准及建设项目的有关资料，建设项目证明文件核查，建设项目实际工况调查，资料收集及核查。

（1）明确评价对象和范围　确定安全验收评价范围可界定评价责任范围，特别是增建、扩建及技术改造项目，与原建项目相连难以区别，这时可依据初步设计、投资或与企业协商划分，并写入工作合同。

（2）建设项目证明文件核查　建设项目证明文件与核查主要是考查建设项目是否具备申请安全验收评价的条件，其中最重要的是进行安全"三同时"程序完整性的检查，可以通过核查安全"三同时"程序完整性的证明文件来完成。

安全"三同时"程序完整性证明文件一般包括：

1）建设项目批准（批复）文件。

2）安全预评价报告及评审意见。

3）初步设计及审批文件。

4）试生产调试记录和安全自查报告（或记录）。

5）安全"三同时"程序中其他证明文件。

（3）建设项目实际工况调查　在完成上述相关证明文件收集工作的同时，还要对工程项目建设的实际工况进行调查。实际工况调查主要是了解建设项目基本情况、项目规模，以及企业自述问题等。

1）项目基本情况包括：企业全称、注册地址、项目地址、建设项目名称、设计单位、安全预评价机构、施工及安装单位、项目性质、项目总投资额、产品方案、主要供需方、技术保密要求等。

2）项目规模包括：自然条件、项目占地面积、建（构）筑面积、生产规模、单体布局、生产组织结构、工艺流程、主要原（材）料耗量、产品规模、物料的储运等。

3）企业自述问题包括：项目中未进行初步设计的单体、项目建成后与初步设计不一致的单体、施工中变更的设计、企业在试生产中已发现的安全及工艺问题及提出的整改方案等。

（4）资料收集及核查　在熟悉企业情况的基础上，对企业提供的文件资料进行详细核查，对项目资料缺项提出增补资料的要求，对未完成专项检测、检验或取证的单位提出补测或补证的要求，将各种资料汇总成图表形式。

需要核查的资料根据项目实际情况确定，一般包括以下内容：

1）相关法规和标准。相关法规和标准包括：建设项目涉及的法律、法规、规章及规范性文件，项目所涉及的国内外标准（国家标准、行业标准、地方标准、企业标准）、规范（建设及设计规范）。

2）项目的基本资料。主要包括：项目平面图、工艺流程、初步设计（变更设计）、安全预评价报告、各级政府批准（批复）文件。若实际施工与初步设计不一致，还应提供设计变更文件或批准文件、项目平面布置简图、工艺流程简图、防爆区域划分图、项目配套安全设施投资表等。

3）企业编写的资料。主要包括：项目危险源布控图、应急救援预案及人员疏散图、安全管理机构及安全管理网络图、安全管理制度、安全责任制、岗位（设备）安全操作规程等。

4）专项检测、检验或取证资料。主要包括：特种设备取证资料汇总、避雷设施检测报告、防爆电气设备检验报告、可燃（或有毒）气体浓度检测报警仪检验报告、生产环境及劳动条件检测报告、专职安全员证书、特种作业人员取证汇总资料等。

2. 编制安全验收评价计划

编制安全验收评价计划是在前期准备工作的基础上，分析项目建成后存在的危险、有害因素的分布与控制情况，依据有关安全生产的法律法规和技术标准，确定安全验收评价的重点和要求，依据项目实际情况选择安全验收评价方法，测算安全验收评价进度。评价机构根据建设项目安全验收评价实际运作情况，自主编制安全验收评价计划。

编制安全验收评价计划要做好以下几方面的工作：

（1）主要危险、有害因素分析

1）项目所在地周边环境和自然条件的危险、有害因素分析。

2）项目边界内平面布局及物流路线等的危险、有害因素分析。

3）工艺条件、工艺过程、工艺布置、主要设备设施等方面的危险、有害因素分析。

4）原辅材料、中间产品、产品、副产品、溶剂、催化剂等物质的危险、有害因素分析。

5）辨识是否有重大危险源，是否有需监控的化学危险品。

（2）确定安全验收评价单元和评价重点　按安全系统工程的原理，考虑各方面的综合或联合作用，将安全验收评价的总目标分解为相关的评价单元，主要包括：

1）管理单元：安全管理组织机构设置、管理体系、管理制度、应急救援预案、安全责任制、作业规程、持证上岗等。

2）设备与设施单元：生产设备、安全装置、防护设施、特种设备、安全监测监控系统、避雷设施、消防工程及器材等。

3）物料与材料单元：危险化学品、包装材料、加工材料、辅助材料等。

4）方法与工艺单元：生产工艺、作业方法、物流路线、储存养护等。

5）作业环境与场所单元：周边环境、建筑物、生产场所、防爆区域、个人安全防护等。

根据危险、有害因素的分布与控制情况，按危险的严重程度进行分解，确定安全验收评价的重点。安全验收评价的重点一般有：易燃易爆、急性中毒、特种设备、安全附件、电气安全、机械伤害、安全联锁等。

（3）选择安全验收评价方法　选择安全验收评价方法主要考虑评价结果是否能达到安全验收评价所要求的目的，还要考虑进行评价所需的信息资料是否能收集齐全。可用于安全验收评价的方法很多，就实用性来说，目前进行安全验收评价经常选用"安全检查表"法，以法规、标准为依据，检查建设项目系统整体的符合性和配套安全设施的有效性。对比较复杂的系统可以采用顺向追踪方法检查分析，如运用"事件树分析"方法评价，或者采用逆向追溯方法检查分析，如运用"故障树分析"方法评价。特别值得注意的是，如果已有公开的行业安全评价方法，则必须采用。

（4）预算安全验收评价进度　安全验收评价工作的进度需要体现在计划之中，计划安排应能保证安全验收评价工作有效、科学地实施，特别注意与建设单位建立联系，说明需要企业配合的工作，充分发挥建设单位与评价机构两方面的积极性，在协商基础之上确定评价的工作进度。

3. 安全验收评价现场检查

安全验收评价现场检查是按照安全验收评价计划，对安全生产条件与状况独立进行验收评价的现场检查和评价。评价机构对现场检查及评价中发现的隐患或尚存的问题，应提出改进措施及建议。

（1）制定安全检查表　安全检查表是前期准备工作策划性的成果，是安全验收评价人员进行工作的工具。编制安全检查表的作用是在检查前可使检查内容比较周密和完整，既可保持现场检查时的连续性和节奏性，又可减少评价人员的随意性；可提高现场检查的工作效率，并留下检查的原始证据。编制安全检查表时要解决两个问题，即"查什么"和"怎么查"的问题。

安全验收评价需要编制的安全检查表如下：

1）安全生产监督管理机构有关批复中提出的整改意见落实情况检查表。

2）安全预评价报告中提出的安全技术和管理对策措施落实情况检查表。

3）初步设计（包括变更设计）中提出的安全对策措施落实情况检查表。

4）相关评价单元检查表，例如人力与管理、人机功效、设备与设施、物质与材料、方法与工艺、环境与场所等。

5）事故预防及应急救援预案方面的检查表。

6）其他综合性措施的安全检查表。

（2）现场检查方式选择　检查方式应进行合理选择。具体检查方式有按部门检查、按过程检查、顺向追踪、逆向追溯等，各有利弊，工作中可以根据实际情况灵活应用。

1）按部门检查也称按"块"检查，是以企业部门（车间）为中心进行检查的方式。

2）按过程检查也称按"条"检查，是以受检项目为中心进行检查的方式。

3）顺向追踪也称"归纳"式检查，是从"可能发生的危险"顺向检查安全性和管理措施的方式。

4）逆向追溯也称"演绎"式检查，是从"可能发生的危险"逆向检查安全性和管理措施的方式。

（3）数据收集方法确定　数据收集的方法一般有问、听、看、测、记，它们不是独立的，而是连贯、有序的，对每项检查内容都可以一遍或多遍使用。

1）问：以检查计划和检查表为主线，逐项询问，可做适当延伸。

2）听：认真听取企业有关人员对检查项目的介绍，当介绍偏离主题时可做适当引导。

3）看：定性检查，在问、听的基础上，进行现场观察、核实。

4）测：定量检查，可用测量、现场检测、采样分析等手段获取数据。

5）记：对检查获得的信息或证据，可用文字、复印、照片、录音、录像等方法记录。

检查的内容在前期准备阶段制定的安全检查表中规定，检查过程中也可按实际工况进行调整。

4. 定性定量评价

通过现场检查、检测、检验及访问，得到大量数据资料，首先将数据资料分类汇总，再对数据进行处理，保证其真实性、有效性和代表性。采用数据统计方法将数据整理成可以与相关标准比对的格式，考查各相关系统的符合性和安全设施的有效性，列出不符合项，按不符合项的性质和数量得出评价结论并采取相应措施。

5. 提出安全对策措施及建议

对通过检查、检测、检验得到的不符合项进行分析，对照相关法规和标准，提出技术及管理方面的安全对策措施。

安全对策措施分类：

1）"否决项"不符合时，提出必须整改的意见。

2）"非否决项"不符合时，提出要求改进的意见。

3）"适宜项"符合时，提出持续改进建议。

6. 编制安全验收评价报告

根据前期准备、制订评价计划、现场检查及评价三个阶段的工作成果，对照相关法律法规、技术标准，编制安全验收评价报告。

7. 安全验收评价报告评审

安全验收评价报告评审是建设单位按国家有关规定，将安全验收评价报告报送专家评审组进行技术评审，并由专家评审组提出书面评审意见。评价机构根据专家评审组的评审意见，修改、完善安全验收评价报告。

7.2.3 资源开发建设项目验收评价报告的格式

安全验收评价报告的格式应符合《安全评价通则》的规定。

7.2.4 应用示例——煤矿建设项目安全验收评价

1. 煤矿建设项目安全验收评价的内容

1）检查各类安全生产相关资质（资格）、证件、数据资料的系统性和充分性，说明是否满足安全生产法律法规和技术标准的要求。

2）评价安全设施与有关规定、标准、规程的符合性及其确保安全生产的可行性、可靠性。

3）评价安全管理模式、制度的系统性和科学性，明确安全生产责任制、安全管理机构及安全管理人员、安全生产制度等安全管理相关内容是否满足安全生产法律法规和技术标准的要求及其落实执行情况。

4）通过对煤矿的系统、开采方式、生产场所及设施、设备的实际情况、管理状况的调查分析，查找该煤矿投产后的危险、有害因素，并确定它们的危险度。

5）评价生产系统和辅助系统，明确是否形成了煤矿安全生产系统，提出合理可行的安全对策措施及建议。

对于一矿多井的企业，应先分别对各个自然井按上述要求进行安全验收评价，然后根据所属自然井的安全验收评价结果对全矿进行安全验收评价。

2. 煤矿建设项目验收评价的工作步骤

（1）前期准备

1）明确煤矿建设项目安全验收评价对象的范围和内容，组建评价组。

2）收集国内相关法律法规、标准、规章、规范及有关规定。

3）制定安全验收评价工作方案，编制工作表格。

（2）收集资料与现场安全调查

1）收集并检查煤矿建设项目基础资料，包括立项批准文件，采矿许可证，勘探地质报告及评审意见书和矿产资源储量备案证明，水文地质补充勘探报告，矿井建井地质报告，初步设计和安全专篇设计资料（包括图样、补充或修改设计）及批复文件，安全预评价报告，工程监理报告，单项工程质量认证书，各项安全设施、设备、装置检测检验报告，安全生产规章制度、责任制和各岗位工种操作规程，安全管理机构设置及任命批准文件，各级各类从业人员安全培训和考核情况，联合试运转批准文件，联合试运转报告等。井工矿井建设项目安全验收评价参考资料目录见《煤矿建设项目安全验收评价实施细则》附录 A，露天煤矿建设项目安全验收评价参考资料目录见《煤矿建设项目安全验收评价实施细则》附录 B。

2）根据建设项目的特点，依据建设项目初步设计和安全专篇，按照相关安全生产法律法规、规范的要求，对建设项目的各生产系统和辅助系统及工艺、场所和安全设施、设备、装置等进行实地安全检查。对煤矿安全管理机制和安全生产各项规章制度、安全措施的落实情况进行调查。

3）现场安全调查应明确以下基本问题：

① 对地质构造、水文地质、工程地质、瓦斯地质，井田内及其周边采空区和废弃矿井资料及其他安全参数是否准确掌握，能否满足安全生产的需要。

② 生产系统和辅助系统、开采程序、方法及其工艺等是否符合设计要求，满足安全生产相关法律法规、规范标准的要求，运转是否满足安全生产要求。

③ 通风、瓦斯抽放、综合防煤与瓦斯突出、防火和灭火、防尘、防治水、供电、运输提升、安全监控、生产指挥调度、职业危害防护，应急救援等系统是否合理、完善，是否符合初步设计和安全专篇设计要求，运转是否可靠。

④ 可能造成重大灾害事故的危险有害因素是否得到了有效控制，对井田内及其周边采空区、废弃巷道（或边坡）是否都进行了有效管理，是否存在事故隐患。

⑤ 安全管理制度，安全管理机构及其人员配置是否符合有关规定要求和实际需要。安全投入、安全培训、事故与隐患的管理、应急预案等是否符合要求。

（3）危险、有害因素辨识与分析

1）依据建设项目勘探地质报告，水文地质补充勘探报告、矿井建井地质报告，预评价报告，项目建设和联合试运转期间积累的安全资料和数据及其他专项研究成果，辨识建设项目建成投产后可能存在的危险、有害因素，分析它们的危险程度。

2）分析危险、有害因素可能导致灾害事故的类型、可能的激发条件和作用规律、主要存在场所。

3）结合相关实际资料和典型事故案例做进一步分析。

4）在综合分析的基础上，确定危险、有害因素的危险度排序。

（4）划分评价单元

1）根据安全验收评价的需要，合理划分安全评价单元。评价单元应相对独立，具有明显的特征界限。

2）井工煤矿建设项目安全验收评价单元划分见《煤矿建设项目安全验收评价实施细则》附录 C，露天煤矿建设项目安全验收评价单元划分见《煤矿建设项目安全验收评价实施细则》附录 D。

（5）选择评价方法

1）根据评价的目的、要求和评价对象的特点，选择科学、合理、适用的定性、定量评价方法，以开展有针对性的安全验收评价为基本原则。

2）煤矿安全验收评价宜采用安全检查表法进行定性评价为主，对于生产系统复杂、自然灾害严重的煤矿建设项目，可辅以适用的评价方法进行定性、定量分析评价。

（6）安全设施评价

1）根据建设项目设计、施工和联合试运转相关情况，分析、说明安全设施是否符合设计的要求，设计的安全设施、设备是否完成施工并投入使用。

2）根据安全设施、设备的实际运转情况和取得的效果，分析安全设施对于煤矿安全生产的保障效果，评价安全设施确保安全生产的可行性、可靠性。

（7）安全生产合法性评价

1）根据建设项目提供的相关证照、批准文件，评价项目建设的合法性。

2）根据项目建设和联合试运转期间对相关安全条件和参数的勘测、鉴定或专项研究情况，评价建设项目安全条件与参数确定的合法性。

3）根据建设项目立项、设计、施工、监理、单项工程验收与质量认证、联合试运转审批等相关情况，评价项目设计建设的合法性。

4）根据各项安全设施、设备的检测检验报告、矿井通风阻力测定报告、矿井反风演习报告等，评价安全设施、设备等的检测检验的合法性。

5）根据建设项目安全管理机构、制度、作业规程和各级各类从业人员安全培训及考核、持证上岗情况，评价安全生产管理与从业人员的合法性。

6）根据综合情况，对建设项目安全生产体系的合法性进行整体评价。

（8）定性、定量评价

1）根据初步设计、安全专篇、有关法律法规、规范、项目建设和联合试运转基本情况，安全设施评价分为单元进行定性、定量安全评价。

2）评价各生产和辅助系统（单元）是否符合初步设计，运转是否安全可靠，对有关内容的较大修改是否履行了规定的程序，一般修改是否有利于提高安全保障程度。

3）评价安全设施与安全专篇、有关规程、规范的符合性和完善性，分析存在的不足或缺陷。

4）根据设计和联合试运转中对危险、有害因素的控制情况，评价安全技术措施的符合性、有效性、充分性，分析采取进一步安全技术措施的必要性和可能性。

5）评价安全管理机制与机构、安全生产制度体系、安全检查、安全教育培训与特殊工种操作人员持证上岗、事故与隐患的管理、事故应急预案与应急救援管理、安全信息管理等是否满足安全生产法律法规和规章的要求，是否适应建设项目的特点和安全生产的需要，安全管理体系运转是否可靠、高效。

（9）安全对策措施建议

1）根据建设项目联合试运转情况、现场安全检查和评价的结果，对不符合设计要求，不满足安全生产法律法规和规范规定的生产系统、工艺、场所、设施和设备等提出改进意见。

2）对不符合有关规定要求或不适合本建设项目特点的安全管理制度、机构设置与人员配置，存在的管理漏洞和不安全的管理行为，提出改进意见。

3）对控制防范存在不足或缺陷，可能导致重大事故的危险、有害因素，提出有针对性的安全技术措施及建议。

（10）评价结论

1）评价结论应概括评价结果，给出建设项目在评价条件下与初步设计，安全专篇及国家有关法律法规、规范符合与否的结论，给出建设项目危险、有害因素引发各类事故的可能性及严重程度的预测性结论。

2）明确危险、有害因素排序，指出在项目建成投产后应重点防范的重大灾害事故和重要的安全对策措施。

3）给出建设项目是否具备安全验收条件的明确意见。对暂时达不到安全验收要求的建设项目，提出具体理由和整改措施建议。

（11）安全验收评价报告

1）评价报告文字应简洁、准确，附必要的反映煤矿建设情况等有关图表或照片。

2）评价报告应准确、清晰描述评价对象、目的、依据、方法和过程，获得的评价结果，提出的安全对策措施及建议，给出的评价结论等，并简要描述建设项目建设期间的生产安全事故和联合试运转期间的生产及管理状况。

3）评价报告应附实施安全验收评价中介机构的资质、评价人员名单，报告完成时间等相关情况及附件。

4）煤矿建设项目安全验收评价报告的主要内容见《煤矿建设项目安全验收评价实施细则》。

（12）安全验收评价报告格式和载体

1）格式内容包括封面（见《煤矿建设项目安全验收评价实施细则》附录 F）、安全评价机构安全评价资质证书副本复印件、著录项（见《煤矿建设项目安全验收评价实施细则》附录 G）、前言、目录、正文、附件、附录。

2）安全评价报告一般采用纸质载体。为适应信息处理需要，安全评价报告可辅助采用电子载体形式。

7.3 资源开发安全现状评价

7.3.1 安全现状评价概述

安全现状评价是针对系统、工程（某一个生产经营单位的总体或局部生产经营活动）的安全现状进行的评价。通过安全现状评价查找存在的危险、有害因素，确定危险程度，提出合理、可行的安全对策措施及建议。

这种对在用生产装置、设备、设施、储存、运输及安全管理状况进行的现状评价，是根据政府有关法规的规定或生产经营单位安全管理的要求进行的，主要涉及事宜有：全面收集评价所需的信息资料，采用合适的系统安全分析方法进行危险因素识别，给出量化的安全状态参数值；对于可能造成重大后果的事故隐患，采用相应的评价数学模型，进行事故模拟，预测极端情况下的影响范围，分析事故的最大损失，以及发生事故的概率；对发现的事故隐患，分别提出治理措施，并按危险程度的大小及整改的优先度进行排序；提出整改措施与建议。

7.3.2 安全现状评价的内容

安全现状评价是根据国家有关的法律、法规规定或者生产经营单位的要求进行的，应对生产经营单位的生产设施、设备、装置、储存、运输及安全管理等方面进行全面、综合的安全评价，主要包括以下几点内容。

1）收集评价所需的信息资料，采用恰当的方法进行危险、有害因素识别。

2）对于可能造成重大后果的事故隐患，采用科学、合理的安全评价方法建立相应的数学模型，进行事故模拟，预测极端情况下事故的影响范围、造成的最大损失以及发生事故的可能性或概率，给出量化的安全状态参数值。

3）对发现的事故隐患，根据量化的安全状态参数值，按照整改优先度进行排序。

4）提出安全对策措施与建议。

生产经营单位应将安全现状评价的结果纳入生产经营单位事故隐患整改计划和安全管理制度中，并按计划实施和检查。

7.3.3 安全现状评价的工作程序

安全现状评价工作程序一般包括：前期准备，危险、有害因素和事故隐患的辨识，定性和定量评价、安全管理现状评价，提出安全对策措施及建议，得出评价结论，完成安全现状评价报告。安全现状评价工作程序如图7-2所示。

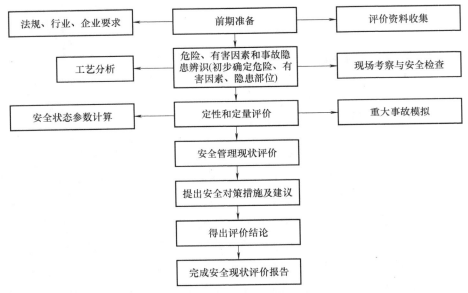

图 7-2　安全现状评价工作程序

1. 前期准备

明确评价的范围，收集所需的各种资料，重点收集与现实运行状况有关的各种资料与数据，包括涉及生产运行、设备管理、安全、职业危害、消防、技术检测等方面内容的资料与数据。评价机构依据生产经营单位提供的资料，按照确定的评价范围进行评价。

安全现状评价所需的主要资料可以从工艺、物料、生产经营单位周边环境、设备、管道、电气和仪表自动控制系统、公用工程系统、事故应急救援预案、规章制度和企业标准以及相关的检测和检验报告等方面进行收集。

1）工艺：主要包括工艺规程和操作规程、工艺流程图、工艺操作步骤或单元操作过程（包括从原料的储存、加料的准备到产品产出及储存的整个过程的操作说明）、工艺变更说明等。

2）物料：包括主要物料种类及用量，基本控制原料说明，原材料、中间体、产品、副产品和废物的安全卫生及环保数据，规定的极限值和（或）允许的极限值。

3）生产经营单位周边环境：包括区域图和厂区平面布置图、气象数据、人口分布数据、场地水文地质等资料。

4）设备：包括建筑和设备平面布置图、设备明细表、设备材质说明、大机组监控系统以及设备厂家提供的图样。

5）管道：包括管道说明书、配管图和管道检测相关数据报告。

6）电气和仪表自动控制系统：包括生产单元的电力分级图、电力分布图、仪表布置及逻辑图、控制及报警系统说明书、计算机控制系统软硬件设计、仪表明细表。

7）公用工程系统：包括公用设施说明书、消防布置图及消防设施配备和设计应急能力说明、系统可靠性设计、通风可靠性设计、安全系统设计资料以及通信系统资料。

8）事故应急救援预案：包括事故应急救援预案、事故应急救援预案演练计划及演练记录。

9）规章制度和企业标准：包括内部规章、制度、检查表和企业标准，有关行业安全生产经验，维修操作规程，已有的安全研究、事故统计和事故报告。

10）相关的检测和检验报告。

2. 危险、有害因素和事故隐患的辨识

针对评价对象的生产运行情况及工艺、设备的特点，采用科学、合理的评价方法，进行危险、有害因素识别和危险性分析，确定主要危险部位、物料的主要危险特性、有无重大危险源，以及可能导致重大事故的缺陷和隐患。

3. 定性和定量评价

根据生产经营单位的特点，确定评价的模式及采用的评价方法。对系统生命周期内的生产运行阶段，应尽可能采用定量化的安全评价方法。有时也采取定性与定量相结合的综合性评价模式，进行科学、全面、系统的分析评价。

通过定性和定量的安全评价，重点对工艺流程、工艺参数、控制方式、操作条件、物料种类与理化特性、工艺布置、总图、公用工程等内容，运用选定的分析方法，逐一分析存在的危险、有害因素和事故隐患。通过危险度与危险指数的量化分析与评价计算，确定事故隐患存在的部位，预测事故可能产生的严重后果，同时进行风险排序。结合现场调查结果以及同类事故案例，分析事故发生的原因和概率。运用相应的数学模型进行重大事故模拟，确定灾害性事故的破坏程度和严重后果。为制订相应的事故隐患整改计划、安全管理制度和事故应急救援预案提供数据。

安全现状评价通常采用的定性评价方法有预先危险性分析、安全检查表法、故障类型和影响分析、故障假设分析、故障树分析、危险与可操作性研究、风险矩阵法等；通常采用的定量评价方法有道化学火灾、爆炸危险指数评价法，蒙德火灾、爆炸危险指数评价法，事故后果灾害评价等。

4. 安全管理现状评价

安全管理现状评价包括安全管理制度评价、事故应急救援预案的评价、事故应急救援预案的修改及演练计划等。

5. 提出安全对策措施及建议

综合评价结果，提出相应的安全对策措施及建议，并按照安全风险程度的高低对解决方案进行排序，列出存在的事故隐患及整改紧迫程度。针对事故隐患提出改进措施及提高安全状态水平的建议。

6. 得出评价结论

根据评价结果，明确指出生产经营单位当前的安全生产状态水平，提出提高安全程度的意见。

7. 完成安全现状评价报告

评价单位按安全现状评价报告的内容和格式要求完成评价报告。生产经营单位应当依据安全评价报告编制事故隐患整改方案并制订实施计划。

7.3.4 应用示例——煤矿安全现状评价

1. 煤矿安全现状评价的内容

1）评价煤矿安全管理模式对确保安全生产的适应性，明确安全生产责任制、安全管理机构及安全管理人员、安全生产制度等安全管理相关内容是否满足安全生产法律法规和技术标准的要求及其落实执行情况有重要意义，说明现行企业安全管理模式是否满足安全生产的要求。

2）评价煤矿安全生产保障体系的系统性、充分性和有效性，明确安全生产保障体系是否满足煤矿实现安全生产的要求。

3）评价各生产系统和辅助系统及工艺、场所、设施、设备是否满足安全生产法律法规和技术标准的要求。

4）识别煤矿生产中的危险、有害因素，确定危险度。

5）评价生产系统和辅助系统，明确是否形成了煤矿安全生产系统，对可能的危险、有害因素，提出合理可行的安全对策措施及建议。

对于一矿多井的企业，应先分别对各个自然井按上述要求进行安全现状评价，然后根据所属自然井的安全评价结果对全矿井进行安全现状评价。

2. 煤矿安全现状评价的工作步骤

煤矿安全评价程序一般包括前期准备，危险、有害因素辨识与分析，划分评价单元，选择评价方法、现场安全调查，定性、定量评价，提出安全对策措施及建议，得出安全评价结论，编制安全评价报告，安全评价报告备案等。

（1）前期准备　明确评价对象和范围，收集国内外相关法律法规、技术标准及与评价对象相关的煤矿行业数据资料，组建评价组，编制安全评价工作计划，进行煤矿现场调查，初步了解煤矿状况。

1）煤矿安全评价需要委托方提供的参考资料。

① 井工矿井安全现状评价所需资料如下：

a. 煤矿概况。

b. 矿井设计依据。

c. 矿井设计文件。

d. 生产系统及辅助系统说明。

e. 危险、有害因素分析所需资料。

f. 安全技术与安全管理措施资料。

g. 安全机构设置及人员配置。

h. 安全专项投资及其使用情况。

i. 安全检验、检测和测定的数据资料。

j. 安全评价所需的其他资料和数据。

② 露天煤矿安全验收和安全现状评价所需资料如下：

a. 煤矿概况。

b. 采场设计依据。

c. 采场设计文件。

d. 生产系统及辅助系统说明。

e. 危险、有害因素分析所需资料。

f. 安全技术与安全管理措施资料。

g. 安全机构设置及人员配置。

h. 安全专项投资及其使用情况。

i. 安全检验、检测和测定的数据资料。

j. 安全评价所需的其他资料和数据。

2）煤矿安全评价工作依据的主要法规和标准。

①《中华人民共和国安全生产法（2021 修正）》（中华人民共和国主席令第 88 号）。

②《安全评价检测检验机构管理办法》（应急管理部令第 1 号）。

③《安全评价通则》（AQ 8001—2007）。

④《安全预评价导则》（AQ 8002—2007）。

⑤《安全验收评价导则》（AQ 8003—2007）。

⑥《煤矿安全评价导则》（煤安监技装字〔2003〕114 号）。

3）组建评价组。依据项目评价的对象及范围、评价涉及的专业技术要求、时间要求，为保证评价报告质量，合理选配评价人员和技术专家组建项目评价组。评价组内人员按照专业需求、技术水平及工作经验等特点进行合理分工。

必要时，公司可与受托方分别指派一名项目协调人员，负责项目进行过程中双方信息资料的交流与文件管理。

（2）危险、有害因素辨识与分析　根据煤矿的开拓工艺、开采方式、生产系统和辅助系统、周边环境及水文地质条件等特点，识别和分析生产过程中的危险、有害因素。

（3）划分评价单元　对于生产系统复杂的煤矿建设项目（或煤矿），为了安全评价的需要，可以按安全生产系统、开采水平、生产工艺功能、生产场所、危险与有害因素类别等划分评价单元。评价单元应相对独立，便于进行危险、有害因素识别和危险度评价，且具有明显的特征界限。

（4）选择评价方法　根据煤矿的特点，选择科学、合理、适用的定性、定量评价方法。

（5）现场安全检查　针对煤矿生产的特点，对照安全生产法律法规和技术标准的要求，采用安全检查表或其他系统安全评价方法，对煤矿（或选择的类比工程）的各生产系统及工艺、场所和设施、设备等进行安全检查。

在煤矿安全现状评价中，通过现场安全检查应明确以下内容：

1）安全管理机制、安全管理制度等是否适合安全生产，形成了适应于煤矿生产特点的安全管理模式。

2）安全管理制度、安全投入、安全管理机构及人员配置是否满足安全生产法律法规的要求。

3）生产系统、辅助系统及工艺、设施和设备等是否满足安全生产法律法规及技术标准的要求。

4）可能引起火灾、瓦斯与煤尘爆炸、煤与瓦斯突出、水害、片帮冒顶等灾害、机械伤害、电气伤害及其他危险、有害因素是否得到了有效控制。

5）明确通风、排水、供电、提升运输、应急救援、通信、监测、抽放、综合防煤与瓦斯突出等系统及其他辅助系统是否完善并可靠。

6）说明各安全生产系统、开采方法及开采工艺等是否合理。

7）明确采空区、废弃巷道（或边坡）是否都进行了管理，并得到了有效控制。

8）不满足安全生产法律法规或不适应煤矿安全生产的事故隐患有哪些。

（6）定性、定量评价　根据选择的评价方法，对可能引发事故的危险、有害因素进行定性、定量评价，给出引起事故发生的致因因素、影响因素及危险度，为制定安全对策措施提供科学依据。

（7）提出安全对策措施及建议　根据现场安全检查和定性、定量评价的结果，对那些违反安全生产法律法规和技术标准或不适合的行为、制度、安全管理机构设置和安全管理人员配置，以及不符合安全生产法律法规和技术标准的工艺、场所、设施和设备等，提出安全改进措施及建议；对那些可能导致重大事故或容易导致事故的危险、有害因素提出安全技术措施、安全管理措施及建议。

（8）得出安全评价结论　简要地列出对主要危险、有害因素的评价结果，指出应重点防范的重大危险、有害因素，明确重要的安全对策措施，综合评价结果，做出安全评价结论。

（9）编制安全评价报告　煤矿安全现状评价报告是煤矿安全评价过程的记录，应将安全评价对象、安全评价过程、采用的安全评价方法、获得的安全评价结果、提出的安全对策措施及建议等写入安全评价报告。

煤矿安全评价报告应满足下列要求：

1）真实描述煤矿安全评价的过程。

2）能够反映出参加安全评价的安全评价机构和其他单位、参加安全评价的人员、安全评价报告完成的时间。

3）简要描述煤矿建设项目可行性研究报告的内容或煤矿生产及管理状况。

4）阐明安全对策措施及安全评价结果。

煤矿安全评价报告是整个煤矿评价工作综合成果的体现，评价人员要认真编写，评价组长综合、协调好各部分内容，编写好的报告要根据质量手册的要求和程序进行质量审定，评价报告完成审定修改后打印装订。

3. 煤矿安全现状评价报告编写

煤矿安全现状评价报告依据《煤矿安全评价导则》进行编写。在煤矿安全评价报告的编写过程中，若遇煤矿建设项目的基本内容发生变化，则在评价报告中应反映出来，若评价方法和评价单元需要变更或做部分调整，则在评价报告中应说明理由。

煤矿安全现状评价报告的总体要求是全面、概括地反映煤矿安全现状评价的全部工作。安全评价报告应文字简洁、准确，可同时采用图表和照片，以使评价过程和结论清楚、明确，利于阅读和审查。符合性评价的数据、资料和预测性计算过程可以编入附录。

煤矿安全现状评价报告的主要内容包括安全评价对象及范围，安全评价依据，被评价单位基本情况，主要危险、有害因素识别，评价单元的划分与评价方法选择，定性、定量评价，提出安全对策措施及建议，做出安全评价结论等。

（1）被评价单位基本情况　内容包括：煤矿选址、总图及平面布置、生产规模、工艺流程、主要设备、主要原材料、中间体、产品、经济技术指标、公用工程及辅助设施等。煤矿的生产工艺，在评价过程中可根据煤矿的补充材料及调研中收集到的材料进行修改和补充。在调研中收集到的相关事故案例、不安全状况等也在此部分中做简要叙述。

（2）主要危险、有害因素识别　内容包括：列出辨识与分析危险、有害因素的依据，阐述辨识与分析危险、有害因素的过程。根据煤矿周边环境、生产工艺流程或场所的特点，通过对主要危险、有害因素的识别与分析，列出建设项目所涉及的危险、有害因素，并指出存在的部位，明确在安全运行中实际存在和潜在的危险、有害因素。

（3）评价单元的划分与评价方法选择　阐述划分评价单元的原则、分析过程，根据评价的需要，在对危险、有害因素识别和分析的基础上，按自然条件，基本工艺条件，危险、有害因素的分布及状况等，以便于实施评价为原则，划分成若干个评价单元，实践中基本上可以按照井工矿井生产系统和辅助系统来划分。各评价单元应相对独立，便于进行危险、有害因素识别和危险度评价，且具有明显的特征界限。

列出选定的评价方法，阐述所选定评价方法的原因，并做简单介绍。根据评价的目的、要求和评价对象的特点、工艺、功能或活动分布，选择科学、合理、适用的定性、定量评价方法。对不同的评价单元，可根据评价的需要和单元特征选择不同的评价方法。

（4）定性、定量评价　定性、定量安全评价是评价报告的核心章节，分别运用所选取的评价方法，对相应的危险、有害因素进行定性、定量评价的计算和论述。根据煤矿的具体情况，对主要危险、有害因素分别采用相应的评价方法进行评价，对危险性大且容易造重大伤亡事故的危险、有害因素，也可选用两种或几种评价方法进行评价，以相互验证和补充。

对于一些新工艺、新技术，应选用适当的评价方法，并在评价中注意具体情况具体分析，合理选取评价方法中规定的指标、系数取值。

此部分内容较多，可编写在一个章节内，也可分为两个或多个章节编写，根据评价对象的具体情况而定。

（5）提出安全对策措施及建议　根据现场安全检查和定性、定量评价的结果，对那些违反安全生产法律法规和技术标准或不适合本煤矿安全生产的行为、制度、安全管理机构设置和安全管理人员配置，以及不符合安全生产法律法规和技术标准的工艺、场所、设施和设备等，提出安全改进措施及建议；对那些可能导致重大事故或容易导致事故的危险、有害因素提出安全技术措施、安全管理措施及建议。

（6）做出安全评价结论　简要地列出主要危险、有害因素的评价结果，指出应重点防范的重大危险、有害因素，明确重要的安全对策措施，综合各单元评价结果，得出安全评价结论。

对于煤矿安全现状评价，还应做出开拓方式、开采方法、生产工艺与系统、辅助系统、安全管理等是否满足有关安全生产法律法规和技术标准要求以及安全管理模式是否适应安全生产要求的结论。

4. 煤矿安全现状评价报告的重点

1）在概述中，重点包括安全评价对象及范围、安全评价依据、煤矿概况、煤矿生产概况。

2）在危险、有害因素辨识与分析中，重点包括危险、有害因素识别的方法和过程，主要危险、有害因素的危险性分析，主要危险，有害因素的存在场所，事故隐患及其存在场所。

3）在安全管理评价中，重点包括安全管理模式、制度的建立及其执行情况分析，安全管理体系适应性评价方法和过程，安全管理体系适应性评价结果及分析。

4）在生产系统与辅助系统评价中，重点包括按煤矿的生产系统与辅助系统划分评价单元，选择评价方法，煤矿各生产系统与辅助系统安全评价方法、过程及结果，矿井（或采场）综合安全评价方法、过程及结果。

5）在定性、定量评价中，重点包括运用选取的定性、定量评价方法，对重大危险、有害因素的危险度进行评价计算和论述。

6）在煤矿事故统计分析中，重点包括同类矿山事故统计分析，被评价煤矿生产事故统计分析，被评价煤矿生产事故的致因因素、影响因素及事故危险度评价。

7）在安全措施及建议中，重点包括设计选择安全设施的要求及其说明、设计中应注意的重大安全问题、安全技术措施及建议。

8）在安全评价结论中，重点包括煤矿现有的技术措施及安全管理能否保障安全生产的需要，是否进一步提高了安全生产程度。

5. 煤矿安全现状评价报告的格式

（1）评价报告的基本格式要求

1）封面。

2）安全评价机构资质证书影印件。

3）著录项。

4）前言。

5）目录。

6）正文。

7）附件。

8）附录。

（2）规格　安全评价报告应采用 A4 幅面，左侧装订。

（3）封面格式

1）封面的内容应包括：委托单位名称、评价项目名称、标题、安全评价机构名称、安全评价机构资质证书编号、评价报告完成时间。

2）标题。标题应统一写为"安全××评价报告"，其中，"××"应根据评价项目的类别填写为"预""验收"或"现状"。

3）封面样张与著录项格式。封面样张与著录项格式按《安全评价通则》的要求执行。

习　　题

（1）阐述安全预评价和安全验收评价的区别。

（2）比较安全现状评价与安全验收评价的异同。

（3）简述安全预评价的工作步骤。

（4）简述安全验收评价的工作步骤。

（5）简述安全现状评价的工作步骤。

8.1 金属冶炼建设项目安全预评价

8.1.1 金属冶炼建设项目安全预评价的内容

安全预评价处在系统或项目的孕育阶段的前期,在系统或工程初步设计之前进行,它的目的在于搞清楚系统或工程投产运行后存在的主要危险、有害因素及产生危险、危害后果的主要条件,对系统或工程投产后运行过程中的固有危险、有害因素进行定性或定量的评价,提出预防、消除或减弱系统或工程的危险性、提高系统安全运行等级的对策措施,为系统或工程下一步的劳动安全卫生设计(安全专篇设计)提供依据,以最终实现工程的本质安全化。同时,安全预评价报告可为安全生产综合管理部门实施监督、管理提供依据,预评价的结论可为安全生产综合管理部门审批工程初步设计文件提供依据。这充分体现了预防为主的安全思想。

国家安全生产监督总局为贯彻落实《中华人民共和国安全生产法》中有关"金属冶炼单位"安全监管的规定,制定了《金属冶炼目录(2015 版)》,对金属冶炼单位范围进行了界定。表 8-1 给出了金属冶炼行业所涉及的黑色金属冶炼、有色金属冶炼等具体范畴。

表 8-1　金属冶炼目录

序号	代码	名称	主要生产工艺
一	C31	黑色金属冶炼、压延加工工业	
1	C3110	炼铁	高炉炼铁、直接还原法炼铁、熔融还原法炼铁
2	C3120	炼钢	铁液预处理、转炉炼钢、电炉(含电炉、中频炉等电热设备)炼钢、钢液炉外精炼、钢液连铸
3	C3130	黑色金属铸造	高炉铸造生铁、模铸、重熔铸造(含金属熔炼、精炼、浇铸)
4	C3150	铁合金冶炼	高炉法冶炼,氧气转炉、电炉(含矿热炉、中频炉等电热设备)法冶炼,炉外法(金属热法)冶炼

（续）

序号	代码	名称	主要生产工艺
二	C32	有色金属冶炼、压延加工工业	
5	C3211	铜冶炼	冰铜熔炼、铜锍吹炼、粗铜火法精炼
6	C3212	铅锌冶炼	铅冶炼：氧化熔炼、还原熔炼、火法精炼
7			锌冶炼：还原熔炼、粗锌精炼
8	C3213	镍钴冶炼	镍冶炼：造锍熔炼、镍锍吹炼、还原熔炼
9	C3214	锡冶炼	还原熔炼、火法精炼
10	C3215	锑冶炼	挥发熔炼、还原熔炼、火法精炼
11	C3216	铝冶炼	氧化铝熔融电解
12	C3217	镁冶炼	硅热还原法炼镁、氯化镁熔盐电解、粗镁精炼
13	C3239	其他稀有金属冶炼	钛冶炼：富钛料制取、氯化、粗氯化钛精制及海绵钛生产（金属热还原法）
14			钒冶炼：金属热还原法炼钒、硅热还原法炼钒、真空碳热还原法炼钒、熔盐电解精炼
15	C3240	有色金属合金制造	通过熔炼、精炼等方式，在某一有色金属中加入一种或几种其他元素制造合金的生产活动
16	C3250	有色金属铸造	液态有色金属及其合金连续铸造、模铸、重熔铸造（含金属熔炼、浇铸）

8.1.2　金属冶炼建设项目安全预评价的步骤

安全预评价的工作程序包括前期准备，危险、有害因素辨识与分析，划分评价单元，选择评价方法，定性、定量评价，提出安全对策措施及建议，做出评价结论，编制安全预评价报告等。

1. 前期准备

前期准备包括：明确评价对象和评价范围，组建评价组，收集国内外相关法律法规、标准、规章、规范，收集并分析评价对象的基础资料、相关事故案例，对类比工程进行实地调查等。

金属冶炼建设项目安全预评价应获取的参考资料如下：

1）综合性资料，包括：建设单位及建设项目概况、总平面图、工业园区规划图、气相条件、与周边环境关系位置图、工艺流程图、人员分布。

2）设立依据，包括：项目可行性研究报告，项目申请书、立项批准文件，其他有关资料。

3）项目工程技术文件，包括：工程可行性研究报告，安全设施、设备、装置及措施，其他相关的工程资料。

4）安全管理机构设置及人员配置。

5）安全投入。

6）相关安全生产法律、法规及标准。

7）相关类比工程资料，包括：类比工程资料、相关事故案例。

8）其他可用于安全预评价的资料。

2. 危险、有害因素辨识与分析

分析金属冶炼建设项目的安全特点，辨识和分析评价对象可能存在的各种危险、有害因素及分布情况，分析危险、有害因素发生作用的途径及机理，辨识重大危险源和重大危险作业场所。

3. 划分评价单元

充分考虑评价对象的安全特点，以便于实施评价为原则，可按照评价对象的组成和评价范围，工艺流程及基本工艺条件，危险、有害因素分布及状况划分评价单元。

4. 选择评价方法

根据评价的目的、要求和评价对象的特点，选择科学、合理、适用的定性、定量评价方法。对于不同评价单元，可根据评价的需要和单元特征选择不同的评价方法。

5. 定性、定量评价

采用选择的评价方法，对危险、有害因素导致事故发生的可能性和严重程度进行定性、定量评价，以确定事故可能发生的部位、频次、严重程度的等级及相关结果，为制定安全对策措施提供科学依据。

6. 提出安全对策措施及建议

为了保障评价对象建成后的安全运营，根据评价结果，提出改进和完善评价对象建设方案的安全技术措施，预防和控制事故风险与危险、有害因素危害的对策措施以及安全管理对策措施。

7. 做出评价结论

指出评价对象的潜在危险、有害因素，给出评价对象在评价时的条件下与国家及行业有关法律、法规、规章、标准、规范的符合性结论，给出危险、有害因素引发各类事故的可能性及后果的严重程度的预测性结论，明确评价对象建成后能否安全运行的结论。

8. 编制安全预评价报告

安全预评价报告的内容应能反映安全预评价的任务，即建设项目的主要危险、有害因素评价，建设项目应重点防范的重大危险、有害因素，应重视的重要安全对策措施，建设项目从安全生产角度是否符合国家有关法律、法规、技术标准。

8.1.3　金属冶炼建设项目安全预评价报告编写

安全预评价报告是安全预评价工作过程的具体体现，是评价对象在建设过程中或实施过程中的安全技术指导文件。安全预评价报告文字应简洁、准确，可同时采用图表和照片，以使评价过程和结论清楚、明确，利于阅读和审查。金属冶炼建设项目安全预评价报告一般包括以下内容：

（1）评价总则

1）评价目的。

2）评价范围。

3）评价工作的原则及程序。

（2）建设单位及建设项目概述

1）建设单位概况。

2）项目简介。

3）厂址选择与建设条件。

4）项目生产工艺简介。

5）主要原辅材料及主要设备。

6）总图运输。

7）公用及辅助工程。

8）企业组织与劳动定员。

（3）危险、有害因素辨识

1）项目物质的危险、有害因素分析。

2）生产过程危险、有害因素分析。

3）公用辅助设施主要危险、有害因素分析。

4）自然环境的危险、有害因素分析。

5）厂址、厂房建设布局危险、有害因素分析。

6）劳动定员和安全管理危险、有害因素分析。

7）项目施工、试生产阶段危险、有害因素分析。

8）作业活动的危险、有害因素的辨识。

9）安装与事故、维修作业危险、有害因素分析。

10）重大危险源辨识。

（4）评价单元划分及评价方法选择

1）评价单元的确定。

2）评价方法的选择。

3）主要评价方法简介。

（5）定性、定量评价

1）政策符合性单元分析评价。

2）项目选址、总平面布置分析评价。

3）工艺过程作业条件危险性评价。

4）公用及辅助工程单元分析评价。

5）职业卫生单元分析评价。

6）定性、定量评价结果。

（6）典型事故案例分析　（略）

（7）安全对策措施及建议

1）在可行性研究报告中提出的安全对策措施。

2）补充的安全对策措施及建议。

（8）评价结论

1）主要危险、有害因素评价结果。

2）安全预评价结论。

8.1.4　金属冶炼建设项目安全预评价报告的格式

金属冶炼建设项目安全预评价报告一般采用纸质载体，随着信息化和电子档案管理系统的普及，电子载体经常与纸质载体并存。

金属冶炼建设项目安全预评价报告格式按《安全评价通则》的要求执行，一般包括以下几方面：

1）封面。

2）评价机构安全评价资格证书副本复印件。

3）著录项。

4）前言。

5）目录。

6）正文。

7）附件。

8）附录。

8.2 | 金属冶炼建设项目安全验收评价

8.2.1　金属冶炼建设项目安全验收评价的内容

安全验收评价的目的在于建设项目竣工后、正式生产运行前，通过检查建设项目安全设施与主体工程同时设计、同时施工、同时投入生产和使用的情况，特别是安全设施、设备、装置投入生产和使用的情况，检查安全生产管理措施到位情况、安全生产规章制度健全情况、事故应急救援预案建立情况，审查确定建设项目是否满足安全生产法律法规、标准、规范要求，从整体上确定建设项目的运行状况和安全管理情况，做出相应安全验收评价结论。安全验收评价是建设项目竣工验收的必需的前置条件，安全验收评价报告将作为建设项目竣工验收的必须审核的重要文件。

《冶金企业和有色金属企业安全生产规定》（国家安全生产监督管理总局令第 91 号）第十四条明确规定，金属冶炼建设项目在可行性研究阶段，建设单位应当依法进行安全评价。建设项目在初步设计阶段，建设单位应当委托具备国家规定资质的设计单位对其安全设施进行设计，并编制安全设施设计。建设项目竣工投入生产或者使用前，建设单位应当按照有关规定进行安全设施竣工验收。

安全验收评价主要是对"三同时"的符合性，以及安全设施运行的可靠性做出结论，主要包括以下三个方面：

1）从安全管理角度检查和评价生产经营单位在建设项目中对《中华人民共和国安全生产法》的执行情况。

2）从安全技术角度检查建设项目中的安全设施是否与主体工程同时设计、同时施工、同时投入生产和使用；检查和评价建设项目（系统）及与之配套的安全设施是否符合国家有关安全生产的法律、法规和标准。

3）从整体上评价建设项目的运行状况和安全管理是否正常、安全、可靠。

安全验收评价的意义在于：为安全验收把关，确保建设项目正式投产之后，系统能够安全运行；保障作业人员在生产过程中的安全和健康。此外，安全验收评价还可以作为今后企业持续改进、提高安全生产水平的基准。

8.2.2　金属冶炼建设项目安全验收评价的步骤

安全验收评价工作程序一般包括：前期准备，编制安全验收评价计划，安全验收评价现场检查，定性、定量评价，提出安全对策措施及建议，编制安全验收评价报告，安全验收评价报告评审等。

1. 前期准备

前期准备工作主要包括：明确评价对象和范围，建设项目证明文件核查，建设项目实际工况调查，资料收集及核查。

（1）明确评价对象和范围　确定安全验收评价范围可界定评价责任范围，特别是增建、扩建及技术改造项目，与原建项目相连难以区别，这时可依据初步设计、投资或与企业协商划分，并写入工作合同。

（2）建设项目证明文件核查　建设项目证明文件与核查主要是考查建设项目是否具备申请安全验收评价的条件，其中最重要的是进行安全"三同时"程序完整性的检查，可以通过核查安全"三同时"程序完整性的证明来完成。

安全"三同时"程序完整性证明资料一般包括：

1）建设项目批准（批复）文件。

2）安全预评价报告及评审意见。

3）初步设计及审批文件。

4）试生产调试记录和安全自查报告（或记录）。

5）安全"三同时"程序中其他证明文件。

（3）建设项目实际工况调查　在完成上述相关证明文件收集工作的同时，还要对工程项目建设的实际工况调查。实际工况调查主要是了解建设项目基本情况、项目规模，以及企业自述问题等。

1）项目基本情况包括　企业全称、注册地址、项目地址、建设项目名称、设计单位、安全预评价机构、施工及安装单位、项目性质、项目总投资额、产品方案、主要供需方、技术保密要求等。

2）项目规模包括　自然条件、项目占地面积、建（构）筑面积、生产规模、单体布局、生产组织结构、工艺流程、主要原（材）料耗量、产品规模、物料的储运等。

3）企业自述问题包括　项目中未进行初步设计的单体、项目建成后与初步设计不一致的单体、施工中变更的设计、企业在试生产中已发现的安全及工艺问题及提出整改方案等。

（4）资料收集及核查　在熟悉企业情况的基础上，对企业提供的文件资料进行详细核查，对项目资料缺项提出增补资料的要求，对未完成专项检测、检验或取证的单位提出补测或补证的要求，将各种资料汇总成图表形式。

需要核查的资料根据项目实际情况确定，一般包括以下内容：

1）相关法规和标准。相关法规和标准包括：建设项目涉及的法律、法规、规章及规范性文件，项目所涉及的国内外标准（国家标准、行业标准、地方标准、企业标准）、规范（建设及设计规范）。

2）项目的基本资料。主要包括：项目平面、工艺流程、初步设计（变更设计）、安全预评价报告、各级政府批准（批复）文件。若实际施工与初步设计不一致，还应提供"设计变更文件"或批准文件、项目平面布置简图、工艺流程简图、防爆区域划分图、项目配套安全设施投资表等。

3）企业编写的资料。主要包括：项目危险源布控图、应急救援预案及人员疏散图、安全管理机构及安全管理网络图、安全管理制度、安全责任制、岗位（设备）安全操作规程等。

4）专项检测、检验或取证资料。主要包括：特种设备取证资料汇总、避雷设施检测报告、防爆电气设备检验报告、可燃（或有毒）气体浓度检测报警仪检验报告、生产环境及劳动条件检测报告、专职安全员证、特种作业人员取证汇总资料等。

2. 编制安全验收评价计划

编制安全验收评价计划是在前期准备工作基础上，分析项目建成后存在的危险、有害因素的分布与控制情况，依据有关安全生产的法律法规和技术标准，确定安全验收评价的重点和要求，依据项目实际情况选择验收评价方法，测算安全验收评价进度。评价机构根据建设项目安全验收评价实际运作情况，自主编制安全验收评价计划。

编制安全验收评价计划要做好以下几方面的工作：

（1）主要危险、有害因素分析

1）项目所在地周边环境和自然条件的危险、有害因素分析。

2）项目边界内平面布局及物流路线等的危险、有害因素分析。

3）工艺条件、工艺过程、工艺布置、主要设备设施等方面的危险、有害因素分析。

4）原辅材料、中间产品、产品、副产品、溶剂、催化剂等物质的危险、有害因素分析。

5）辨识是否有重大危险源，是否有需监控的化学危险品。

（2）确定安全验收评价单元和评价重点　按安全系统工程的原理，考虑各方面的综合或联合作用，将安全验收评价的总目标分解为相关的评价单元，主要包括以下几点：

1）管理单元：安全管理组织机构设置、管理体系、管理制度、应急救援预案、安全责任制、作业规程、持证上岗等。

2）设备与设施单元：生产设备、安全装置、防护设施、特种设备、安全监测监控系统、避雷设施、消防工程及器材等。

3）物料与材料单元：危险化学品、包装材料、加工材料、辅助材料等。

4）方法与工艺单元：生产工艺、作业方法、物流路线、储存养护等。

5）作业环境与场所单元：周边环境、建筑物、生产场所、防爆区域、个人安全防护等。

根据危险、有害因素的分布与控制情况，按危险的严重程度进行分解，确定安全验收评价的重点。安全验收评价的重点一般有：易燃易爆、急性中毒、特种设备、安全附件、电气安全、机械伤害、安全联锁等。

（3）选择安全验收评价方法　选择安全验收评价方法主要考虑评价结果是否能达到安全验收评价所要求的目的，还要考虑进行评价所需的信息资料是否能收集齐全。可用于安全验收评价的方法很多，就实用性来说，目前进行安全验收评价经常选用安全检查表法，以法规、标准为依据，检查建设项目系统整体的符合性和配套安全设施的有效性。对比较复杂的系统可以采用顺向追踪方法检查分析，如运用事件树分析法评价，或者采用逆向追溯方法检查分析，如运用故障树分析法评价。特别值得注意的是，如果已有公开的行业安全评价方法，则必须采用。

（4）预算安全验收评价进度　安全验收评价工作的进度需要体现在计划之中，计划安排应能保证安全验收评价工作有效、科学地实施，要特别注意与建设单位建立联系，说明需要企业配合的工作，充分发挥建设单位与评价机构两方面的积极性，在协商基础之上确定评价的工作进度。

3. 安全验收评价现场检查

安全验收评价现场检查是按照安全验收评价计划，对安全生产条件与状况独立进行验收评价的现场检查和评价。评价机构对现场检查及评价中发现的隐患或还存在的问题，应提出改进措施及建议。

（1）制定安全检查表　安全检查表是前期准备工作策划性的成果，是安全验收评价人员进行工作的工具。编制安全检查表的作用是在检查前可使检查内容比较周密和完整，既可保持现场检查时的连续性和节奏性，又可减少评价人员的随意性；可提高现场检查的工作效率，并留下检查的原始证据。编制安全检查表时要解决两个问题，即"查什么"和"怎么查"的问题。

安全验收评价需要编制的安全检查表如下：

1）安全生产监督管理机构有关批复中提出的整改意见落实情况检查表。

2）安全预评价报告中提出的安全技术和管理对策措施落实情况检查表。

3）初步设计（包括变更设计）中提出的安全对策措施落实情况检查表。

4）相关评价单元检查表，例如人力与管理、人机功效、设备与设施、物质与材料、方法与工艺、环境与场所等。

5）事故预防及应急救援预案方面的检查表。

6）其他综合性措施的安全检查表。

（2）现场检查方式选择　检查方式应进行合理选择。具体检查方式有按部门检查、按过程检查、顺向追踪、逆向追溯等，这些方式各有利弊，工作中可以根据实际情况灵活应用。

1）按部门检查也称按"块"检查，是以企业部门（车间）为中心进行检查的方式。

2）按过程检查也称按"条"检查，是以受检项目为中心进行检查的方式。

3）顺向追踪也称为"归纳"式检查，是顺序调查的方式，从安全管理理念、安全管理制度等文件查到安全管理措施、危险和有害因素的实际控制。逆向追溯也称为"演绎式检查，先假设事故发生，从危险和有害因素的实际控制、安全管理措施等查到安全管理制度、安全管理理念等文件。

（3）数据收集方法确定　数据收集的方法一般有问、听、看、测、记，它们不是独立的而是连贯的、有序的，对每项检查内容都可以一遍或多遍使用。

1）问：以检查计划和检查表为主线，逐项询问，可做适当延伸。

2）听：认真听取企业有关人员对检查项目的介绍，当介绍偏离主题时可做适当引导。

3）看：定性检查，在问、听的基础上，进行现场观察、核实。

4）测：定量检查，可用测量、现场检测、采样分析等手段获取数据。

5）记：对检查获得的信息或证据，可用文字、复印、照片、音频、视频等方法记录。

检查的内容在前期准备阶段制定的安全检查表中规定，检查过程中也可按实际工况进行调整。

4. 定性、定量评价

通过现场检查、检测、检验及访问，得到大量数据资料，首先将数据资料分类汇总，再对数据进行处理，保证其真实性、有效性和代表性。采用数据统计方法将数据整理成可以与相关标准比对的格式，考查各相关系统的符合性和安全设施的有效性，列出不符合项，按不符合项的性质和数量做出评价结论并采取相应措施。

5. 提出安全对策措施及建议

对通过检查、检测、检验得到的不符合项进行分析，对照相关法规和标准，提出技术及管理方面的安全对策措施。

安全对策措施分类：

1）"否决项"不符合时，提出必须整改的意见。

2）"非否决项"不符合时，提出要求改进的意见。

3）"适宜项"符合时，提出持续改进建议。

6. 编制安全验收评价报告

安全验收评价报告是根据前期准备、制订评价计划、现场检查及评价三个阶段的工作成果，对照相关法律法规、技术标准编制的。

7. 安全验收评价报告评审

安全验收评价报告评审是指建设单位按国家有关规定，将安全验收评价报告报送专家评审组进行技术评审，并由专家评审组提出书面评审意见。评价机构根据专家评审组的评审意见，修改、完善安全验收评价报告。

8.2.3　金属冶炼建设项目安全验收评价报告编写

为进一步规范金属冶炼建设项目安全验收评价工作，根据《安全生产法》和《建设项目安全设施"三同时"监督管理办法（2015 修正）》（国家安全监管总局令第 77 号），国家安全生产监督管理总局制定了《金属冶炼建设项目安全设施验收评价报告编写提纲》（安监总管四〔2017〕143 号），该提纲中明确了金属冶炼建设项目安全设施验收评价报告包括前言，评价说明，建设项目概况，危险、有害因素辨识与分析，评价单元划分及评价方法选择，定性、定量分析危险、有害程度符合性评价结果，安全对策措施建议，总体评价结论，附件等几部分。

1. 前言

简述项目的建设背景、项目性质、地理位置及自然条件等基本情况。阐述编制安全设施验收评价报告的目的、依据、范围及评价工作过程等。

2. 评价说明

（1）评价对象和范围　根据《安全验收评价导则》（AQ 8003—2007）所规定的验收评价内容要求，描述验收评价的对象和范围。

（2）评价依据

1）法律法规、部门规章及规范性文件。

列出金属冶炼建设项目安全设施验收评价应遵循的现行的有关安全生产法律法规、部门规章及规范性文件，并标注文号及施行日期。

每个层次内按发布时间顺序列出有关法律法规、部门规章及规范性文件，且列出的文件应为最新版本，并标注文号及实施日期，要有针对性和完整性，要有序排列。

2）标准、规范。列出金属冶炼建设项目安全设施验收评价应遵循的国家标准、行业标准、地方标准和有关规范。

按照国家标准、行业标准、地方标准的顺序排列，每个层次内按照发布时间顺序列出。列出的标准、规范应为最新版本，并为现行有效。

所列标准、规范应与本金属冶炼建设项目的安全生产相关，在报告中没有引用到的标准、规范不列入。

3）建设项目依据的批准文件或相关合法证明文件。列出金属冶炼建设项目安全设施验收评价所依据的合法证明文件，包括但不限于金属冶炼建设项目《安全设施设计》批复文件及重大设计变更批复文件。所列的文件包括发文单位、日期和文件号等相关内容。

4）建设项目技术资料。列出金属冶炼建设项目安全设施验收评价所依据的有关技术资料（包括文件名称、编制单位和日期等相关内容），包括但不限于下列资料：

① 建设项目建议书。

② 建设项目可行性研究报告。

③ 安全预评价报告。

④ 建设项目设计任务书。

⑤ 建设项目安全设施设计。

⑥ 建设项目施工图设计资料和设计变更。

⑦ 建设项目地质勘察报告、地质灾害危险性评估报告。

⑧ 相关专题研究（试验）报告。

⑨ 建设项目施工记录（含隐蔽工程施工记录及中间验收记录）、竣工报告及竣工图。

⑩ 建设项目施工监理记录和施工监理报告。

5）其他评价依据。列出金属冶炼建设项目安全设施验收评价所依据的其他有关资料，如金属冶炼建设项目安全设施验收评价委托书（任务书、合同书）；相关的批复文件等评价依据。

（3）评价程序　列出金属冶炼建设项目安全设施验收评价工作程序图。

3. 建设项目概况

（1）建设单位基本概况　简要介绍建设单位历史沿革、经济类型、隶属关系等基本情况，金属冶炼建设项目背景及立项情况。

（2）建设项目性质　说明金属冶炼建设项目性质，是新建、改建还是扩建项目。

（3）建设项目基本概况　简要介绍建设项目的以下信息：

1）地理位置及选址、行政区划、项目用地，厂区总图、平面布置及功能分布，建设场地周边环境等。

2）建设项目的设计生产规模，主要技术方案及产品方案。

3）生产工艺流程，主要设备、设施、装置，特种设备及主要安全附件。

4）建设项目主要原料、辅助料的品种、数量与来源，主要产品、副产品品种与数量。

5）建设项目配套和辅助工程（如土建、给水排水、污水处理、供配电、供汽、供气、供冷、消防、防雷、采暖通风、通信、仓库、堆场、厂内运输等工程，特别是涉及项目安全保障的工程）的能力及来源。

6）建设项目厂内外运输方式及运输量。

7）人流、物流、工业园区规划等概况。

8）建设项目总投资与主要技术经济指标。

9）建设项目投入生产后的组织机构与劳动定员，施工队伍要求等。

10）建设项目其他特殊要求。

（4）改、扩建项目利用原有设施情况　简要介绍项目实际建设的主要内容，包括但不限于以下内容：

1）简述原有生产规模、生产工艺流程、主要设备设施、辅助设备和主要安全装置及总平面布置、运输等情况。

2）简要说明利用原有场地、建（构）筑物及设备设施的情况，并对其是否满足改、扩建项目的安全要求进行分析说明。

3）原有安全设备设施的利用与衔接情况。

（5）设计变更　简要介绍建设项目安全设施变更设计情况。

（6）施工监理资质　简要介绍项目施工监理单位资质情况。

（7）试运行概况　简要介绍金属冶炼建设项目试运行期间各生产系统运行状况、安全设施运行效果、出现的问题及解决情况、日常安全管理、生产安全事故等情况。

（8）采取的主要安全设施、措施　用表格形式列出金属冶炼建设项目的主要安全设施目录。

4. 危险、有害因素辨识与分析

根据初步设计方案、安全预评价、安全设施设计及试生产的结果，依据标准，对金属冶炼建设项目的危险、有害因素以及影响范围进行辨识与分析。

（1）危险有害因素分类依据　列出金属冶炼建设项目危险有害因素辨识与分析参照标准，如《危险化学品名目录（2015 版）》《企业职工伤亡事故分类》（GB 6441—1986）《生产过程危险和有害因素分类与代码》（GB/T 13861—2022）《职业病危害因素分类目录》等，辨识与分析涵盖人、物、环、管四个方面。

（2）建设项目固有危险、有害因素辨识与分析　辨识与分析金属冶炼建设项目安全生产固有危险、有害因素。

（3）主要物料危险、有害因素辨识与分析　列出金属冶炼建设项目在生产过程中使用和储存的主要原辅材料、中间产品和成品、副产品的种类、数量、储存、输送、使用情况，分析其潜在的危险、有害因素及危害程度，如高温熔融金属、燃气、酸碱、放射源等危险有害物质的易燃、易爆、腐蚀性、毒害性、放射性等。

（4）建设项目各生产工艺系统，设备设施危险、有害因素辨识与分析　辨识生产工艺系统、设备设施存在的各类危险、有害因素及危害程度，分析包括正常操作、控制，以及故障等情况存在的危险、有害因素，并列出危险、有害因素的类别及存在的部位。包括主体生产系统存在的危险、有害因素及危害程度分析，辅助生产系统存在的危险、有害因素及危害程度分析。

（5）公用和辅助设备设施危险、有害因素辨识与分析　辨识生产性公用和辅助设备设施是否与主体生产工艺相配套，分析发生异常时对安全生产可能产生的事故伤害类型。

（6）厂内运输危险、有害因素辨识与分析　辨识厂内物料运输特点，分析可能产生的事故伤害类型。

（7）安全管理影响辨识与分析　辨识与分析安全管理不到位、安全培训与宣传不及时、安全规章制度和应急救援措施不周全、忽视安全设施配套建设和维护管理等可能产生的事故伤害类型。

（8）自然环境及周边环境安全辨识与分析　当地自然条件对金属冶炼建设项目安全生产的影响，包括自然环境状况（地形地貌、工程地质、水文、气象条件）及自然灾害（如断裂带、滑坡、泥石流、地震、湿陷性黄土、雷电、寒冻、洪水、暑热、大风、大雨、雪灾等）对本建设项目可能造成的危险、有害因素及危险、有害程度。

金属冶炼建设项目与周边设施（公共设施、工业设施、交通设施等）生产、经营活动和居民生活在安全方面的相互影响；是否存在可能对本项目造成重大危险、伤害的生产或使用易燃、易爆、有毒、有害危险品的企业、设施，与本项目的相对位置等。

（9）事故后果辨识与分析　统计国内同类型金属冶炼建设项目的生产事故案例，对建设项目危险有害因素的区域可能发生的后果进行辨识与分析。

（10）危险化学品重大危险源辨识与分析　危险化学品重大危险源辨识依据《危险化学品重大危险源辨识》（GB 18218—2018）和《危险化学品重大危险源监督管理暂行规定（2015 修正）》（国家安全监管总局令第 79 号）。对有危险化学品重大危险源的建设项目进行辨识与分析说明。

针对金属冶炼企业安全生产的特点，分析金属冶炼建设项目投产后可能造成多人伤亡或严重职业病危害，或可能引起重大设备财产损毁的重点危险场所及设备设施的危险性。

（11）金属冶炼建设项目重点危险场所及设备　主要包括：

1）冶炼炉窑，高温熔融金属（渣）储存、盛装容器、吊、运设备。

2）反应槽、罐、池、釜和储液罐，以及高温设备及管道。

3）煤气、天然气、氢气、氧气、氮气、二氧化硫等有毒有害、易燃易爆气体的来源、输送、储存和使用设备设施、场所。

4）特种设备、磨机、固体物料输送系统。

5）存在有煤、铝、锌、镁等粉尘爆炸危险的设备、设施。

6）电缆隧道、油库等重点防火场所。

7）放射源。

8）有限空间。

9）其他。

（12）其他危险有害因素

1）空气质量、温度、湿度。作业环境不良对从业人员操作的影响进行辨识与分析。

2）采光、照明。光照的亮度和照度不足对操作的影响进行辨识与分析。

（13）危险有害因素综述　总结金属冶炼建设项目危险、有害因素辨识与分析总体情况，以图表列出该建设项目危险、有害因素的概况。

5. 评价单元划分及评价方法选择

（1）评价单元划分

1）评价单元划分原则。根据常用的评价单元划分原则和方法划分评价单元。划分评价单元应科学、合理、方便，并考虑以下原则：

① 考虑外部条件：地理、气象、水文地质条件、周边环境、交通状况、居民分布等。

② 考虑自身条件：危险物质及物料、工艺流程、设备设施相对位置、作业人员分布情况等。

③ 符合安全状况：危险、有害因素类别，发生事故的可能性，事故严重程度与影响范围。

④ 便于评价实施：评价单元应相对独立，具有明显的特征界限。

2）评价单元划分过程与结果。评价项目可以根据项目工艺技术特点和总体布局的实际情况，选择适合本项目的评价单元。金属冶炼建设项目验收评价一般可以划分为以下评价单元：

① 法律法规符合性。

② 选址及总图布置单元。

③ 建筑及工艺布置单元。

④ 物料、产品安全性。

⑤ 生产工艺系统、装置、设施、设备单元。

⑥ 公用工程及辅助设施单元。

⑦ 易燃、易爆、有毒场所单元。

⑧ 特种设备、设施及强制检测设备、设施单元。

⑨ 周边环境适宜性评价。

⑩ 危险化学品重大危险源。

⑪ 安全管理及应急救援单元。

⑫ 其他安全设施单元。

（2）评价方法确定　为适应大量法规符合性检查的要求，可根据金属冶炼建设项目实际情况，选择相应的评价方法，如安全检查表、危险度与危险指数分析、事故后果模拟与类比法等评价方法。

（3）评价方法简介　对照金属冶炼建设项目安全设施设计，选择相应的评价方法，对选择的评价方法进行简要介绍。

6. 定性、定量分析危险、有害程度符合性评价结果

（1）法律法规符合性

1）安全设施"三同时"程序。根据有关法律、法规、部门规章等规定，检查建设企业的合法证件，对项目安全设施"三同时"程序及实施情况的合法性进行评价。主要对安全预评价、安全设施设计、施工单位资质、监理单位资质、工程地质勘察单位资质、周边居民及建构筑物搬迁等方面进行符合性评价。

2）安全设施专项投资情况。根据安全设施设计，对以下专项投资情况进行评价：

① 安全设施投资及其占总投资的比例是否符合安全设施设计进行评价。

② 建设项目安全设施分类投资及其占安全设施投资的比例（包括：主要生产环节及设备安全防范设施费用、危险化学品重大危险源和重点危险场所及设备设施的检测与监控费用、安全教育培训设施费用、事故应急措施费用、安全评价和安全设施设计编制费用、特种设备检测费用、其他安全投资等，并采用表格形式将各项费用分别列支）是否符合安全设施设计进行评价。

（2）选址及总图布置单元

1）选址。金属冶炼建设项目总图应按照建设项目的性质、规模和生产特点，根据安全设施设计要求，对所选厂址自然环境条件存在的主要危险因素及自然灾害相应的防范措施等进行符合性评价，对是否满足防火、运输安全和生产安全进行评价。

2）总图布置。金属冶炼建设项目总图包括总平面布置、竖向布置、厂区道路、物流运输、人流布置、安全出口及综合管线布置等方面。根据有关的安全生产法规和标准、安全预评价、安全设施、安全设计资料，形成总图布置安全检查表，并进行评价。

（3）建筑及工艺布置单元

1）厂房及结构。对金属冶炼建设项目厂房及结构布置进行符合性评价。

① 对于建（构）筑物抗震设防，根据有关要求提出建（构）筑物抗震设防措施。

② 对于建（构）筑物的火灾危险性类别划分，建（构）筑物的耐火等级、防火分区、防火墙、防火门、泄压面积，按照标准进行防火防爆设计。

③ 厂房结构设计采取的承受重荷载、高温辐射、熔融金属喷溅冲刷、振动与冲击、防

渗、防酸碱腐蚀等措施。

④ 建（构）筑物通风、散热、采光等措施。

2）工艺布置与运输。对金属冶炼建设项目工艺布置与运输进行符合性评价：

① 人流、物流安全的功能分区，生产工艺布置、车间布置及操作室的布置，厂区、厂房安全出口、消防通道、安全通道及疏散指示标志等。

② 高温熔融金属吊运路线及人员密集场所布置情况。

③ 铁路、道路、管网与建（构）筑物等之间的安全距离，运输、装卸、道路设计等安全措施。

④ 动力设施（如变电所、配电室、锅炉房、压缩空气站等）的分布及防范措施。

（4）物料、产品安全性　高温熔融金属（渣）、易燃易爆、有毒有害、腐蚀性、放射性等危险物料在生产、输送、储存、使用、废弃等环节喷溅、泄漏、监测预警、安全警戒和标识要求等防范措施是否符合设计要求进行符合性评价。

（5）生产工艺系统、装置、设施、设备单元　评价各生产单元的生产工艺系统、装置、设施、设备单元存在的各类危险、有害因素及危害程度，包括：所采用工艺、设备选型、设备布置的安全措施；重要设备（部位）的温度、压力等关键参数的检测、报警、联锁等保护措施，异常工况及事故状态下的应急处置措施；起重设备、压力容器和压力管道等特种设备设计安全措施；工艺和装置中安全设施的配备等。对以上防范措施是否符合设计要求进行符合性评价。

（6）公用工程及辅助设施单元　可以但不限于从以下方面展开：

1）电气安全。

2）机械安全。

3）自动控制及通信设施安全措施。

4）能源介质及动力安全措施。

5）辅助供水与排水措施。

6）消防措施。

7）采暖通风及空气调节措施。

（7）易燃、易爆、有毒场所单元　对爆炸和火灾危险区域进行划分，对本项目所有建（构）筑物的耐火等级，可燃有毒气体泄漏监测报警仪的设置、安装，防爆电气的安装，消防设备及设施设置、安装，消防设施验收等进行评价。

（8）特种设备、设施及强制检测设备、设施单元

1）特种设备、设施概况。

2）起重机械与电梯。

3）压力容器、锅炉、管道、阀门及强制检测附件。

4）叉车。

5）可燃、有毒气体泄漏监测报警仪。

6）防雷设施检测。

（9）周边环境适宜性评价

1）建设项目可能发生的事故类型对周边单位生产、经营活动或居民的影响。对金属冶炼建设项目固有危险、有害因素出现异常，可能会导致易燃物质泄漏对周边单位或居民影响进行评价。

2）周边单位或居民对建设项目的影响。周围商业中心、公园、居民区、学校等人口密集区域，医院、影剧院、体育场（馆）等公共设施对金属冶炼建设项目的运行的影响进行评价。

3）建设项目所在地自然条件对本项目的影响。对金属冶炼建设项目所在地自然条件（地震、雷击、降雨、洪水、台风、温度、湿度等）对生产、设备设施影响，产生事故后果的应急处置情况进行评价。

（10）危险化学品重大危险源

1）危险化学品重大危险源、重点危险场所及设备设施的位置。对危险化学品重大危险源、重点危险场所及设备设施与其他设施的安全距离及安全防护措施进行评价。

2）检测与监控系统。参照有关规定，对危险化学品重大危险源、重点危险场所及设备设施采取的检测与监控措施进行评价。

（11）安全管理及应急救援单元　金属冶炼建设项目安全管理组织与制度、机构设置、安全管理人员配备、安全运行管理、应急管理等进行评价。

1）组织与制度。对金属冶炼项目的责任制、安全教育及培训（特种作业人员持证情况）、安全投入、危险有害因素辨识、危险作业审批、应急救援、事故统计与上报等管理规章制度进行符合性评价。

2）机构设置。对金属冶炼建设项目投入生产或者使用后根据相关法律法规要求设置安全组织机构及人员符合性进行评价。

3）安全管理人员及注册安全工程师的配备。对金属冶炼建设项目投入生产或者使用后按照相关法律法规的要求配备安全生产管理人员及注册安全工程师符合性进行评价。

4）安全教育培训。对主要负责人、安全生产管理人员、特种作业人员、特种设备操作人员、从业人员、外协工及相关方人员等安全教育培训、持证上岗情况进行符合性评价。

5）危险源管理。对危险源及危险有害因素辨识与控制管理进行检查评价。

6）安全检查。对隐患排查机制、隐患排查与治理闭环管理进行检查评价。

7）个人安全防护。对金属冶炼建设项目作业人员配备的个人安全防护用品（包括防护用品的发放、防护用品的佩戴）、应急防护用品配备等进行符合性评价。

8）安全标志。对金属冶炼建设项目生产区域设置的安全标志（包括交通、电气、较大危险因素设施与场所）等进行符合性评价。

9）事故应急救援预案及演练。对救护队或兼职救护队的人员组成，技术装备器材，应急预案，应急演练、培训及计划，应急资源等进行符合性评价。

10）事故管理。对试运行期间对事故、事件的上报、登记、统计情况等进行符合性评价。

（12）其他安全设施单元 阐述高温设备的保温措施，防护栏杆、检修平台、安全罩、围栏等防高空坠落、跌落的措施；对各种安全通道、楼梯、钢梯的设置，煤气、氧气等及各种管线的标准化、规范化敷设及色标要求，安全色、安全告知卡等措施进行符合性评价。

（13）安全预评价报告、安全设施设计中安全对策措施建议采纳情况说明 简述金属冶炼建设项目安全设施建设，与安全预评价报告、安全设施设计的工程内容、技术方案等的项目安全要求是否一致，如果有变化应说明变化内容。分类列出本项目安全预评价报告、安全设施设计的主要结论、安全措施要求，对提出的安全对策措施建设情况，未采纳的，说明原因、依据和对策措施。

7. 安全对策措施建议

对安全设施验收评价中发现的问题或不足以及项目存在的特殊安全因素，依据国家安全生产相关法律法规、部门规章及规范性文件和标准规范的要求，借鉴类似企业的安全生产经验，综合评价结果，提出相应的、有针对性、实用性和可操作性的对策措施与建议，并按照风险程度的高低进行解决方案的排序。

8. 总体评价结论

安全评价机构应根据客观、公正、真实的原则，严谨、明确地做出评价结论，结论的内容应包括高度概括评价结果，从风险管理角度给出评价对象在评价时与国家有关安全生产法律法规、部门规章及规范性文件和标准规范的符合性结论，给出事故发生的可能性和严重程度的预测性结论，以及采取安全对策措施后的安全状态等。

9. 附件

金属冶炼建设项目安全设施验收评价需要提供如下资料：

1）企业概况。

① 企业法人营业执照。

② 立项批准文件（或核准、备案文件）。

2）落实安全设施"三同时"程序文件。

① 安全预评价报告。

② 项目安全设施设计评审意见和批复文件。

③ 项目安全设施设计重大变更的评审意见和批复文件。

3）项目技术文件。

① 项目初步设计。

② 项目安全设施设计。

③ 安全设施设计的设计变更通知单。

④ 地质勘探报告、工程勘查报告、地质灾害危险性评估报告。

⑤ 其他的一些专题性研究。

4）项目建设情况。

① 施工单位资质。

② 监理单位资质。

③ 单项工程、单位工程验收资料，评级情况，工程质量认证资料。

④ 隐蔽工程的检查验收记录。

⑤ 施工总结和监理总结报告。

5）反映安全设施实际情况的图样。应包括以下几部分，可根据实际情况进行调整：

① 建设项目区域位置图（标明与周边单位、社区的距离等）。

② 总平面布置图（标明重大危险源以及重大伤亡半径、重点危险场所及设备、设施的位置）。

③ 主要生产工艺布置图。

④ 工艺设备平面布置图（标明主要危险、有害因素，设备、设施之间的安全间距和预留检修场地的情况）。

⑤ 主要管道布置图。

⑥ 重大安全设施变更图。

没有竣工图不能组织验收。竣工图应与现场实际相符。竣工图应由施工单位按照实际的施工情况出图，且应有施工单位、监理单位的有关人员签字确认，并加盖相应单位的公章。

竣工图中的字体、线条和各种标记应清晰可读，签字齐全，有彩色内容的图样宜采用彩图。

如果项目竣工与原有施工图少于三处修改（包括增加、修改和删除）的地方，可以在原有施工图修改的地方手工标识，并签字盖章。原有施工图上加盖竣工章可以作为竣工图，其余施工图不能作为竣工图。

6）安全设施说明（以具体的安全设施设计为准）。

① 主要安全设施、设备、装置及试运行情况。

② 消防器材台账。

③ 特种设备台账。

④ 防爆电气、消防报警设施台账。

⑤ 安全检验、检测和测定的数据资料及仪表、设施台账。

⑥ 安全应急救援物资台账（含排土场应急物资）。

⑦ 电气设备及井下电缆台账。

7）安全管理资料。

① 安全生产管理机构、专职安全生产管理人员聘任文件。

② 安全生产责任制。

③ 安全生产管理规章制度。

④ 事故应急救援预案、应急预案的备案表、应急预案的演练记录、总结。

⑤ 救护队相关人员名单、应急救援器材设备清单、救援协议。

⑥ 特殊工种培训、考核记录及特殊工种从业人员资格证书。

⑦ 安全检查记录、安全不符合项整改情况及反馈、复查记录资料。

⑧ 为职工缴纳工伤保险的证明。

⑨ 安全教育、培训台账等资料。

⑩ 项目投资决算总额及安全设施投资表。

⑪ 个人安全防护用品台账发放记录。

⑫ 试运行期间生产安全事故情况。

⑬ 其他安全管理和安全技术措施。

8）安全设施验收评价所需的其他资料和数据。

8.2.4 金属冶炼建设项目安全验收评价报告的格式

安全验收评价报告一般采用纸质载体，随着信息化和电子档案管理系统的普及，电子载体经常与纸质载体并存。

金属冶炼建设项目安全验收评价报告格式按《安全评价通则》的要求执行，一般包括以下几方面：

1）封面。

2）评价机构安全评价资格证书副本复印件。

3）著录项。

4）前言。

5）目录。

6）正文。

7）附件。

8）附录。

8.3 金属冶炼安全现状评价

8.3.1 金属冶炼安全现状评价的内容

安全现状评价是根据国家有关的法律、法规、规定或者生产经营单位的要求进行的，应对生产经营单位的生产设施、设备、装置、储存、运输及安全管理等方面进行全面、综合的安全评价，主要包括以下几点内容：

1）收集评价所需的信息资料，采用恰当的方法进行危险、有害因素识别。

2）对于可能造成重大后果的事故隐患，采用科学、合理的安全评价方法建立相应的数学模型，进行事故模拟，预测极端情况下事故的影响范围、造成的最大损失以及发生事故的可能性或概率，给出量化的安全状态参数值。

3）对发现的事故隐患，根据量化的安全状态参数值，按照整改优先度进行排序。

4）提出安全对策措施与建议。

生产经营单位应将安全现状评价的结果纳入生产经营单位事故隐患整改计划和安全管理制度中，并按计划实施和检查。

8.3.2 金属冶炼安全现状评价的步骤

安全现状评价工作程序一般包括：前期准备，危险、有害因素和事故隐患的辨识，定性和定量评价，安全管理现状评价，提出安全对策措施及建议、做出评价结论，完成安全现状评价报告。

1. 前期准备

明确评价的范围，收集所需的各种资料，重点收集与现实运行状况有关的各种资料与数据，包括涉及生产运行、设备管理、安全、职业危害、消防、技术检测等方面内容。评价机构依据生产经营单位提供的资料，按照确定的评价范围进行评价。

安全现状评价所需的主要资料可以从工艺、物料、生产经营单位周边环境、设备、管道、电气和仪表自动控制系统、公用工程系统、事故应急救援预案、规章制度和企业标准以及相关的检测和检验报告等方面进行收集。

1）工艺，主要包括：工艺规程和操作规程、工艺流程图、工艺操作步骤或单元操作过程（包括从原料的储存、加料的准备到产品产出及储存的整个过程的操作说明）、工艺变更说明等。

2）物料，包括：主要物料及用量，基本控制原料说明，原材料、中间体、产品、副产品和废物的安全卫生及环保数据，规定的极限值和（或）允许的极限值。

3）生产经营单位周边环境，包括：区域图和厂区平面布置图、气象数据、人口分布数据、场地水文地质等资料。

4）设备，包括建筑和设备平面布置图、设备明细表、设备材质说明、大机组监控系统以及设备厂家提供的图样。

5）管道，包括：管道说明书、配管图和管道检测相关数据报告。

6）电气和仪表自动控制系统，包括：生产单元的电力分级图、电力分布图、仪表布置及逻辑图、控制及报警系统说明书、计算机控制系统软硬件设计、仪表明细表。

7）公用工程系统，包括：公用设施说明书、消防布置图及消防设施配备和设计应急能力说明、系统可靠性设计、通风可靠性设计、系统安全设计资料以及通信系统资料。

8）事故应急救援预案，包括：事故应急救援预案、事故应急救援预案演练计划及演练记录。

9）规章制度和企业标准，包括：内部规章、制度、检查表和企业标准，有关行业安全生产经验，维修操作规程，已有的安全研究、事故统计和事故报告。

10）相关的检测和检验报告。

2. 危险、有害因素和事故隐患的辨识

针对评价对象的生产运行情况及工艺、设备的特点，采用科学、合理的评价方法，进行危险、有害因素识别和危险性分析，确定主要危险部位、物料的主要危险特性、有无重大危险源，以及可能导致重大事故的缺陷和隐患。

3. 定性和定量评价

根据生产经营单位的特点，确定评价的模式及采用的评价方法。对系统生命周期内的生产运行阶段，应尽可能采用定量化的安全评价方法。有时也采取定性与定量相结合的综合性评价模式，进行科学、全面、系统的分析评价。

通过定性、定量的安全评价，重点对工艺流程、工艺参数、控制方式、操作条件、物料种类与理化特性、工艺布置、总图、公用工程等内容，运用选定的分析方法，逐一分析存在的危险、有害因素和事故隐患。通过危险度与危险指数的量化分析与评价计算，确定事故隐患存在的部位，预测事故可能产生的严重后果，同时进行风险排序。结合现场调查结果以及同类事故案例，分析事故发生的原因和概率。运用相应的数学模型进行重大事故模拟，确定灾害性事故的破坏程度和严重后果。为制订相应的事故隐患整改计划、安全管理制度和事故应急救援预案提供数据。

安全现状评价通常采用的定性评价方法有预先危险性分析、安全检查表、故障类型和影响分析、故障假设分析、故障树分析、危险与可操作性研究、风险矩阵法等；通常采用的定量评价方法有道化学火灾、爆炸危险指数法，ICI 蒙德火灾、爆炸危险指数评价法，事故后果灾害评价等。

4. 安全管理现状评价

安全管理现状评价包括安全管理制度评价、事故应急救援预案的评价、事故应急救援预案的修改及演练计划等。

5. 提出安全对策措施及建议

综合评价结果，提出相应的安全对策措施及建议，并按照安全风险程度的高低对解决方案进行排序，列出存在的事故隐患及其整改紧迫程度。针对事故隐患提出改进措施及提高安全现状水平的建议。

6. 做出评价结论

根据评价结果，明确指出生产经营单位当前的生产安全现状水平，提出提高安全程度的意见。

7. 完成安全现状评价报告

评价单位按安全现状评价报告的内容和格式要求完成评价报告。生产经营单位应当依据安全评价报告编制事故隐患整改方案并制订实施计划。

8.3.3 金属冶炼安全现状评价报告编写

安全现状评价报告的主要内容包括：安全评价对象及范围、安全评价依据、被评价单位基本情况，主要危险、有害因素识别，评价单元的划分与评价方法选择，定性、定量评价，提出安全对策措施及建议，做出安全评价结论等。

1. 被评价单位基本情况

内容包括选址、总图及平面布置、生产规模、工艺流程、主要设备、主要原材料、产品、经济技术指标、公用工程及辅助设施等，生产工艺主要流程、特点等，在调研中收集到的相关事故案例、不安全状况等也在此部分中做简要叙述。

2. 主要危险、有害因素识别

内容包括列出辨识与分析危险、有害因素的依据，阐述辨识与分析危险、有害因素的过程。根据周边环境、生产工艺流程或场所的特点，通过对主要危险、有害因素的识别与分析，列出建设项目所涉及的危险、有害因素，并指出存在的部位，明确在安全运行中实际存在和潜在的危险、有害因素。

3. 评价单元的划分与评价方法选择

阐述划分评价单元的原则、分析过程，根据评价的需要，在对危险、有害因素识别和分析的基础上，根据自然条件，基本工艺条件，危险、有害因素分布及状况，以便于实施评价为原则，将评价对象划分成若干个评价单元。各评价单元应相对独立，便于进行危险、有害因素识别和危险度评价，且具有明显的特征界限。

列出选定的评价方法，阐述所选定评价方法的原因，并做简单介绍。根据评价的目的、要求和评价对象的特点、工艺、功能或活动分布，选择科学、合理、适用的定性、定量评价方法。对不同的评价单元，可根据评价的需要和单元特征选择不同的评价方法。

4. 定性、定量评价

定性、定量评价是评价报告的核心章节，分别运用所选取的评价方法，对相应的危险、有害因素进行定性、定量的评价和论述。根据生产的具体情况，对主要危险、有害因素分别采用相应的评价方法进行评价，对危险性大且容易造重大伤亡事故的危险、有害因素，也可选用两种或几种评价方法进行评价，以相互验证和补充。

对于一些新工艺、新技术，应选用适当的评价方法，并在评价中注意具体情况具体分析，合理选取评价方法中规定的指标、系数取值。

此部分内容较多，可编写在一个章节内，也可分为两个或多个章节编写，根据评价对象的具体情况而定。

5. 提出安全对策措施及建议

根据现场安全检查和定性、定量评价的结果，对那些违反安全生产法律法规和技术标准的行为、制度、安全管理机构设置和安全管理人员配置，以及不符合安全生产法律法规和技术标准的工艺、场所、设施和设备等，提出安全改进措施及建议；对那些可能导致重大事故或容易导致事故的危险、有害因素提出安全技术措施、安全管理措施及建议。

6. 做出安全评价结论

简要地列出主要危险、有害因素的评价结果，指出应重点防范的重大危险、有害因素，明确重要的安全对策措施；综合各单元评价结果，做出安全评价结论。

8.3.4 金属冶炼安全现状评价报告的格式

安全现状评价报告一般采用纸质载体，随着信息化和电子档案管理系统的普及，电子载体经常与纸质载体并存。

金属冶炼建设项目安全现状评价报告格式按《安全评价通则》的要求执行，一般包括以下几方面：

1）封面。

2）评价机构安全评价资格证书副本复印件。

3）著录项。

4）前言。

5）目录。

6）正文。

7）附件。

8）附录。

习　　题

（1）简述《金属冶炼目录（2015 版）》中金属冶炼行业的生产范围。

（2）简述《冶金企业和有色金属企业安全生产规定》（国家安全生产监督管理总局令第 91 号）中对金属冶炼建设项目安全评价的规定。

（3）《金属冶炼建设项目安全设施验收评价报告编写提纲》（安监总管四〔2017〕143 号）中明确的金属冶炼建设项目安全设施验收评价报告包括哪几部分？

（4）《安全评价通则》（AQ 8001—2007）规定安全评价报告一般包含哪些部分？

第9章
地下工程安全评价技术应用

9.1 地下工程建设项目预评价

9.1.1 地下工程建设项目预评价步骤

地下工程建设项目安全预评价程序一般包括：前期准备，危险、有害因素辨识与分析，划分评价单元，选择评价方法，定性、定量评价，提出安全对策措施及建议，做出安全评价结论，编制安全预评价报告等。

1. 前期准备

明确评价对象和范围，收集国内外相关法律法规、技术标准及与评价对象相关的地下工程行业数据资料，组建评价组，编制安全评价工作计划，进行建设项目现场调查，初步了解地下工程建设项目的状况。

（1）初次洽谈　委托方介绍单位概况、产品规模、建设内容和地点、工艺流程、总投资、评价进度要求、工程进展情况等；受托方介绍单位和人员资质、评价工作所需时间、要求提供的资料等。

（2）签订保密协议　双方有了初步意向后，根据委托方要求签订保密协议，受托方承担技术和资料保密义务，委托方提供地下工程建设项目相关资料。

（3）投标　受托方编写标书参加投标，标书除委托方规定的要求外，一般包括评价单位资质情况、评价组人员、计划工作进度、报价等内容。

（4）签订合同　评价合同主要包括：服务内容和要求、履行期限和方式、委托方提供资料和工作条件、验收和评价方法、服务费用及支付方式等。

（5）地下工程建设项目安全预评价所需资料

1）综合性资料。

① 建设单位概况。

② 项目概况。

③ 相关自然条件（气象、水文、地质等）。

④ 地理位置图。

⑤ 与周边环境关系位置图。

⑥ 总平面（陆域、水域）布置图。

⑦ 工艺流程图。

2）设立依据。

① 项目可行性研究报告。

② 项目申请书、项目建议书、立项批准文件。

③ 其他有关资料。

3）项目工程技术文件。

① 工程可行性研究报告或替代性文件。

② 安全设施、设备、装置及措施。

③ 其他相关的工程资料。

4）安全管理机构设置及人员配置。

5）安全投入。

6）相关安全生产法律、法规及标准。

7）相关类比资料。

① 类比工程资料。

② 相关事故案例。

8）其他可用于安全预评价的资料。

（6）组建评价组　依据项目评价的对象及范围、评价涉及的专业技术要求、时间要求，为保证评价报告质量，合理选配评价人员和技术专家，组建项目评价组。评价人员具备且熟悉评价对象的专业技术知识；安全知识基础深厚，能熟练运用安全系统工程评价方法；具有一定的实践经验，掌握以往事故案例；知识面较宽，具有一定的评价报告编撰能力。

评价组内人员按照专业需求、技术水平及工作经验等进行合理分工。必要时，评价机构可与受托方分别指派一名项目协调人员，负责项目进行过程中双方信息资料的交流与文件管理。

2. 危险、有害因素辨识与分析

根据地下工程建设项目的生产条件、周边环境及水文地质条件的特点，识别和分析生产过程中危险、有害因素，辨识重大危险源和重大危险作业场所。

3. 划分评价单元

根据评价工作需要，按生产工艺功能、生产设备、设备相对空间位置和危险、有害因素类别及事故范围划分单元。评价单元应相对独立，具有明显的特征界限，便于进行危险、有害因素辨识与分析和危险度评价。

4. 选择评价方法

根据地下工程的特点及评价单元的特征，选择科学、合理、适用的定性、定量评价方法。对于不同评价单元，可根据评价的需要和单元特征选择不同的评价方法。

5. 定性、定量评价

依据有关法律、法规、规章、标准、规范，参照类比工程的实际状况，对评价对象的建设方案进行安全符合性评价，运用所选择的评价方法，对可能导致地下工程重大事故的危险、有害因素进行定性、定量评价，给出地下工程重大事故发生的致因因素、影响因素和事故严重程度，为制定安全对策措施提供科学依据。

6. 提出安全对策措施及建议

根据定性、定量评价的结果，对不符合安全生产法律法规和技术标准的工艺、场所、设施和设备等，提出安全改进措施及建议；对那些可能导致重大事故或容易导致事故的危险、有害因素提出安全技术措施、安全管理措施及建议，为建设项目的初步设计和安全专项设计提出依据。

7. 做出安全评价结论

简要地列出对主要危险、有害因素的评价结果，指出应重点防范的主要危险、有害因素，明确重要的安全对策措施，分析、归纳和整合评价结果，做出地下工程安全总体评价结论，从安全生产角度对建设项目的可行性提出结论。

8. 编制安全预评价报告

地下工程安全预评价报告是地下工程安全评价过程的记录，应将地下工程安全预评价的过程、采用的安全评价方法、获得的安全评价结果等写入地下工程安全预评价报告。地下工程安全预评价报告应满足下列要求：

1）真实描述地下工程安全预评价的过程。

2）能够反映出参加安全预评价的安全评价机构和其他单位、参加安全评价的人员、安全评价报告完成的时间。

3）简要描述地下工程建设项目可行性研究报告的内容。

4）阐明安全对策措施及安全评价结果。

地下工程安全评价报告是整个评价工作综合成果的体现，评价人员要认真编写，评价组长要综合、协调好各部分内容，编写好的报告要根据质量手册的要求和程序进行质量审定，评价报告完成审定修改后打印、装订。

9.1.2　地下工程建设项目安全预评价报告编制

地下工程建设项目安全预评价报告依据《安全预评价导则》（AQ 8002—2007）进行编写。在地下工程建设项目预评价报告的编写过程中，如遇地下工程建设项目的基本内容发生变化，应在地下工程安全预评价报告中反映出来，如评价方法和评价单元需要变更或做部分调整，在地下工程安全预评价报告中应说明理由。

1. 安全预评价报告的总体要求

地下工程安全预评价报告应内容全面、条理清楚、数据完整，能够全面又概括地反映地下工程安全预评价的全部工作；查出的问题准确，提出的对策措施具体可行；评价报告文字简洁、准确；可同时采用图表和照片，以使评价过程和结论清楚、明确，利于阅读和审查；符合性评价的数据、资料和预测性计算过程可以编入附录。

2. 地下工程安全预评价报告主要内容

地下工程建设项目安全预评价报告的主要内容包括安全评价依据，被评价单位基本情况，主要危险、有害因素辨识，评价单元的划分与评价方法的选择，定性、定量评价，提出安全对策措施及建议，做出评价结论等。

（1）安全预评价依据　安全预评价依据包括：有关的法律、法规及技术标准，建设项目可行性研究报告等建设项目相关文件，以及地下工程安全评价参考的其他资料。

（2）被评价单位基本情况　内容包括：地下工程建设项目选址、总图及平面布置、生产规模、工艺流程、主要设备、主要原材料、中间体、产品、经济技术指标、公用工程及辅助设施等。对于评价对象的生产工艺，在评价过程中可根据地下工程的补充材料及调研中收集到的材料进行修改和补充。在调研中收集到的相关事故案例、不安全状况也在此部分中做简要叙述。

（3）主要危险、有害因素辨识　内容包括根据评价对象周边环境、生产工艺流程或场所的特点：辨识和分析主要的危险、有害因素。

（4）评价单元的划分与评价方法选择　阐述划分评价单元的原则、分析过程，根据评价的需要，在对危险、有害因素识别和分析的基础上，根据自然条件、基本工艺条件、危险有害因素分布及状况，以便于实施评价为原则，划分成若干个评价单元。各评价单元应相对独立，便于进行危险有害因素辨识和危险度评价，且具有明显的特征界限。

列出选定的评价方法，阐述所选定评价方法的原因，并做简单介绍。根据评价的目的、要求和评价对象的特点、工艺、功能或活动分布，选择科学、合理、适用的定性、定量评价方法。对不同的评价单元，可根据评价的需要和单元特征选择不同的评价方法。

（5）定性、定量评价　定性、定量评价是评价报告的核心章节，分别运用所选取的评价方法，对相应的危险、有害因素进行定性、定量的评价和论述。根据建设项目的具体情况，对主要危险、有害因素分别采用相应的评价方法进行评价，对危险性大且容易造成重大伤亡事故的危险、有害因素，也可选用两种或几种评价方法进行评价，以相互验证和补充。

对于一些新工艺、新技术，应选用适当的评价方法，并在评价中注意具体情况具体分析，合理选取评价方法中规定的指标、系数。

此部分内容较多，可编写在一个章节内，也可分为两个或多个章节编写，根据评价对象的具体情况而定。

（6）提出安全对策措施及建议 根据现场安全检查和定性、定量评价的结果，对不符合安全生产法律法规和技术标准的工艺、场所、设施和设备等，提出安全改进措施及建议；对那些可能导致重大事故或容易导致事故的危险、有害因素提出安全技术措施、安全管理措施及建议。

（7）做出评价结论 简要地列出主要危险、有害因素的评价结果，指出应重点防范的重大危险、有害因素，明确重要的安全对策措施，综合各单元评价结果，做出地下工程安全总体评价结论。

9.1.3 地下工程建设项目预评价报告的格式

地下工程建设项目安全预评价报告的格式应符合《安全评价通则》规定的要求。

1）封面。封面第一、二行文字内容是建设单位或企业名称；封面第三行文字内容是项目名称；封面第四行文字内容是报告名称，为"安全预评价报告"；封面最后两行分别是评价机构名称和安全评价机构资质证书编号。

2）安全评价机构资质证书副本影印件。

3）著录项。"评价机构法人代表，课题组主要人员和审核人"等著录项一般分为两页布置，第一页署名评价机构的法人代表（以评价机构营业执照为准）、审核定稿人（应为评价机构技术负责人）、课题组长（应为评价课题组负责人）等主要责任者，在它的下方写明报告编制完成的日期及评价机构（以安全评价机构资质证书为准），并留出公章用章区；第二页为评价人员（以安全评价人员资格证书为准并写明注册号）、各类技术专家（应为评价机构专家库内人员）以及其他有关责任者名单，评价人员和技术专家均要手写签名。

4）目录。

5）编制说明。

6）前言。

7）正文。

8）附件。

9.2 | 地下工程建设项目安全验收评价

9.2.1 地下工程建设项目安全验收评价的内容

安全验收评价的内容是检查建设项目中的安全设施是否已与主体工程同时设计、同时施工、同时投入生产和使用，评价建设项目及与之配套的安全设施是否符合国家有关安全生产的法律法规和技术标准。安全验收评价工作主要内容有三个方面：

1）从安全管理的角度检查和评价生产经营单位在建设项目中对《中华人民共和国安全

生产法》的执行情况。

2）从安全技术角度检查建设项目中的安全设施是否已与主体工程同时设计、同时施工、同时投入生产和使用；检查和评价建设项目（系统）及与之配套的安全设施是否符合国家有关安全生产的法律、法规和标准。

3）从整体上评价建设项目的运行状况和安全管理是否正常、安全、可靠。

9.2.2　地下工程建设项目安全验收评价的步骤

根据安全验收评价工作的要求制定地下工程建设项目安全验收评价工作程序。安全验收评价步骤一般包括：前期准备，编制安全验收评价计划，安全验收评价现场检查，定性、定量评价，提出安全对策措施及建议，编制安全验收评价报告，安全验收评价报告评审。

1. 前期准备

前期准备工作主要包括：明确评价对象和范围，进行现场调查，收集国内外相关法律法规、技术标准及建设项目的有关资料，建设项目证明文件核查，建设项目实际工况调查，资料收集及核查。

（1）明确评价对象和范围　确定安全验收评价范围可界定评价责任范围，特别是增建、扩建及技术改造项目与原建项目相连，难以区别，这时可依据初步设计、投资或与企业协商划分，并写入评价工作合同。

（2）建设项目证明文件核查　建设项目证明文件核查主要是考查建设项目是否具备申请安全验收评价的条件，其中最重要的是进行安全"三同时"程序完整性的检查，可以通过核查安全"三同时"过程的证据来完成。

"三同时"程序完整性证明资料一般包括：

1）建设项目批准（批复）文件。

2）安全预评价报告及评审意见。

3）初步设计及审批文件。

4）试生产调试记录和安全自查报告（或记录）。

5）安全"三同时"程序的其他证明文件。

（3）建设项目实际工况调查　在完成上述相关证明文件收集工作的同时，还要对工程项目建设的实际工况进行调查。工况调查主要是了解建设项目的基本情况、项目规模，以及建设单位有关自述问题等。

1）基本情况包括：企业全称、注册地址、项目地址、建设项目名称、设计单位、安全预评价机构、施工及安装单位、项目性质、项目总投资额、产品方案、主要供需方、技术保密要求等。

2）项目规模包括：自然条件、项目占地面积、建（构）筑面积、生产规模、单体布局、生产组织结构、工艺流程、主要原（材）料耗量、产品规模、物料的储运等。

3）企业自述问题包括：项目中未进行初步设计的单体、项目建成后与初步设计不一致的单体、施工中变更的设计、企业对试生产中已发现的安全及工艺问题是否提出了整改方案等。

（4）资料收集及核查　在熟悉企业情况的基础上，对企业提供的文件资料进行详细核查，对项目资料缺项提出增补资料的要求，对未完成专项检测、检验或取证的单位提出补测或补证的要求，将各种资料汇总成图表形式。

需要核查的资料根据项目实际情况确定，一般包括以下内容：

1）相关法规和标准。相关法规和标准包括建设项目涉及的法律、法规、规章及规范性文件，项目所涉及的国内外标准（国家标准、行业标准、地方标准、企业标准）、规范（建设及设计规范）。

2）项目的基本资料。主要包括项目平面、工艺流程、初步设计（变更设计）、安全预评价报告、各级政府批准（批复）文件。若实际施工与初步设计不一致，还应提供设计变更文件或批准文件、项目平面布置简图、工艺流程简图、防爆区域划分图、项目配套安全设施投资表等。

3）企业编写的资料。主要包括：项目危险源布控图、应急救援预案及人员疏散图、安全管理机构及安全管理网络图、安全管理制度、安全责任制、岗位（设备）安全操作规程等。

4）专项检测、检验或取证资料。主要包括：特种设备取证资料汇总、避雷设施检测报告、防爆电气设备检验报告、可燃（或有毒）气体浓度检测报警仪检验报告、生产环境及劳动条件检测报告、专职安全员证、特种作业人员取证汇总资料等。

2. 编制安全验收评价计划

编制安全验收评价计划是在前期准备工作基础上，分析项目建成后存在的危险、有害因素的分布与控制情况，依据有关安全生产的法律法规和技术标准，确定安全验收评价的重点和要求，依据项目实际情况选择验收评价方法，测算安全验收评价进度。评价机构根据建设项目安全验收评价实际运作情况，自主编制安全验收评价计划。

编制安全验收评价计划要做好以下几方面工作：

（1）主要危险、有害因素分析

1）项目所在地周边环境和自然条件的危险、有害因素分析。

2）项目边界内平面布局及物流路线等的危险、有害因素分析。

3）工艺条件、工艺过程、工艺布置、主要设备设施等方面的危险、有害因素分析。

4）原辅材料、中间产品、产品、副产品、溶剂、催化剂等物质的危险、有害因素分析。

5）辨识是否有重大危险源，是否有需监控的化学危险品。

（2）确定安全验收评价单元和评价重点　按安全系统工程的原理，考虑各方面的综合或联合作用，将安全验收评价的总目标分解为相关的评价单元，主要包括以下几点：

1）管理单元：安全管理组织机构设置、管理体系、管理制度、应急救援预案、安全责任制、作业规程、持证上岗等。

2）设备与设施单元：生产设备、安全装置、防护设施、特种设备、安全监测监控系统、避雷设施、消防工程及器材等。

3）物料与材料单元：危险化学品、包装材料、加工材料、辅助材料等。

4）方法与工艺单元：生产工艺、作业方法、物流路线、储存养护等。

5）作业环境与场所单元：周边环境、建筑物、生产场所、防爆区域、个人安全防护等。

根据危险、有害因素的分布与控制情况，按危险的严重程度进行分解，确定安全验收评价的重点。安全验收评价的重点一般有：易燃易爆、急性中毒、特种设备、安全附件、电气安全、机械伤害、安全联锁等。

（3）选择安全验收评价方法　选择安全验收评价方法主要考虑评价结果是否能达到安全验收评价所要求的目的，还要考虑进行评价所需的信息资料是否能收集齐全。可用于安全验收评价的方法很多，就实用性来说，目前进行安全验收评价经常选用安全检查表法，以法规、标准为依据，检查建设项目系统整体的符合性和配套安全设施的有效性。对比较复杂的系统可以采用顺向追踪方法检查分析，如运用事件树分析法评价，或者采用逆向追溯方法检查分析，如运用故障树分析法评价。特别值得注意的是，如果已有公开的行业安全评价方法，则必须采用。

（4）预算安全验收评价进度　安全验收评价工作的进度需要体现在计划之中，计划安排应能保证安全验收评价工作有效、科学地实施，特别注意与建设单位建立联系，说明需要企业配合的工作，充分发挥建设单位与评价机构两方面的积极性，在协商基础之上确定评价的工作进度。

3. 安全验收评价现场检查

安全验收评价现场检查是按照安全验收评价计划，对安全生产条件与状况独立进行验收评价的现场检查和评价。评价机构对现场检查及评价中发现的隐患或尚存在的问题，应提出改进措施及建议。

（1）制定安全检查表　安全检查表是前期准备工作策划性的成果，是安全验收评价人员进行工作的工具。编制安全检查表的作用是在检查前使检查内容更周密和完整，既可保持现场检查的连续性和节奏性，又可减少评价人员的随意性；可提高现场检查的工作效率，并留下检查的原始证据。编制安全检查表时要解决两个问题，即"查什么"和"怎么查"。

安全验收评价需要编制的安全检查表如下：

1）安全生产监督管理机构有关批复中提出的整改意见落实情况检查表。

2）安全预评价报告中提出的安全技术和管理对策措施落实情况检查表。

3）初步设计（包括变更设计）中提出的安全对策措施落实情况检查表。

4）相关评价单元检查表，例如人力与管理、人机功效、设备与设施、物质与材料、方法与工艺、环境与场所等。

5）事故预防及应急救援预案方面的检查表。

6）其他综合性措施的安全检查表。

（2）现场检查方式选择　检查方式应进行合理选择。具体检查方式有按部门检查、按过程检查、顺向追踪、逆向追溯等，各有利弊，工作中可以根据实际情况灵活应用。

1）按部门检查也称按"块"检查，是以企业部门（车间）为中心进行检查的方式。

2）按过程检查也称按"条"检查，是以受检项目为中心进行检查的方式。

3）顺向追踪也称"归纳"式检查，是从"可能发生的危险"顺向检查安全性和管理措施的方式。逆向追溯也称"演绎"式检查，是从"可能发生的危险"逆向检查安全性和管理措施的方式。

（3）数据收集方法确定　数据收集的方法一般有问、听、看、测、记，它们不是独立的而是连贯、有序的，对每项检查内容都可以用一遍或多遍。

1）问：以检查计划和检查表为主线，逐项询问，可做适当延伸。

2）听：认真听取企业有关人员对检查项目的介绍，当介绍偏离主题时可做适当引导。

3）看：定性检查，在问、听的基础上，进行现场观察、核实。

4）测：定量检查，可用测量、现场检测、采样分析等手段获取数据。

5）记：对检查获得的信息或证据，可用文字、照片、音频、视频等方法记录。

检查的内容在前期准备阶段制定的安全检查表中规定，检查过程中也可按实际工况进行调整。

4. 定性、定量评价

通过现场检查、检测、检验及访问，得到大量数据资料，首先将数据资料分类汇总，再对数据进行处理，保证其真实性、有效性和代表性。采用数据统计方法将数据整理成可以与相关标准比对的格式，考查各相关系统的符合性和安全设施的有效性，列出不符合项，按不符合项的性质和数量得出评价结论并采取相应措施。

5. 提出安全对策措施及建议

对通过检查、检测、检验得到的不符合项进行分析，对照相关法规和标准，提出技术及管理方面的安全对策措施。

安全对策措施分类：

1）"否决项"不符合时，提出必须整改的意见。

2）"非否决项"不符合时，提出要求改进的意见。

3）"适宜项"符合时，提出持续改进建议。

6. 编制安全验收评价报告

根据前期准备、制订评价计划、现场检查及评价三个阶段的工作成果，对照相关法律法规、技术标准，编制安全验收评价报告。

7. 安全验收评价报告评审

安全验收评价报告评审是建设单位按国家有关规定，将安全验收评价报告报送专家评审组进行技术评审，并由专家评审组提出书面评审意见。评价机构根据专家评审组的评审意见，修改、完善安全验收评价报告。

9.2.3　地下工程建设项目安全验收评价报告编写

1. 地下工程安全验收评价报告的要求

安全验收评价报告是安全验收评价工作形成的成果，安全验收评价报告的编制要充分体现内容全面、重点突出、条理清楚、数据完整、取值合理，整改意见具有可操作性，评价结论客观、公正等特点。

1）初步设计中安全设（措）施：按设计要求与主体工程同时设计、同时施工、同时投入生产和使用的情况。

2）建设项目中使用的特种设备：经具有法定资格的单位检验合格，并取得安全使用证（或检验合格证书）的情况。

3）工作环境、劳动条件等：经测试与国家有关规定符合的情况。

4）建设项目中使用的特种设备：经现场检查与国家有关安全规定或标准符合的情况。

5）安全生产管理机构：安全管理规章制度，必要的监测仪器、设备，劳动安全卫生培训教育及特种作业人员培训、考核及取证等情况。

6）事故应急救援预案的编制情况。

2. 地下工程安全验收评价报告的主要内容

（1）概述　主要内容包括：①安全验收评价依据；②建设单位简介；③建设项目概况；④生产工艺；⑤主要安全卫生设施和技术措施；⑥建设单位安全生产管理机构及管理制度。

（2）主要危险、有害因素辨识　主要内容包括：①主要危险、有害因素及相关作业场所分析；②列出建设项目所涉及的危险、有害因素并指出存在的部位。

（3）总体布局及常规防护设施、措施评价　主要内容包括：①总平面布置；②厂区道路安全；③常规防护设施和措施；④评价结果。

（4）易燃易爆场所评价　主要内容包括：①爆炸危险区域划分符合性检查；②可燃气体泄漏检测报警仪的布防安装检查；③防爆电气设备安装认可；④消防检查（主要检查是否有消防部门的意见）；⑤评价结果。

（5）有害因素安全控制措施评价　主要内容包括：①预防急性中毒、窒息措施；②防止粉尘爆炸措施；③高、低温作业安全防护措施；④其他有害因素控制措施；⑤评价结果。

（6）安全管理评价　主要内容包括：①安全管理组织机构；②安全管理制度；③事故应急救援预案；④特种作业人员培训；⑤日常安全管理；⑥评价结果。

（7）安全验收评价结论　在对现场评价结果分析归纳和整合基础上，做出安全验收评价结论。其中包括：①建设项目安全状况综合评述；②归纳、整合各部分评价结果，提出存在问题及改进建议；③建设项目安全验收总体评价结论。

9.2.4 地下工程建设项目安全验收评价报告的格式

安全验收评价报告的格式应符合《安全评价通则》的规定要求。

1. 地下工程建设项目验收评价报告格式

1）封面。

2）评价机构安全评价资格证书副本复印件。

3）著录项。

4）前言。

5）目录。

6）正文。

7）附件。

8）附录。

2. 规格

安全评价报告采用 A4 幅面，左侧装订。

3. 封面格式

（1）封面内容　封面应包括以下内容：

1）委托单位名称。

2）评价项目名称。

3）标题。

4）安全评价机构名称。

5）安全评价机构资质证书编号。

6）评价报告完成时间。

（2）标题　标题应统一写为"安全××评价报告"，其中，"××"应根据评价项目的类别填写为预、验收或现状。

4. 著录项格式

"安全评价机构法定代表人、评价项目组成员"等著录项一般分为两页布置。第一页写明机构的法定代表人、技术负责人、评价项目负责人等主要责任者姓名，下方写明报告编制完成评价机构，并留出公章用章区；第二页为评价人员、各类技术专家以及其他有关责任者名单，均应亲笔签名。

5. 地下工程建设项目安全验收评价报告载体

安全验收评价报告一般采用纸质载体。为满足信息处理需要，安全评价报告可辅助采用电子载体形式。

9.3 | 地下工程安全现状评价

　　地下工程建设项目安全现状评价报告应由评价机构具备安全评价师资质的评价人员和技术专家编写与修改，按照技术服务合同确定的内容开展评价工作。

　　评价人员除具备安全评价知识技能外，还应具有与地下工程建设项目相应的工艺技术水平与丰富的生产运行、操作、管理经验。

　　评价单位和评价人员收集的资料应全面、真实、客观、具体，在资料准备工作中应取得企业的理解与积极配合。

9.3.1　地下工程安全现状评价的内容

　　1）评价地下工程安全管理模式对确保安全生产的适应性，明确安全生产责任制、安全管理机构及安全管理人员、安全生产制度等安全管理相关内容是否满足安全生产法律法规和技术标准的要求及其落实执行情况，说明现行企业安全管理模式是否满足安全生产的要求有重要意义。

　　2）评价地下工程安全生产保障体系的系统性、充分性和有效性，明确它是否满足地下工程实现安全生产的要求。

　　3）评价各生产系统和辅助系统及工艺、场所、设施、设备是否满足安全生产法律法规和技术标准的要求。

　　4）识别地下工程运行中的危险、有害因素，确定其危险程度。

　　5）评价生产系统和辅助系统，明确是否形成了安全生产系统，对可能的危险、有害因素，提出合理可行的安全对策措施及建议。

9.3.2　地下工程安全现状评价的步骤

　　地下工程安全现状评价程序一般包括：前期准备，危险、有害因素辨识与分析，划分评价单元，选择评价方法，现场安全调查，定性、定量评价，提出安全对策措施及建议，做出安全现状评价结论，编制安全现状评价报告，安全评价报告备案等。

1. 前期准备

　　明确评价对象和范围，收集国内外相关法律法规、技术标准及与评价对象相关的地下工程行业数据资料，组建评价组，编制安全评价工作计划，进行建设项目现场调查，初步了解地下工程状况。

　　（1）地下工程安全评价需要委托方提供的参考资料

　　1）被评价单位概况。

　　2）被评价单位外部资料。

① 所在地的自然条件资料。

② 周边道路交通和交通管制示意图。

③ 周边的重要场所、区域、基础设施、单位分布情况。

3）安全生产管理资料。

① 岗位设置及责任制文件。

② 企业管理机构设置及职责文件。

③ 安全生产管理制度。

④ 企业操作规程。

⑤ 安全生产管理机构和专职安全生产管理人员的设置和配备文件。

⑥ 安全生产管理档案、记录。

⑦ 事故应急救援工作情况：应急救援组织或应急救援人员的设置或配备的文件、重大危险源应急预案、应急预案演练记录。

⑧ 事故管理情况：年内发生的事故调查处理情况报告、对发生事故接受教训情况。

4）从业人员资料。

① 主要负责人培训考核情况表及证书。

② 安全管理人员培训考核情况表及证书。

③ 特种作业人员培训考核情况表及证书。

④ 其他从业人员培训考核情况表。

5）安全评价所需其他资料。

① 危险、有害因素分析所需资料。

② 安全技术与安全管理措施资料。

③ 安全机构设置及人员配置。

④ 安全专项投资及使用情况。

⑤ 安全检验、检测和测定的数据资料。

⑥ 安全评价所需的其他资料和数据。

（2）地下工程生产安全现状评价工作依据的主要法规和标准

1）《中华人民共和国安全生产法（2021修正）》（中华人民共和国主席令第88号）。

2）《安全评价检测检验机构管理办法》（应急管理部令第1号）。

3）《安全评价通则》（AQ 8001—2007）。

（3）组建评价组　依据项目评价的对象及范围、评价涉及的专业技术要求、时间要求，为保证评价报告质量，合理选配评价人员和技术专家组建项目评价组。评价组内人员按照专业需求、技术水平及工作经验等特点进行合理分工。

必要时，公司可与受托方分别指派一名项目协调人员，负责项目进行过程中双方信息资料的交流与文件管理。

2. 危险、有害因素辨识与分析

根据现场生产工艺、生产装置、设施的实际情况，生产系统和辅助系统、周边环境及水文地质条件等特点，识别和分析生产过程中的危险、有害因素。

3. 划分评价单元

对于生产系统复杂的地下工程建设项目，为了安全评价的需要，可以按安全生产系统、生产工艺功能、生产场所、危险与有害因素类别等划分评价单元。评价单元应相对独立，便于进行危险、有害因素辨识和危险度评价，且具有明显的特征界限。

4. 选择评价方法

根据地下工程建设项目的特点，选择科学、合理、适用的定性、定量评价方法。

5. 现场安全检查

针对地下工程生产的特点，对照安全生产法律法规和技术标准的要求，采用安全检查表或其他系统安全评价方法，对地下工程（或选择的类比工程）的各生产系统及其工艺、场所和设施、设备等进行安全检查。

在地下工程安全现状评价中，通过现场安全检查应明确以下几点：

1）安全管理机制、安全管理制度等是否适合安全生产，形成了适应于地下工程特点的安全管理模式。

2）安全管理制度、安全投入、安全管理机构及其人员配置是否满足安全生产法律法规的要求。

3）生产系统、辅助系统及工艺、设施和设备等是否满足安全生产法律法规及技术标准的要求。

4）可能引起火灾、瓦斯与煤尘爆炸、煤与瓦斯突出、水害、片帮冒顶等灾害、机械伤害、电气伤害及其他危险的有害因素是否得到了有效控制。

5）明确通风、排水、供电、提升运输、应急救援、通信、监测、抽放、综合防煤与瓦斯突出等系统及其他辅助系统是否完善并可靠。

6）找出不满足安全生产法律法规或不适应地下工程安全生产的事故隐患。

6. 定性、定量评价

根据选择的评价方法，对可能引发事故的危险、有害因素进行定性、定量评价，给出引起事故发生的致因因素、影响因素及危险度，为制定安全对策措施提供科学依据。

7. 提出安全对策措施及建议

根据现场安全检查和定性、定量评价的结果，对那些违反安全生产法律法规和技术标准或不适合本建设项目的行为、制度、安全管理机构设置和安全管理人员配置，以及不符合安全生产法律法规和技术标准的工艺、场所、设施和设备等，提出安全改进措施及建议；对那些可能导致重大事故或容易导致事故的危险、有害因素提出安全技术措施、安全管理措施及建议。

8. 做出安全现状评价结论

简要地列出对主要危险、有害因素的评价结果，指出应重点防范的重大危险、有害因素，明确重要的安全对策措施，综合评价结果，得出安全评价结论。

9. 编制安全现状评价报告

地下工程安全现状评价报告是地下工程建设项目安全评价过程的记录，应将安全评价对象、安全评价过程、采用的安全评价方法、获得的安全评价结果、提出的安全对策措施及建议等写入安全评价报告。

地下工程安全现状评价报告应满足下列要求：

1）真实描述地下工程安全评价的过程。

2）能够反映参加安全评价的安全评价机构和其他单位、参加安全评价的人员、安全评价报告完成的时间。

3）简要描述地下工程建设项目可行性研究报告的内容或生产及管理状况。

4）阐明安全对策措施及安全评价结果。

地下工程安全现状评价报告是整个评价工作综合成果的体现，评价人员要认真编写，评价组长综合、协调好各部分内容，编写好的报告要根据质量手册的要求和程序进行质量审定，评价报告完成审定修改后打印、装订。

9.3.3 地下工程安全现状评价报告编写

地下工程安全现状评价报告依据《安全评价导则》进行编写。在地下工程安全现状评价报告的编写过程中，如遇地下工程建设项目的基本内容发生变化，在评价报告中应反映出来，如评价方法和评价单元需要做变更或做部分调整，在评价报告中应说明理由。

地下工程安全现状评价报告的总体要求是全面、概括地反映地下工程评价的全部工作。安全评价报告应文字简洁、准确，可同时采用图表和照片，以使评价过程和结论清楚、明确，利于阅读和审查。符合性评价的数据、资料和预测性计算过程可以编入附录。

地下工程安全现状评价报告的主要内容包括：安全评价对象及范围，安全评价依据，被评价单位基本情况，主要危险、有害因素识别，评价单元的划分与评价方法选择，定性、定量评价，提出安全对策措施及建议，做出安全评价结论等。

1. 被评价单位基本情况

内容包括：单位选址、总图及平面布置、生产规模、工艺流程、主要设备、主要原材料、中间体、产品、经济技术指标、公用工程及辅助设施等。在调研中收集到的相关事故案例、不安全状况等也在此部分做简要叙述。

2. 主要危险、有害因素识别

内容包括：列出辨识与分析危险、有害因素的依据，阐述辨识与分析危险、有害因素的过程。根据地下工程周边环境、生产工艺流程或场所的特点，通过对主要危险、有害因素的识别与分析，列出建设项目所涉及的危险、有害因素，并指出存在的部位，明确在安全运行中实际存在和潜在的危险、有害因素。

3. 评价单元的划分与评价方法选择

阐述划分评价单元的原则、分析过程，根据评价的需要，在对危险、有害因素识别和分析的基础上，根据自然条件，基本工艺条件，危险、有害因素分布及状况，以便于实施评价为原则，划分成若干个评价单元，实践中基本上可以按照生产系统和辅助系统来划分。各评价单元应相对独立，便于进行危险、有害因素识别和危险度评价，且具有明显的特征界限。

列出选定的评价方法，阐述所选定评价方法的原因，并做简单介绍。根据评价的目的、要求和评价对象的特点、工艺、功能或活动分布，选择科学、合理、适用的定性、定量评价方法。对不同的评价单元，可根据评价的需要和单元特征选择不同的评价方法。

4. 定性、定量评价

定性、定量评价是评价报告的核心章节，分别运用所选取的评价方法，对相应的危险有害因素进行定性、定量的评价和论述。根据评价对象的具体情况，对主要危险、有害因素分别采用相应的评价方法进行评价，对危险性大且容易造重大伤亡事故的危险、有害因素，也可选用两种或几种评价方法进行评价，以相互验证和补充。

对于一些新工艺、新技术，应选用适当的评价方法，并在评价中注意具体情况具体分析，合理选取评价方法中规定的指标、系数取值。

此部分内容较多，可编写在一个章节内，也可分为两个或多个章节编写，根据评价对象的具体情况而定。

5. 提出安全对策措施及建议

根据现场安全检查和定性、定量评价的结果，对那些违反安全生产法律法规和技术标准或不适合本建设项目安全生产的行为、制度、安全管理机构设置和安全管理人员配置，以及不符合安全生产法律法规和技术标准的工艺、场所、设施和设备等，提出安全改进措施及建议；对那些可能导致重大事故或容易导致事故的危险、有害因素提出安全技术措施、安全管理措施及建议。

6. 做出安全评价结论

简要地列出主要危险、有害因素的评价结果，指出应重点防范的重大危险、有害因素，明确重要的安全对策措施；综合各单元评价结果，做出安全评价结论。

9.3.4 地下工程安全现状评价报告的附件

地下工程安全现状评价报告附件包括以下几个方面：

1）数据表格、平面图、流程图、控制图等安全评价过程中制作的图表文件。

2）评价方法的确定过程和评价方法介绍。

3）评价过程中的专家意见。

4）评价机构和生产经营单位交换意见汇总表及反馈结果。

5）生产经营单位提供的原始数据资料目录及生产经营单位证明材料。

6）法定检测检验报告。

9.3.5 地下工程安全现状评价报告的格式

1. 评价报告的基本格式要求

1）封面。

2）安全评价机构资质证书影印件。

3）著录项。

4）前言。

5）目录。

6）正文。

7）附件。

8）附录。

2. 规格

安全评价报告应采用 A4 幅面的纸张，左侧装订。

3. 封面格式

1）封面的内容应包括：委托单位名称、评价项目名称、标题、安全评价机构名称、安全评价机构资质证书编号、评价报告完成时间。

2）标题。标题应统一写为"安全××评价报告"，其中，"××"应根据评价项目的类别填写为预、验收或现状。

3）封面样张与著录项格式。封面样张与著录项格式按《安全评价通则》要求执行。

习　　题

（1）论述各类安全评价与"三同时"的关系。

（2）比较地下工程安全现状评价与安全验收评价的异同。

（3）简述地下工程安全预评价的工作步骤。

（4）简述地下工程安全验收评价的工作步骤。

（5）简述地下工程安全现状评价的工作步骤。

第 10 章
化工行业安全评价技术应用

当前，我国的科学技术实现了突飞猛进的发展，在化工行业也实现了长足的进步，我国相关部门和人民群众对于化工行业也越来越关注，化工行业安全性如何，对我国的国计民生和生产力的提高都有着至关重要的直接影响。因此，对整体的化工行业建设项目进行安全评价，从始至终贯穿落实在项目生命期全过程的每一个细节中，特别是在整体的规划过程、设计过程、建厂过程以及试车过程等一系列相关环节，都要把安全评价和相对应的安全措施进行全面深入地执行。化工行业建设项目安全预评价、安全验收评价与安全现状评价之间的关系见表 10-1。

表 10-1　化工行业建设项目预评价、验收评价与现状评价之间的关系

项目	预评价	验收评价	现状评价
评价时点	批准立项前	建设实施即将结束，投入运营之前	项目投入运营 2~3 年后
评价目的	项目是否可行	监测项目目标偏离程度	总结经验、改善管理
评价任务	预测项目可行性	项目建设情况与结果跟踪分析	总结和预测
评价依据	历史资料和有关文件	项目日常信息管理资料与实际建设情况	已有实际数据、历史数据
评价主体	独立第三方机构	独立第三方机构	独立第三方机构

10.1 | 化工行业建设项目预评价

首先，需要着重分析和探究化工行业建设项目设计中的相关安全问题，并提出有针对性的应对策略，希望尽可能地实现化工行业建设项目的本质安全。可能产生设计风险的原因主要有：

1）技术标准规范不熟悉。如对当地技术标准规范不熟悉；专利商的标准规范与国内的相关标准规范可能存在不一致；标准版本很多，版本之间存在着不一致的地方。

2）根据合同要求进行设计研究，设计研究的结果可能对项目进度和费用的影响比较大。

3）主要生产工艺设备设计规范及计算软件。主要生产工艺设备设计计算软件不具有普适性，对于计算软件的应用不熟悉；计算软件形成的模板与项目的要求不符。

4）详勘影响地基基础方案。报价时采用的是天然地基方案，只有反应器采用桩基方案，详勘结果可能影响地基处理方案。

5）设计变更或回复不及时。因多次变更详细设计或相关设计澄清未能得到及时回复引发的设计风险。

6）专业分工以及计划的实施。化工行业建设项目固有的专业分工不能跟国际接轨，与业主及联合体的分工要求不一致，在执行过程中容易出现互相推诿的现象；计划制订不够合理，各个专业之间的委托时间难以满足计划的要求。

10.1.1　化工厂的选址与布局安全设计评价

1. 危险和防护的一般考虑

在危险方面，有针对性地结合潜在的或直接的危害，可以分成一级危险和二级危险。针对一级危险而言，主要指的是在常规的条件下，对于人身或者财产不会造成相应的损害，而只有在发生了相关的生产安全事故的时候，才可能有一定程度的损伤。

防护危险的相关措施：第一道防护线：要在最大限度上有效保证一级危险得到有效处理，这样能够在根本上规避二级危险的出现。第二道防护线：如果二级危险出现，将会对于人身和财产造成很大的损失，在这个过程中进行有效防护，把损失尽可能降到最低。第三道防护线：在出现了人身安全事故的情况下，需要提供及时有效的急救和医疗，确保遭受伤害的人员能够在第一时间得到切实有效的救治。

2. 工厂选址的安全问题

要尽可能地隔开一定的距离，把厂址建在一个比较孤立的地区，如果客观情况不满足既定的要求，要有针对性地结合主导风向，尽可能把工厂置于社区的下风区。工厂的高建、构筑物要根据具体的情况留存一定的间距，最大限度地规避相关物体砸伤行人和破坏邻近设施。工厂产生的废液，要经过科学、合理的处理之后，才能进行排放。同时要着重关注工厂的出入口，有效规避交通安全事故。如果在附近有释放毒性气体的工厂，这种情况一定要把工厂选址在最小频率风向的上风侧。

10.1.2　工艺设计安全评价

针对过程物料，要进行科学、合理的选择，应该在物料的物性和危险性方面，进行深入细致的检测和评估，针对所有可能存在的过程物料进行综合性的考虑。过程物料可以有针对性地划分为两大类型，分别是：过程内物料和过程辅助物料。

在机械设计、过程和布局的过程中，如果出现某种程度上的微小变化，都极有可能导致意想不到的问题，要注意以下问题：

1）物料和反应的安全校核。如果发现物料有某种程度上的毒性，一定要有效确定过程物料在所有条件之下的相关物性，并针对一切有可能出现的化学反应进行识别和判断，针对预期以及意外的化学反应都要着重考虑。

2）过程安全的总体规范。对整个过程中的规模类型以及整体性是否恰当都要着重考虑，并分析过程的放大是否科学、合理。

3）非正常操作的安全问题。要有针对性地考虑到偏离正常的操作会出现何种情况，针对相关的情况进行深入分析，并提出相对应的预防措施。

4）压力容器的定期检验。压力容器可以分成三种类型的检验：外部检验、内外部检验和全面检验。检验周期由使用单位根据容器的技术状况以及使用条件自行确定。

10.1.3　单元区域的管线安全配置评价

有效减少管件泄漏的问题的设计规则体现为：①使分支和死角的数量得到有效降低；②使小排放口的数量得以减少；③有针对性地结合相同规范，设计小口径的支管，和主管一样，要进行严格的检验，在最大限度上确保小口径的支管交叉点的强度，并进行充分的支撑；④有针对性地结合管件或者容器的热膨胀程度，管线要具备与之相对应的伸缩性；⑤直接卸料的排放口，要有针对性地根据具体情况设置在操作者比较容易观察到的地方，工作系统要定期核查和报告相对应的排放口运行情况；⑥确保密封垫在最大的内压之下也可以进行紧缩密封；⑦尽可能减少使真空管线上的法兰盘数量；⑧在阀式取样点要配备与之相对应的可以灵活移动的插头；⑨要具备切实有效的管道支撑，使安全阀检验管道具备相对应的作用力。

针对油船、罐车等相关的液体物料进行装卸，要在软管的选择和应用方面特别谨慎，在整个过程中所需要考虑的因素主要包括：①软管的适用性，并且要充分根据软管的标准来进行选择；②设置在紧急的状态下进行及时隔离的监管措施；③要配备相应的用螺栓固定的软管夹。

通常情况下，在管道工程中应用的橡胶支撑物就不能再用于设备，对于设备重心之下的水平连接法兰，要选用相应的刚性板来作为支撑。保证管件和阀门配置相对来说要比较简单，容易识别，这也是进行安全操作的重要考量因素。

10.2 | 化工行业建设项目安全验收评价

10.2.1　化工行业建设项目安全验收评价步骤

化工行业建设项目验收评价程序一般包括前期准备，危险、有害因素辨识与分析，划分评价单元，选择评价方法，定性、定量评价，提出安全对策措施及建议，得出安全评价结论，编制安全评价报告等。

1. 前期准备

明确评价对象和范围，收集国内外相关法律法规、技术标准及与评价对象相关的化工行业数据资料；组建评价组；编制安全评价工作计划；进行建设项目现场调查，初步了解化工行业建设项目或状况。

（1）项目资料掌握与合同签订　委托方介绍单位概况、产品规模、建设内容和地点、工艺流程、总投资、评价进度要求、工程进展情况等；受托方介绍单位和人员资质、评价工作所需时间、要求提供的资料等。双方有了初步意向后，根据委托方要求签订保密协议，受托方承担技术和资料保密义务，委托方提供化工行业建设项目相关资料。受托方根据实际需要，决定是否深入化工行业建设项目实地进行现场考察，获取第一手的资料。

受托方编写标书并参加投标，标书除按委托方规定要求编写外，一般包括评价单位资质情况、评价组人员、计划工作进度、报价等内容。

评价合同主要包括：服务内容和要求、履行期限和方式、委托方提供资料和工作条件、验收和评价方法、服务费用及支付方式等。

（2）化工行业建设项目安全预评价所需资料

1）项目背景信息。与业主批准的项目相关的任何必要通信信息，以及有助于确定项目风险等级的信息，主要涉及以下综合性资料：

① 建设单位概况。

② 项目概况。

③ 相关自然条件（气象、水文、地质等）。

④ 地理位置图和位置特点。

⑤ 与周边环境关系位置图。

⑥ 总平面（陆域、水域）布置图。

⑦ 工程设计图。

⑧ 工艺流程图。

2）设立依据。

① 项目可行性研究报告。

② 项目申请书、项目建议书、立项批准文件。

③ 其他有关资料。

3）项目工程技术文件。

① 工程可行性研究报告或替代性文件。

② 安全设施、设备、装置及措施。

③ 其他相关的工程资料。

4）安全管理机构设置及人员配置。

5）安全投入。

6）相关安全生产法律、法规及标准。

7）相关类比资料。

① 类比工程资料。

② 做过的类似案例资料。

③ 相关事故案例。

8）以往项目的风险记录与总结报告。以前相关类似项目的风险信息包括公司内部的，也包括其他公司的。

9）其他可用于安全预评价的资料。

（3）组建评价组与团队　依据项目评价的对象及范围、评价涉及的专业技术要求、时间要求，为保证评价报告质量，合理选配评价人员和技术专家，组建项目评价组。评价人员具备且熟悉评价对象的相关专业技术知识；安全知识基础深厚，能熟练运用安全系统工程评价方法；具有一定的实践经验，掌握以往事故案例；知识面较宽，具有一定的评价报告编撰能力。

评价组内人员按照专业需求、技术水平及工作经验等特点进行合理分工。必要时，评价机构可与受托方分别指派一名项目协调人员，负责项目进行过程中双方信息资料的交流与文件管理。

2. 危险、有害因素辨识与分析

根据化工行业建设项目的生产条件、周边环境及水文地质条件的特点，识别和分析生产过程中危险、有害因素，辨识重大危险源和重大危险作业场所。如化工行业建设项目活动在哪些方面、什么时候可能会出现问题，识别和分析其潜在的危险、有害因素，查明之后要对风险进行量化，如风险带来对工期或费用等量化影响等，并在此基础上提出为减少风险而选择的各种行动路线和方案，将风险降低至可控范围。

3. 划分评价单元

根据评价工作需要，按生产工艺功能、生产设备、设备相对空间位置和危险、有害因素类别及事故范围划分单元。评价单元应相对独立，具有明显的特征界限，便于进行危险、有害因素识别分析和危险度评价。

4. 选择评价方法

根据化工工程的特点及评价单元的特征，选择科学、合理、适用的定性、定量评价方法。对于不同评价单元，可根据评价的需要和单元特征选择不同的评价方法。

5. 定性、定量评价

依据有关法律、法规、规章、标准、规范，并参照类比工程的实际状况，对评价对象的建设方案进行安全符合性评价，运用所选择的评价方法，对可能导致化工行业重大事故的危险、有害因素进行定性、定量评价，给出引起化工行业重大事故发生的致因因素、影响因素和事故严重程度，为制定安全对策措施提供科学依据。

6. 提出安全对策措施及建议

根据定性、定量评价的结果，以及不符合安全生产法律法规和技术标准的工艺、场所、设施和设备等的情况，提出安全改进措施及建议；对那些可能导致重大事故或容易导致事故的危险、有害因素提出安全技术措施、安全管理措施及建议。为建设项目的初步设计和安全专篇设计提出依据。

7. 得出安全评价结论

简要地列出对主要危险、有害因素的评价结果，指出应重点防范的重大危险、有害因素，明确重要的安全对策措施，分析归纳和整合评价结果，得出化工行业建设项目安全总体评价结论。从安全生产角度对建设项目的可行性提出结论。

8. 编制安全评价报告

化工行业建设项目安全评价报告是安全评价过程的记录，应将安全评价的过程、采用的安全评价方法、获得的安全评价结果等写入化工工程建设项目安全评价报告。

化工行业建设项目安全评价报告应满足下列要求：

1）真实描述化工工程建设项目安全评价的过程。

2）能够反映出参加安全评价的安全评价机构和其他单位、参加安全评价的人员、安全评价报告完成的时间。

3）简要描述化工行业建设项目可行性研究报告内容。

4）阐明安全对策措施及安全评价结果。

化工行业建设项目安全评价报告是整个评价工作综合成果的体现，评价人员要认真编写，评价组长综合、协调好各部分内容，编写好的报告要根据质量手册的要求和程序进行质量审定，评价报告完成审定修改后打印装订。

10.2.2 化工行业建设项目危险源辨识

1. 人的不安全行为识别

对人的不安全行为识别主要包括：在周边、出入口设置相应安全防护，在关键操作部位实施监测与预警，对人员的异常行为能够识别并进行预警，制定相关应急预案并能够对事故处置中人的行为进行评判。

结合重大危险源、工作人员的布局情况，研究各类特定场所下工作人员可能产生的不安全行为，构建全面的模型数据库，制定对应的安全防护对策和应急预案。

通过物联网技术，采用视频监控功能，可实现对人员动态属性的监控管理，管理范围包括监控所涉及的公共区域的有效监测范围、实时监测画面、监测数据的上传、画面智能分析、出现治安问题时预警信息发布、设备故障信息及运维信息等，便于安全管理人员对人的不安全行为进行防范，对设备的正常运行进行全面掌控。

视频监控功能还支持视频监控数据的模型识别分析，通过捕捉分析监控画面中人的不安全行为模式进行智能分析,当出现破坏、袭击等不安全行为时,系统会自动进行预警,同时会自动录像,保存视频数据,治安监控可对捕捉的不安全行为人的人脸特征进行追踪监控。此外,利用人员定位功能掌握监控人员的实时位置和数量情况,与门禁进出实时联动,对人员出入厂区次数和时间进行实时记录,辅助工厂考勤管理;将门禁刷卡人与当前定位人进行实时比对,识别出不一致的人员和异常行为,防止违规尾随等异常情况,保障人员生命安全;监测员工在岗时间,防止出现"脱岗"异常;监测人员静止时间,当静止时间超过设定值时,系统立即进行"长时间静止"告警,防止人员晕倒、睡着等情况发生。

以上功能可触发报警联动,报警联动可基于 GIS 三维场景,以直观、快速定位到报警点,并实时显示报警摄像机的视频图像,还可以搜索周边最近的摄像机,通过查看报警点周边的摄像机视频,可提前核查报警原因及预警地点,为处置报警提升效率。

2. 设备的不安全状态监控

对设备不安全状态的监控主要包括:实现对设备、材料的老化特征监控,实现对保护装置的动作有效性监控,实现对关键部位的状态监控,实现基于 BIM 的全生命周期安全监测。同时,需监测保护装置和消防设施的可靠性。

采用物联网技术,对安装在设备上或者设备附近的传感器获取设备的温度、压力、振动、电流、流量等信号参数进行采集、处理等操作,以掌握设备在使用及运行过程中的状态,确定局部或整体是否正常,提前发现故障及可能导致故障的原因,并预报故障的发展趋势。运用各种监控设备时,需重点监测化工生产中的反应器、精馏塔、分离塔、精制系统、控制仪表等主要设备,同时记录设备运行状态,如停止、待机、运行、故障、检修等,当设备出现异常状况时发出警报,提前预防事故发生。相关技术将同时对图像数据、安全报警情况进行存储,以备查证。

此外,调研类似项目的生产安全事故的历史资料,对易发生事故的生产工艺关键环节、生产设备关键部位进行统计,将发生事故较多的设备设为高度关注的监控监测对象,保障工艺、设备的可靠性;根据已有的生产安全事故处置经验,形成成熟、完备的应急预案体系,遇同类型事故一旦发生时,可高效、科学地控制事故发展态势,保证损失最小化。

此外,按消防安全要求配置必要的防火报警系统及消防设备也至关重要。有些化工项目的消防设备数量、质量、种类难以满足现如今社会消防的要求,使火灾隐患大大增加,有些危险性较大的化工项目在事故发生之初无法及时采取相应的消防措施,导致严重后果;有些化工项目为避免消防设备维修资金的消耗,导致无人维护、管理的消防设备成为巨大隐患。因此,消防设备作为杜绝火灾隐患的重要保障,必须配备齐全且有完备的维护监控措施。

3. 物的不安全状态监控

对物的不安全状态监控主要包括:实现 MSDS 及物料特性参数电子标签化,实现对危险物料的定位、跟踪监测与管理,根据条件确定物的温度和湿度、气体浓度、环境酸碱度和气压监测，实现基于场景构建的危险物料的事故可能性预测。

在运输方面，危化品运输监管系统对进出厂区的危化品运输车辆进行全方位监管，实现园区内危化品运输车辆及其驾驶人员等相关内容监管，掌握运输车辆和驾驶运营人员的基本信息，如车辆类型、型号、车牌、所属单位、承载货物类型及重量等；危化品车辆在进出时进行基本信息登记，厂区卡口处能够调阅运输企业登记的与本项目有运输往来的危化品车辆信息；通过系统管理厂区危险化学品运输车辆的运行轨迹，并能够基于 GIS 系统进行可视化查询、定位。危化品车辆通过封闭卡口驶离厂区后自动解除跟踪，从而达到对进出厂区的危化品运输车辆实现全方位的监控。

在储存方面，结合石化工业园区建筑布局、生产情况、危险化学品储存量、气象资料、地形条件等情况，利用监测有毒有害气体泄漏的设备，对厂区内国家及地方标准中要求控制的污染物、对人危害较大、对环境影响较广的危险物料、利于危化品扩散的气象指标参数等进行实时监测，并通过应急平台对数据进行实时监测预警及发布，当物料出现异常情况时进行报警处理，预判事故的发生；同时用数据分析手段，建立企业污染源档案，以保障厂区内本项目人员及周边居民的人身安全和生产安全，避免因操作不当或突发事件引发的有毒有害气体泄漏造成人身伤害；同时在发生突发事故时，可以为人员疏散与撤离提供决策依据，减少事故影响。

4. 安全保障技术不足

安全保障技术提升主要体现在实现基于在线监测的设备、材料失效预警，实现智能保护装置与联动控制，实现腐蚀、泄漏、老化部位探伤与定位，实现火源、热源、故障电流、剩余电流的精准识别等。

在线监测和预警方面，利用重大危险源在线监测监控接入系统实现对厂区重大危险源、值班室、重大危险源仪器仪表状态、物理化参数等的动态监管，结合危险源分级预警技术体系实现分级预警处置、数据趋势分析与违规行为记录等功能，实现对厂区危险源安全状态等情况的图像、数据监视，同时对图像数据、安全报警情况进行存储，以备查证。

此外，火源是化工项目引发火灾爆炸的主要原因，需要重点监控，可通过在厂区不同方位制高点建立高空瞭望平台和重点高危区域（重大危险源、管廊管线）利用视频智能红外分析功能，实现对厂区明火的重点监测。高空瞭望和高位区域基于视频监控、GIS 和视频智能分析技术，采用一体化的摄像机，考虑监控的范围、角度、场景以及现场条件，采用红外进行 24h 观察分析，系统接入报警信号，可以实时、自动发现冒烟，识别、跟踪并确认目标，利用高空瞭望全视角监控，为厂区 24h 监管和火灾爆炸风险防控提供有力支持。

对于热源、故障电流、剩余电流、污染物等隐患，结合厂区总平面布局、电力系统、排污系统特征分析以及主要电流、污染物（含常规污染物与有毒、有害污染物）污染来源分析、气象资料、地形条件等情况，以监测的有效性和经济性为目标，以监测常规电流、污染物为基础，利用气体传感监测设备、气象传感监测设备、雷电仪等，对厂区内国家及地方标准中要求控制的电流，对人危害较大、对环境影响较广的污染物，厂区内生产原料、产物及中间产物设计的污染物，利于污染物扩散的气象指标参数等进行实时监测，并通过应急平台对数据进行实时监测预警及发布。

安全保障技术还体现在对异常状态的预警工作方面。预警发布设备包含预警发布广播设备及预警发布显示设备两部分，通过预警发布广播设备，能够接收预警发布系统传输的信息，通过语音转换把文字信息转换成语音信息，将语音信息发布到应急广播终端；预警发布显示设备采用室外全彩 LED 设备，用于显示预警发布信息，安全生产宣传片，厂区管理的相关通知，国家、地方政策文件等内容，同时配备音频输出设备，使音、视频内容同步显示。

10.2.3　化工行业建设项目安全验收评价指标体系构建

1. 评价指标体系构建目标

化工行业建设项目安全验收评价指标体系的构建目标应该包括以下几点内容：

（1）建立评价化工行业建设项目安全建设的指标体系　指标体系是进行测算和评价的基础，因此为了反映化工项目的安全能力，需要建立一个科学的评价指标体系。

（2）描述化工行业建设项目安全建设的现状　通过对各部门的数据进行收集、处理和测算，得出化工行业建设项目安全建设指数，并在此基础上计算得到化工行业建设项目安全综合指数。指数以量化的形式描述了化工行业建设项目安全建设现状，为进一步比较和研究提供了基础。

（3）引导化工行业建设项目安全建设方面努力　在指数量化的基础上，对各部门的发展现状进行排行。通过比较排行，能够明确各部门所处的发展位置，同时使各部门明晰与其他部门的发展差距，从而起到激励和鞭策的作用。

（4）发现已有问题并提供政策依据　对安全生产指数进行比较分析，并对发展的状态和方向进行评价，有助于发现各部门在化工安全生产方面存在的问题，也可以基于这些问题的分析结论，为找到改进办法和政策建议提供可行性参考。

2. 评价指标体系的构建

遵从以上目标的前提下，化工行业建设项目安全验收评价体系的构建思路可分为两个层次：第一个层次是反映安全生产的总体概念的框架，即安全与高效率的协调；第二个层次则是第一个层次指标体系的具体细化，而且选择的均是具有实际操作价值的基础性指标，以进行下一步实际定量分析。

（1）一级指标　化工行业建设项目安全验收评价，在总指标下下定四个一级指标，分别为劳动力人员、安全管理体系、安全措施以及应急事故管理四部分内容。安全评价衡量的是一个化工项目的安全生产指数，这一综合指数是一个总标准，既涵盖了安全的指标，也涵盖了高效率的指标。

（2）二级指标　基于已确立的绿色转型发展评价体系中的一级指标，结合化工行业建设项目涉及安全生产的审计监督部、企划部、办公室、工程管理部、生产安全环保部、人力资源部、信息中心、技术中心、法律事务中心以及发展规划部等部门的实际情况，对照统计数据，设定的化工行业建设项目安全验收评价二级指标体系，见表 10-2。

表 10-2　化工行业建设项目安全验收评价指标体系

一级指标	二级指标
安全人员劳动力素质	合同员工数量
	安全素质教育次数
	安全生产专项培训次数
	特种作业人员培训次数
	项目安全生产颁布推行的条文条例数量
安全管理体系建设	环境与职工健康培训次数
	公司宣传安全生产能力
	施工许可证书数量
安全措施设计构架	危险化学品存放数目
	安全评估次数
	消防演练次数
安全应急事故管理	专项预案
	生产安全事故种类
	生产安全事故条例

10.3 | 化工行业建设项目安全现状评价

项目安全现状评价在项目管理中处于至关重要的位置。项目安全现状评价是在项目建成并运营一段时间（通常 2~3 年）后，对项目建设过程中决策阶段、前期准备阶段、实施阶段、生产运营阶段进行综合评价，分析项目在技术、管理、经济、社会和环境等方面的效益与影响，并判断项目可持续性，通过分析和综合评价，总结并吸取项目的成功经验与失败教训，为后续建设项目向决策者提供参考建议和意见。

10.3.1　化工行业建设项目安全现状评价内容

项目安全现状评价系统是指在项目生命周期的不同阶段对项目进行评价工作。具体分为三个阶段：对项目筹划前期进行的分析、立项、决策评估，即前期工作评价（主要是可行性研究工作）；对项目建设实施期间进行的评价工作为中期工作评价（跟踪服务）；对项目竣工验收后投产运营阶段进行的评价为现状评价。

1. 过程评价

过程评价是将分析项目在实际建设过程中的各个指标要素与项目立项决策所确定的目标

和指标对比，评价项目的实际运行安全情况优劣，找出与预定目标差距产生的原因，总结相关经验和教训。过程评价的主要内容有前期工作任务评价、建设实施阶段评价、生产运行评价等。

2. 影响评价

（1）环境影响现状评价　环境影响现状评价，是指项目建设完工投入生产运营以后，对项目的环境情况进行的评价工作。该评价以生产运营实际效果为依据，通过评估建设项目实施前与生产运营后污染物排放量及污染物引起周围环境变化的情况，多方面反映项目建设生产运营对环境产生的影响，综合分析项目实施预测、决策水平合理性，找出原因所在，尽最大努力减少对环境的污染，制定有效的环境污染预防与治理措施。

（2）社会影响现状评价　社会影响现状评价是指站在整个社会发展的角度，分析评价项目实施对整个社会发展所做的主要贡献以及产生的深远影响。主要评价项目给当地人提供的就业机会、人们生活质量和生活水平、收入状况、对不同利益相关者的影响等。

3. 可持续性现状评价

在科学发展观的指导下，投资项目的可持续性备受投资主体的关注。项目的可持续性主要指项目的生命力以及项目重复建设的必要性与合理性。可持续性评价分析同时考虑内部与外部因素：一是企业和项目自身因素，即发展的内部因素，如项目管理手段、财务、技术水平、人员文化素质等；二是来自项目外部的因素，如国家政策、政局稳定、经济社会发展、环境生态影响等因素。

10.3.2　化工行业建设项目安全现状评价指标体系构建的原则

化工行业建设项目现状评价工作，应根据主要研究内容与项目自身特点建立一套相互联系、相互影响的指标，组成科学的整体，即评价指标体系。评价指标不能单独孤立存在，要遵循一定的原则和方法形成一个体系来发挥作用。只有建立一套科学、合理的评价指标体系，才能得出比较科学、公正的结论。因此，指标选取得好坏对研究对象十分重要。为了全面、准确地反映研究对象的价值，且使评价指标便于操作运算，建立评价指标应遵循的原则如下：

1. 科学性原则

（1）合理性　现状评价工作因研究对象不同而使评价内容和目标不同。合理性是指以现状评价目标为核心，结合项目自身特点来设立评价指标。评价指标要分层次进行设置，有利于评价指标权重的确定。根据评价内容的重要程度，评价指标的粗细要划分得当。

（2）准确性　准确性是评价指标要素能够真实、准确地反映出所要评价的内容。

（3）全面性　全面性也称为完整性，是指构建的现状评价指标涵盖了项目立项决策、设计阶段、建设实施、生产运营等整个生命周期的情况。设置指标时要能够做到三个结合：动静结合、单项与综合指标相结合、微观指标和宏观指标相结合。评价指标的作用在于全面地反映被评价对象的总体状况，反映影响被评价对象的内外因素，找到决定目标实现的关键因素。

（4）系统性 系统性是指构建的指标不是孤立存在，而是相互作用、相互影响，构成一个有机整体，对目标的实现都有贡献作用。评价指标数不宜过多，且要有层次性，以便快速、方便地分析出各因素对目标的影响。

2. 可比性原则

可比性原则是评价工作中的基础原则：要保证计算口径一致。现状评价人员设置评价指标及评价标准对反映项目目标实现程度具有重要作用。因此，设立的评价指标与评价准则要与可研、实施过程中应用的评价指标一致，同时，为了更好地反映出项目实现的程度，安全现状评价人员可以结合项目自身特点，增设一些必要的指标。

3. 实用性原则

实用性原则是指所建立现状评价指标体系能够确切地反映出被研究对象的内容，同时被研究对象数据能够获得。构建的评价指标体系既要有通用指标，又要专用指标。

4. 独立性原则

建立评价指标体系过程中应尽可能做到反映评价目标的评价指标全面具体，但不是用多个指标来表达相同或相似的内容。所建立的评价指标要相互独立性，才能够保证评价结果尽可能真实。

5. 定性与定量评价结合分析原则

定性与定量评价相结合是分析问题常用的方法。因此，建立评价指标时要在定性分析的基础上，利用量化方法对评价指标进行处理，以便能够更准确、科学、合理地对项目进行评价。

以上原则，根据项目特点灵活运用。

10.3.3 化工行业建设项目安全现状评价指标体系的构建

以某石油化工行业建设项目为例探讨安全现状评价指标体系的构建。结合石油化工行业建设项目安全现状评价的内容与特点，遵循现状评价指标体系构建原则，通过系统分析研究，对指标体系进行筛选、修改和完善，建立的安全现状指标体系见表 10-3。

表 10-3 某石油化工行业建设项目安全现状评价指标体系

一级指标	二级指标	三级指标
过程评价	前期工作评价	项目决策程序规范性
		可行性研究阶段质量
	建设实施评价	运营预算控制
		质量和安全保证
	生产运营评价	供应链状况
		生产装置安全情况

（续）

一级指标	二级指标	三级指标
影响评价	环境影响评价	空气质量
		水污染情况
		噪声影响
	社会影响评价	就业情况
持续性评价	内部因素评价	装置生产规模
		技术水平
	外部因素评价	社会环境因素
		产业政策
		可持续性情况

10.3.4 化工行业建设项目安全现状评价模型的构建

化工行业建设项目安全现状评价是一项系统工程，它的特点是指标多，方法也有多种可选。在进行实际操作时，应选择具有代表性的、理论体系成熟、操作简便可靠的评价方法进行评价。此外，安全现状评价不能仅从某一个方面进行，从其评价指标体系来看，应从多方面、多角度、多层次予以考虑。此外，还应考虑指标体系中的定性因素。因此，此部分主要在以下两种方法分析的基础上选择综合评价法作为化工行业建设项目安全现状评价模型。

1. 德尔菲（Delphi）法

德尔菲法就是向专家发函征求意见的调研方法。它是确定指标权重最常用的方法。此种方法一般需要经过 2~3 轮调查来得到理想的结果。首先，向专家们发送信函，信函中载明将所要评价的指标体系和评价标准，专家依据自己的知识、能力、经验等对各指标权衡、分析、判断；然后，组织者收集、整理专家反馈的信息，进行数据处理。检查专家们意见统一的程度如何，以决定是否需要下一轮调查。

2. 层次分析法

层次分析（AHP）法是在 20 世纪 70 年代中期由美国一位著名运筹学家托马斯·塞蒂正式提出的。它是把定性、定量评价相结合，系统化、层次化的一种应用分析方法。该方法在处理复杂问题方面具有较强的实用性和有效性，应用十分广泛。

层次分析法的基本思路是：把要进行分析的复杂决策问题作为一个整体，将总目标划分为几个子目标（或子准则），进而继续分解为多指标的若干个层次，自上而下构建出一个有层次的结构模型；然后把定性指标进行模糊量化，确定指标层排序以及相对于总目标的总排序；最后做出优化决策。

10.4 化工企业储罐区安全评价

化工企业储罐区是化工成品与原料的重要集散基地，是危险源聚集区，一旦发生事故极易导致重大人员伤亡、财产损失等。近年来，化工企业事故频出，2019年3月江苏盐城响水县化工园区发生特别重大爆炸事故，事故的主要原因为苯储罐失火，造成数十人伤亡，公众对化工企业风险空前关注。对于突发性事故，化工企业储罐区风险评价及安全管理能力的重要性不言而喻。本节以化工企业储罐区安全评价作为实例进行具体解析。

10.4.1 化工企业储罐区危险源辨识

通过对化工企业储罐区进行的全面调研，并依据相应国家标准规范，可知化工企业储罐区涉及的危险化学品主要有汽油、柴油、石脑油、苯、1,4-二甲苯、1,2-二甲苯、苯乙烯、苯胺、乙醇、丁酮、甲基丙烯酸甲酯等。

其中，苯及苯胺都对人体有巨大危害，同时会对水环境造成极恶劣影响。苯属于易燃液体，对罐区安全也会产生一定隐患。苯乙烯及石脑油属于高度危险性物质，对人体、水环境、罐区安全有较大影响。对二甲苯、邻二甲苯属于易燃液体，对人体皮肤有一定的腐蚀性及刺激性，若流入水源会对水环境产生巨大威胁。甲基丙烯酸甲酯属于易燃液体，同时对皮肤有一定的刺激性及腐蚀性。丁酮属于易燃液体，对眼睛有巨大伤害，还会对人体有一定的麻醉作用。柴油、乙醇及汽油为可燃液体，是罐区安全的极大隐患。

10.4.2 化工企业储罐区重大危险源辨识与分级

1. 重大危险源辨识

重大危险源指的是某一单元内，危险化学品的储量大于相对应的危险化学品的临界量。危险化学品指的是会对人、机、环境造成伤害的物质。若该单元内储存了数种危险化学品时，可计算每一种危险化学品的实际储量与之相对应的临界量比值之和，由此作为辨识指标定义该单元是否构成重大危险源，即按照下式计算，若满足 $S \geqslant 1$，则将该单元定义为重大危险源。

$$S = \frac{q_1}{Q_1} + \frac{q_2}{Q_2} + \cdots + \frac{q_n}{Q_n}$$

式中　　　　　S——辨识指标；

$q_1, q_2, \cdots, q_n$——该单元内每种危险化学品的实际储量（t）；

$Q_1, Q_2, \cdots, Q_n$——该单元内每种危险化学品的临界量（t）。

2. 重大危险源分级

采用单元内各种危险化学品实际存在（在线）量与规定的临界量比值，经校正系数校

正后的比值之和 R 作为分级指标：

$$R = \alpha \left\{ \beta_1 \frac{q_1}{Q_1} + \beta_2 \frac{q_2}{Q_2} + \cdots + \beta_n \frac{q_n}{Q_n} \right\}$$

式中　　　　　　　　R——该单元重大危险源的分级指标；

　　　　　　　　　　α——该单元厂外 500m 范围内常住人口的校正系数；

β_1，β_2，$\cdots$，β_n——危险化学品的校正系数。

重大危险源的分级标准见表 10-4。

表 10-4　重大危险源的分级标准

重大危险源级别	R 值
一级	$R \geqslant 100$
二级	$100 > R \geqslant 50$
三级	$50 > R \geqslant 10$
四级	$R < 10$

10.4.3　化工企业储罐区安全评价方法的选择

1. 常用的定性安全评价方法

定性安全分析方法是根据经验和判断评价化工企业工艺、设备、环境、人员、管理等方面安全状况的评价方法。定性安全评价方法在国内化工企业安全管理中应用广泛。梳理文献发现，以下四种定性评价方法最为常用：

（1）安全检查表法　为及时了解和掌握化工企业安全情况，按照相关规定和标准，对企业潜在危险性和有害性进行判别检查。应用实例如，用于评价锅炉制造厂质量保证体系的安全检查表、燃气企业安全检查表问题和剧毒化学企业的安全检查表等。

（2）作业条件危险性评价法（即 LEC 法）　该方法用三因素之积评价化工企业人员伤亡风险程度。三因素包括发生事故的可能性、人体暴露在危险环境中的频繁程度、一旦发生事故可能造成的损失程度。应用实例如，运用 LEC 法对高校实验室危险源辨识并提出相应的安全对策措施、评估酸性气田集输站场的作业风险和基于改进 LEC 法的危化企业静电点燃危险源评估。

（3）预先危险分析（PHA）法　化工企业用此法事前对有害因素出现条件和可能造成的后果进行宏观、概略分析。

（4）危险与可操作性研究（HAZOP）法　以系统工程为基础，针对化工装置而开发的一种危险性评价方法。

2. 常用的定量安全评价方法

1）定量安全评价方法，该法通过测度事故发生概率，确定指标重要程度，明确事故伤害范围、程度，以及基于实验结果和事故资料，进行统计分析等，探究化工企业的生产安全问题。具体可分为概率风险评价法、危险指数评价法和伤害（或破坏）范围评价法等。

2）概率风险评价法。该法建立在大量实验数据和化工企业事故统计分析基础之上，概率风险评价法所得结论的可信度较高，且便于比较。常见应用为故障类型及影响分析（FMEA）、故障树分析、事件树分析等。

3）危险指数评价法。通过化工企业事故危险指数模型，采用推演办法，逐步给出企业危险性判断。常用危险指数评价法有：道化学公司火灾、爆炸危险指数评价法，ICI 蒙德火灾、爆炸、毒性指数评价法，易燃易爆有毒重大危险源评价法等。

4）伤害（或破坏）范围评价法。根据事故数学模型，应用计算数学方法，分析化工企业事故对人员伤亡和物体破坏的范围等。常用的方法有气体及液体泄漏模型、爆炸伤害模型、TNT 当量法等。

3. 新兴的安全评价方法

随着互联网、大数据、人工智能、区块链等的发展，化工企业的数字化转型也逐渐体现于安全评价领域。计算机技术及数据科学技术也更多应用于化工企业安全评价领域。

（1）计算机模拟安全评价　运用计算机模拟探析化工企业安全评价的方法，如三维 CFD 火灾模拟软件、fluent 等。

（2）神经网络评价方法　神经网络的准确性、鲁棒性和高效率等优势引人关注。人工神经元网络模仿人脑神经进行学习、判断和推理。人工神经元是人工神经网络处理单元。在处理非线性复杂问题上，人工神经网络优势明显。

上述方法在不同化工企业储罐区安全现状评价的具体应用情况各有不同，各项对比见表 10-5。

表 10-5　化工企业储罐区安全评价方法的对比

方法名称	方法简介	适用范围	优点	缺点
安全检查表法	将需要检查的内容分类、逐条记录于表格中，逐步将表格的内容完善	各种评价单元的各个阶段均可使用	适用范围广、较为全面、简单高效、简洁明了	对评价人员的需求较高，受评价人员的主观影响较大
预先危险性分析（PHA）法	根据过去已知的经验教训，预测事故出现时，会对评价单元造成何种影响	在项目开始之前粗略地对评价单元进行预判	适用范围广、简单高效、简洁明了	只能粗略预测，对评价人员能力要求较高
故障假设分析（WI）法	通过对事故可能发生的情况进行假想推测，找出事故发生的原因	各种评价单元的各个阶段均可使用	适用范围广、简单高效、简洁明了	只能粗略预测，对评价人员能力要求较高

（续）

方法名称	方法简介	适用范围	优点	缺点
故障类型及影响分析（FMEA）法	从系统中各单元失效状态进行分析，逐次归纳到子单元，从而消除风险	核电、化工行业等	针对性强	不可以对人的因素进行分析
作业条件危险性分析（LEC）法	运用专家打分的方法对评价单元进行评价	现场施工	适用范围广、简单高效、简洁明了	对评价人员能力要求较高，受评价人员的主观影响较大
危险性与可操作性研究分析（HAZOP）法	分析系统可能出现问题的情况，进行细节性失常分析	化工企业等工业生产中的安全评价分析	简单易行、应用范围较广	依赖数据精度，可能受评价人员主观影响
事件树分析（ETA）法	以事故时间为顺序，运用归纳法总结事故	化工企业等工业生产中的安全评价分析	层次分明	可能受评价人员主观影响
故障树分析（FTA）法	由顶上事件开始，逐层逐级分析事故原因	工艺设备的分析	在有数据的支撑下十分精确	由于工作量巨大，较为复杂
道化学火灾、爆炸危险指数评价法	基于物质、工艺设备及其参数，将经验量转化为数据	各种工艺	量化预期损失，简洁明了	数据可能由于范围太大，不够精确
ICI 蒙德火灾、爆炸、毒性指数评价法	基于道化学评价法，考虑了毒性	各种工艺	量化预期损失，简洁明了	数据可能由于范围太大，不够精确
可接受风险计算方法	通过分析重大危险源可能发生的事故，确定事故后果	含有重大危险源的各类企业	针对性强、可操作性强	只能针对危险源计算
计算机模拟安全评价法	运用计算机模拟进行化工企业安全评价	化工企业等工业生产中的安全评价分析	量化预期损失，简洁明了	对工作人员掌握软件的技能要求较高
神经网络评价方法	人工神经元网络模仿人脑神经进行学习、判断和推理	化工企业等工业生产中的安全评价分析	在处理非线性复杂问题上，优势明显	准确性、鲁棒性和高效率等优势明显，对数据的质和量都要求很高

综合以上分析，在实际安全评价过程中，需要基于评价对象和评价目标等选择符合要求的安全评价方法。安全检查表法、预先危险性分析（PHA）法、故障假设分析（WI）法、故障类型及影响分析（FMEA）法均为定性评价方法，受评价人员主观影响较大，在事故模拟中可能造成模拟结果失真。在定量风险评价方法中，可接受风险计算方法，可以综合研究火灾、爆炸、有毒物质泄漏等各种事故以及计算个人风险、社会风险，从而绘制事故后果图及个人风险图、社会风险图。

10.4.4　化工企业储罐区安全评价报告编制

化工企业储罐区安全评价报告总体应依据《安全评价通则》（AQ 8001—2007）规定要求进行编制；不同化工企业储罐区的情况，可具体参考对应的国家标准或行业标准对报告进行合理调整。安全评价报告应全面、概括地反映评价的全部工作，同时文字简洁、准确，可同时采用图表和照片，以使评价过程和结论清楚、明确，利于阅读和审查。符合性评价的数据、资料和预测性计算过程可以编入附录。

化工企业储罐区安全评价报告的主要内容包括安全评价依据、化工行业特征和不同化工企业储罐区的基本情况，主要危险、有害因素及重大危险源辨识与分析，评价单元的划分，评价方法选择，定量、定性评价，提出安全对策措施建议，做出评价结论，编制评价报告等。

1. 化工行业特征和不同化工企业储罐区的基本情况

内容主要包括：化工单位概况、工作场所基本情况、企业主要设备及整体结构、储存的危化品种类及特征、安全管理系统完善性、安全人员配备情况等。对于不同储罐区，在评价过程中可根据可获取的资料及调研中收集到的资料进行修改和补充。在调研中收集到的相关事故案例、不安全状况、较易发生的典型事故也在此部分中可做简要叙述。

2. 主要危险、有害因素及重大危险源辨识与分析

阐述危险有害因素及重大危险源辨识与分析的依据，基于特定的辨识方法，重点阐述辨识与分析危险、有害因素及重大危险源的过程。列出化工企业储罐区所涉及的危险、有害因素及重大危险源，并指出存在的部位，确定薄弱环节，明确在化工生产工作中实际存在和潜在的危险、有害因素。

3. 评价单元的划分

阐述划分评价单元的原则、分析过程，根据评价的需要，在对危险、有害因素及重大危险源识别和分析的基础上，根据自然条件，基本工艺条件，危险、有害因素及重大危险源分布及状况，以便于实施评价为原则，划分成若干个评价单元，实践中基本上可以按照化工企业储罐区功能分区和辅助分区来划分。各评价单元应相对独立，便于进行危险、有害因素及重大危险源识别和危险度评价，且具有明显的特征界限。

4. 评价方法选择

基于评价的目的、要求和评价对象的特点、工艺、功能或活动分布，选择科学、合理、适用的定性、定量评价方法。根对不同的评价单元或不同的危险因素，可根据评价的需要和单元特征选择不同的评价方法。阐述所选定评价方法的原因，并做简单介绍。

5. 定性、定量评价

定性、定量安全评价是评价过程的核心，也是评价报告的核心章节，分别运用所选取的评价方法，对相应的危险、有害因素及重大危险源进行定性评价和定量计算。根据化工企业储罐区的具体情况，对主要危险、有害因素及重大危险源分别采用相应的评价方法进行评价，对危险性大且容易造重大伤亡事故的危险、有害因素，也可选用多种评价方法进行比对，以相互验证和补充，以期得到更为精准的评价结果。

此部分内容较多，可编写在一个章节内，也可分为多个章节编写，根据评价对象的具体情况而定。

6. 提出安全对策措施及建议

根据现场安全检查和定性、定量评价的结果，对那些违反安全生产法律法规和技术标准或不适合材料服役安全的行为、制度、安全管理机构设置和安全管理人员配置，以及不符合安全生产法律法规和技术标准的工艺、场所、设施和设备等，提出安全改进措施及建议；对那些可能导致重大事故或容易导致事故的危险、有害因素及重大危险源提出安全技术措施、管理措施及建议。

7. 做出评价结论

简要地列出主要危险、有害因素及重大危险源的评价结果，给出不同风险因素的优先等级，指出应重点防范的重大危险、有害因素，明确重要的安全对策措施；综合各单元评价结果，得出安全评价结论。

10.4.5 化工企业储罐区评价报告的格式

1. 评价报告的基本内容

1）封面。

2）安全评价机构资质证书影印件。

3）著录项。

4）前言。

5）目录。

6）正文。

7）附件。

8）附录。

2. 规格

安全评价报告应采用 A4 幅面，左侧装订。

3. 封面格式

1）封面的内容应包括：委托单位名称、评价项目名称、标题、评价机构名称、安全评价机构资质证书编号、评价报告完成时间。

2）标题。标题应统一写为"××安全××评价报告"，其中，"××"应根据评价项目的对象和类别分别补充。

3）封面样张与著录项格式。封面样张与著录项格式按《安全评价通则》要求执行。

习　题

（1）化工行业建设项目的选址和布局安全设计要求是什么？

（2）简述化工行业建设项目安全评价的工作步骤。

（3）简述化工行业建设项目安全验收评价指标体系的构建。

（4）简述化工行业建设项目安全现状评价指标体系的构建。

（5）简述化工企业储罐区重大危险源的辨识与分级方法。

参 考 文 献

［1］中华人民共和国应急管理部. 危险化学品重大危险源辨识：GB 18218—2018［S］. 北京：中国标准出版社，2018.

［2］魏利军. 安全评价的过程、分类及法律要求［J］. 劳动保护，2003（7）：16-18.

［3］国家安全生产监督管理总局. 安全评价通则：AQ 8001—2007［S］. 北京：煤炭工业出版社，2007.

［4］史秀美. 浅谈安全评价及其作用及意义［J］. 科技创新导报，2011（8）：78.

［5］樊运晓，罗云. 系统安全工程［M］. 北京：化学工业出版社，2009.

［6］刘强. 危害辨识与风险防控［M］. 北京：气象出版社，2018.

［7］张乃禄. 安全评价技术［M］. 2版. 西安：西安电子科技大学出版社，2011.

［8］陈世江，张飞，王创业，等. 矿山安全评价［M］. 北京：煤炭工业出版社，2014.

［9］伍爱友，李润求. 安全工程学［M］. 2版. 徐州：中国矿业大学出版社，2016.

［10］唐敏康，丁元春，黄磊，等. 矿山事故隐患识别与防控［M］. 北京：化学工业出版社，2016.

［11］刘铁民. 地下工程安全评价［M］. 北京：科学出版社，2005.

［12］龚剑，吴小建. 地下工程施工安全控制及案例分析［M］. 2版. 上海：上海科学技术出版社，2021.

［13］徐辉，李向东. 地下工程［M］. 武汉：武汉理工大学出版社，2009.